乡村振兴实用技术培训教

作物病虫害防治技术

李　瑜　李智华　主编

中国农业大学出版社
·北京·

内 容 简 介

本教材充分体现高等职业教育人才培养目标和就业岗位群对人才培养的能力需求特点，全书根据职业能力形成规律进行编写，主要农作物植保技术根据作物生长周期设计，全书分为15个工作项目，简单实用，有利于教师教学和学生学习。

本书体例新颖、层次清晰，深入浅出，实用性和可操作性强，突出对农业职业综合能力的培养。本书适用于农牧民培训、高等职业院校农业技术类专业教学，也可供农业职业技能鉴定和科技工作者参考使用。

图书在版编目(CIP)数据

作物病虫害防治技术/李瑜，李智华主编. -- 北京：中国农业大学出版社，2023.10

ISBN 978-7-5655-3067-8

Ⅰ.①作… Ⅱ.①李… ②李 Ⅲ.①作物－病虫害防治－高等职业教育－教材 Ⅳ.①S435

中国国家版本馆CIP数据核字(2023)第175653号

书　名 作物病虫害防治技术
作　者 李　瑜　李智华　主编

策划编辑	郭建鑫	**责任编辑**	郭建鑫
封面设计	李尘工作室		
出版发行	中国农业大学出版社		
社　址	北京市海淀区圆明园西路2号	**邮政编码**	100193
电　话	发行部 010-62733489，1190	读者服务部	010-62732336
	编辑部 010-62732617，2618	出　版　部	010-62733440
网　址	http://www.caupress.cn	**E-mail**	cbsszs@cau.edu.cn
经　销	新华书店		
印　刷	运河(唐山)印务有限公司		
版　次	2023年10月第1版　2023年10月第1次印刷		
规　格	170 mm×240 mm　16开本　18.25印张　285千字		
定　价	54.00元		

图书如有质量问题本社发行部负责调换

编 审 人 员

主　编　李　瑜（新疆农业职业技术学院）

　　　　　李智华（新疆奇台县农业技术推广中心）

副主编　戴爱梅（新疆博州农业技术推广中心）

　　　　　陈　婧（新疆农业职业技术学院）

　　　　　陈佳林（新疆农业职业技术学院）

　　　　　张炳坤（新疆农业职业技术学院）

　　　　　芦　屹（新疆维吾尔自治区植物保护站）

参　编　袁　静（新疆九圣禾农业发展有限公司）

　　　　　丁志梅（新疆博州农业技术推广中心）

　　　　　李海薇（新疆农业职业技术学院）

主　审　王新燕（新疆农业职业技术学院）

　　　　　史　梅（新疆农业职业技术学院）

前　言

党的二十大报告提出“坚持农业农村优先发展”，并指出“坚持科技是第一生产力、人才是第一资源、创新是第一动力，深入实施科教兴国战略、人才强国战略、创新驱动发展战略，开辟发展新领域新赛道，不断塑造发展新动能新优势”。这为新时期我国农业现代化发展指明了方向，涉农高等职业院校应全面贯彻党的教育方针，落实立德树人根本任务，积极为农业农村发展培养和输送创新型、实干型人才。

我国幅员辽阔，植物多样性资源丰富，农业发达，因此作物病虫害也种类繁多。特别是我国新疆地区，由于地处欧亚大陆腹地，属典型的大陆性气候，空气干燥，少雨，日照长，昼夜温差大，作物病虫害的发生种类、发生规律、为害方式等与其他地区有较大的差异。为了使作物病虫害防治课程与新疆农业生产实际紧密结合，新疆农业职业技术学院长期以来一直坚持开发具有新疆地域特色的地方性教材。

本教材根据“双高”建设种子生产与经营重点专业及相关专业群的职业岗位工作任务，由校企技术专家从病虫害田间实践入手，按照生产实际，结合专业群顶岗实践环节，设计制定教材编写大纲，在此基础上组织学校教师和行业技术专家共同编写而成。

本教材以职业教育工学结合人才培养模式和新疆区域农业生产特点为主线，引用了大量诊断识别图片，内容与实践紧密结合。全书共5个模块，具体编写分工如下：模块一、模块三由李瑜、李智华、戴爱梅编写；模块二由陈婧、张炳坤编写；模块四由陈佳林、芦屹编写；模块五由袁静、丁志梅、李海薇编写。

为便于观察和识别作物病虫害特征，书中通过二维码配套了病虫害彩色图谱，读者可扫描二维码，登录在线教学平台，获取学习资源。

在此向为本教材提供原创图片支持的新疆九圣禾农业发展有限公司以及本教材的两位主审专家表示衷心的感谢。

由于编者水平有限，编写时间仓促，书中难免有不妥之处，敬请各位专家、同行以及使用本教材的教师、学生提出宝贵意见，以便进一步修订完善。

编　者

2023年5月

目　录

模块一　粮食作物病虫害 …… 1

项目一　小麦病虫害 …… 1

一、小麦锈病 …… 2

二、小麦白粉病 …… 4

三、小麦全蚀病 …… 5

四、小麦黑穗病 …… 7

五、小麦雪腐病 …… 9

六、小麦细菌性条斑病 …… 11

七、麦蚜 …… 12

八、小麦皮蓟马 …… 14

九、小麦黑森瘿蚊 …… 15

十、小麦病虫害绿色防控技术 …… 18

项目二　玉米病虫害 …… 25

一、玉米小斑病 …… 26

二、玉米大斑病 …… 26

三、玉米病毒病 …… 27

四、玉米茎腐病 …… 28

五、玉米丝黑穗病 …… 30

六、玉米瘤黑粉病 …… 30

七、玉米弯孢叶斑病 …… 32

八、玉米纹枯病 …… 33

九、玉米根腐病 …… 33

十、玉米螟 …… 34
十一、双斑萤叶甲 …… 36
十二、玉米叶螨 …… 38
十三、玉米三点斑叶蝉 …… 39
十四、白星花金龟 …… 41
十五、玉米蚜虫 …… 42
十六、草地贪夜蛾 …… 43
十七、玉米病虫害绿色防控技术 …… 46
项目三　水稻病虫害 …… 54
一、稻瘟病 …… 55
二、恶苗病 …… 57
三、稻水蝇 …… 59
四、灰飞虱 …… 61
五、二化螟 …… 62
模块二　经济作物病虫害 …… 65
项目四　棉花病虫害 …… 65
一、棉花立枯病 …… 66
二、棉花猝倒病 …… 68
三、棉花枯萎病、黄萎病 …… 70
四、棉铃疫病 …… 75
五、棉花角斑病 …… 76
六、棉铃虫 …… 77
七、棉花蚜虫 …… 79
八、棉叶螨 …… 83
九、棉盲蝽 …… 86
十、双斑萤叶甲 …… 90
十一、棉蓟马 …… 92
十二、棉花病虫害综合防治 …… 95

项目五　甜菜病虫害 …… 100
一、甜菜褐斑病 …… 101
二、甜菜立枯病 …… 103
三、甜菜白粉病 …… 105
四、甜菜根腐病 …… 106
五、甜菜丛根病 …… 108
六、甜菜象甲 …… 110
七、甘蓝夜蛾 …… 111
八、三叶草夜蛾 …… 112
九、甜菜病虫害综合防治 …… 114
项目六　向日葵病虫害 …… 116
一、向日葵菌核病 …… 117
二、向日葵褐斑病 …… 119
三、向日葵白锈病 …… 120
四、向日葵霜霉病 …… 121
五、向日葵锈病 …… 122
六、向日葵白粉病 …… 123
七、向日葵螟 …… 124
八、向日葵列当 …… 125
九、向日葵绿色防控技术 …… 126
项目七　枸杞病虫害 …… 133
一、枸杞炭疽病 …… 134
二、枸杞白粉病 …… 135
三、枸杞灰斑病 …… 136
四、枸杞根腐病 …… 137
五、枸杞流胶病 …… 138
六、枸杞木虱 …… 139
七、枸杞瘿螨 …… 140
八、枸杞蚜虫 …… 142
九、枸杞红瘿蚊 …… 143

十、枸杞蓟马 …… 145
十一、枸杞负泥虫 …… 147
十二、枸杞锈螨 …… 149
十三、枸杞病虫害绿色防控技术 …… 150
模块三 瓜菜病虫害 …… 152
项目八 瓜类病虫害 …… 152
一、猝倒病 …… 154
二、立枯病 …… 155
三、枯萎病 …… 157
四、疫霉病 …… 158
五、蔓枯病 …… 160
六、炭疽病 …… 162
七、白粉病 …… 163
八、霜霉病 …… 165
九、细菌性角斑病 …… 166
十、美洲斑潜蝇 …… 168
十一、白粉虱 …… 169
十二、瓜类病虫害综合防治 …… 171
项目九 加工番茄病虫害 …… 179
一、番茄早疫病 …… 180
二、根腐疫病 …… 182
三、果腐疫病 …… 183
四、番茄疮痂病 …… 184
五、细菌性斑点病 …… 185
六、叶霉病 …… 186
七、白粉病 …… 187
八、病毒病 …… 188
九、脐腐病 …… 189
十、马铃薯甲虫 …… 190
十一、加工番茄其他害虫 …… 192

十二、加工番茄病虫害绿色防控技术 …… 193

项目十 辣椒病虫害 …… 198

一、辣椒苗期病害 …… 198

二、辣椒疫霉病 …… 200

三、辣椒病毒病 …… 202

四、辣椒病虫害绿色防控技术 …… 203

项目十一 大白菜病虫害 …… 206

一、白菜霜霉病 …… 207

二、大白菜病毒病 …… 209

三、大白菜软腐病 …… 210

四、菜蚜 …… 211

五、菜粉蝶 …… 213

六、跳甲类 …… 215

七、大白菜病虫害绿色防控技术 …… 216

模块四 林果作物病虫害 …… 219

项目十二 红枣病虫害 …… 219

一、枣黑斑病 …… 219

二、枣锈病 …… 221

三、枣疯病 …… 222

四、枣炭疽病 …… 223

五、枣轮纹病 …… 225

六、枣缩果病 …… 226

七、枣瘿蚊 …… 228

八、枣桃小食心虫 …… 230

项目十三 核桃病虫害 …… 233

一、核桃腐烂病 …… 233

二、核桃枝枯病 …… 236

三、核桃炭疽病 …… 238

四、核桃细菌性黑斑病 …… 239

五、核桃溃疡病 …… 241

六、核桃小吉丁虫 …………………………………… 242
七、核桃举肢蛾 …………………………………… 244
八、云斑天牛 …………………………………… 246
九、刺蛾 …………………………………… 249
项目十四　苹果、梨、桃病虫害 …………………………………… 251
一、苹果腐烂病 …………………………………… 251
二、苹果棉蚜 …………………………………… 254
三、中国梨木虱 …………………………………… 256
四、桃小食心虫 …………………………………… 258
模块五　地下害虫 …………………………………… 261
项目十五　地下害虫 …………………………………… 261
一、蝼蛄 …………………………………… 261
二、蛴螬 …………………………………… 263
三、金针虫 …………………………………… 264
四、地老虎 …………………………………… 266
五、根蛆 …………………………………… 268
六、麦根蝽象 …………………………………… 269
七、根蚜 …………………………………… 270
八、拟地甲 …………………………………… 271
九、蟋蟀 …………………………………… 272
十、地下害虫绿色防控技术 …………………………………… 273
参考文献 …………………………………… 275

模块一

粮食作物病虫害

项目一　小麦病虫害

小麦是人类栽培的最古老的作物之一。栽培小麦是野生小麦经过长期进化和人工选择的产物。世界上有三分之一以上的人口以小麦为主食。在我国，小麦是我国总产量第二位的粮食作物，仅次于水稻。据统计，全国每年小麦生长及储藏期间因病虫草为害而造成的损失，约占总产量的20%。小麦整个生长阶段，植株各器官均可遭受病原物和害虫的侵害。

新疆小麦病害以小麦锈病、白粉病、根腐病、散黑穗病、全蚀病、细菌性条斑病、雪腐（雪霉）病为主。其中，小麦锈病在伊犁哈萨克自治州（以下简称“伊犁州”）和阿克苏地区的部分春麦区发生较重，北疆其他地区和南疆巴音郭楞蒙古自治州、喀什地区一般发生较轻；小麦白粉病在全疆范围内普遍发生。小麦全蚀病、雪腐（雪霉）病、细菌性条斑病、散黑穗病在北疆部分麦区发生较重。

新疆小麦虫害主要有麦蚜、蓟马、麦秆蝇、黑森瘿蚊、冬麦地老虎、金针虫等。其中，以小麦蚜虫发生较为普遍，皮蓟马已上升为主要害虫。小麦黑森瘿蚊在博乐市、温泉县局部地区时有发生。麦秆蝇、冬麦地老虎、金针虫等在全疆各地均有发生，但不同年份、不同地区发生情况差异很大。

小麦病虫害
彩色图谱

因此，在生产上应通过准确及时测报，采用农业防治措施，如抗性品种、精细栽培、科学肥水管理、控制和减少传染源等，配合以高效、低毒、低残留专用化学农药，适时精确防治，将病虫草的危害控制在经济允许水平以下，确保小麦优质、高产、稳产，增加小麦产量和农民收益，并减少环境污染。

一、小麦锈病

1. 分布与为害

麦类锈病是世界性病害，我国各产麦区均有发生。麦类锈病主要包括条锈病、叶锈病、秆锈病三种(图 1-1 至图 1-3)。在新疆以条锈病和叶锈病发生较为普遍和严重。条锈病和叶锈病常混合发生，秆锈病仅在阿勒泰等局部地区发生。

图 1-1　条锈病

图 1-2　叶锈病

锈病对麦类的为害，主要是病原菌产生大量孢子堆破坏寄主表皮，使植株水分大量丧失，其次是病原菌掠夺寄主营养和形成孢子堆影响光合作用，从而使小麦产量降低，品质变劣。

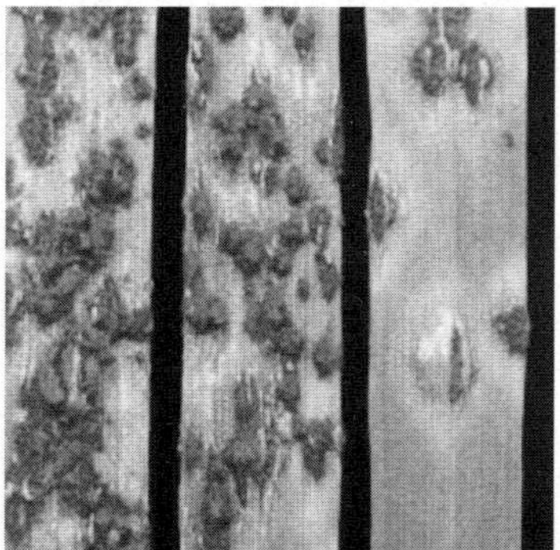

图 1-3　秆锈病

2. 为害症状

小麦锈病俗称黄疸病。条锈病、叶锈病、秆锈病的症状可概括为“条锈成行，叶锈乱，秆锈是个大红斑”。

小麦感染锈病以后，初期在叶片、叶鞘、茎秆和穗部出现褪绿斑点，之后长出鲜黄色、赤褐色或锈褐色的疱状病斑，病斑由大量夏孢子组成，即夏孢子堆，后期可长出黑色疱状病斑，是锈病菌的冬孢子，病斑即冬孢子堆。

三种锈病的共同特征是在寄主发病部位产生锈色夏孢子堆和深色冬孢子堆(表 1-1)。

表 1-1 三种锈病症状比较

特征		条锈病	叶锈病	秆锈病
发生时间		早	中	晚
发病部位		叶为主，其他次之	叶为主，叶鞘、茎秆较少	秆及叶鞘为主，其他次之
夏孢子堆	大小、形状	小，卵圆形，排列成行	中等，圆形，排列乱	大，圆或棱形，排列乱
	颜色	鲜黄	赤褐	铁锈
	位置	从叶面发生，不穿透叶片	从叶面发生，常不穿透叶片	从叶背生出，穿透叶片
	表皮破裂	不显著	破裂一圈	破裂显著，向外翻
冬孢子堆	颜色	黑褐	黑褐	黑
	位置	叶鞘、叶正面	多在叶片正面	秆及叶鞘
	表皮破裂	不破裂	不破裂	易破裂

3. 病原

小麦条锈病菌、小麦叶锈病菌和小麦秆锈病菌均属于担子菌亚门。除条锈病菌外，其他两种锈病菌都可以产生 5 种孢子。发生在小麦上的是夏孢子和冬孢子。

三种锈病菌都是专性寄生菌，有明显的生理专化现象，我国目前已发现的条锈病菌生理小种有 29 个，叶锈病有 10 多个，秆锈病菌有 12 个。

叶锈病菌和秆锈病菌都有转主寄生现象。但在小麦上都以夏孢子完成传播为害，转主寄生对病害侵染循环没有实际意义。

4. 发病规律

小麦锈病夏孢子萌发入侵需要一定的温湿度条件。条锈病菌 9～13 ℃，叶锈病菌 15～20 ℃，秆锈病菌 18～22 ℃，叶面湿润，尤其是叶面结露时，夏孢子很快萌发并从寄主气孔入侵。夏孢子量多而轻，可随气流和雨水在田间蔓延。

在适宜条件下，3～8 d 即可完成 1 代，产生新的夏孢子堆。1 个孢子入侵后可产生 100 个夏孢子堆，而 1 个夏孢子堆内约有 3 000 个夏孢子。

新疆主要发生的是小麦条锈病。以小麦条锈病为例介绍其发病规律。

(1)越冬　夏孢子不能自然越冬，以菌丝潜伏于冬麦叶片组织内越冬。

(2)春季发病　气温上升至 2～3 ℃时，病害开始发展。3 月中旬出现病叶，4 月上旬出现发病点。4 月下旬为扩展盛期，形成发病中心。

(3)越夏　夏孢子不耐高温，36 ℃以上只能存活 2 d，一般旬平均温度超过 23 ℃即不能存活。因此，平原麦区夏收季节，夏孢子随气流传播至山区晚熟麦区越夏，或在自生麦苗上越夏。待秋收季节，山区小麦上的夏孢子又随气流传回平原麦区入侵当年的冬麦秋苗，并在其内越冬。

二、小麦白粉病

1. 分布与为害

小麦白粉病在新疆各地普遍发生，一般为害较重。但不同年份、不同栽培技术和水肥条件，发病程度又有所不同。主要在叶片、叶鞘、茎秆上发生，严重时穗部的颖片及芒也可受害。小麦白粉病发病后叶片畸形、干尖等，但一般并不立即死亡，只是生长势明显减弱，呼吸作用加快，养分大量消耗，代谢作用失调，从而导致麦粒变小而减产。

2. 为害症状

小麦白粉病发病初期在病部产生绒状白色霉层(图 1-4)，这是病原菌的菌丝体，逐渐扩展成近圆形。以后霉点上产生灰白色以致淡褐色的粉状物，这是病原菌的分生孢子。发病后期在病斑上产生黑色小颗粒，这是病原菌的闭囊壳。

3. 病原

小麦白粉病菌属于子囊菌亚门，为专性寄生菌。菌丝体着生于小麦体表，以吸器伸入寄主表皮吸取养分。吸器椭圆形，两端有枝状分枝。分生孢子梗直立，从菌丝直接长出，顶端串生 10～20 个分生孢子。闭囊壳球形，黑褐色，外有菌丝状的附属丝。闭囊壳内有 9～30 个圆形或椭圆形子囊。子囊内含有 4～8 个单胞、长圆形、无色的子囊孢子。

4. 发病规律

小麦白粉病菌以菌丝体在麦苗、自生麦苗上和以闭囊壳在病残体上越夏越

图 1-4 小麦白粉病

冬，以子囊孢子和分生孢子随风传播侵染。在小麦生长季节，分生孢子主要借助风力而多次再侵染，从而形成病害流行。

小麦白粉病菌对温度和湿度的适应范围较广。菌丝体在 0～40 ℃范围内可以存活，但最适温度为 14～20 ℃。分生孢子在相对湿度 0～100%和温度 0～18 ℃的条件下均可萌发，但在水滴中萌发不良。因此，在不同的温湿度条件下均有此病发生，而在低温、高湿、光照不足、通风不良、不利于小麦生长的情况下，此病发生严重。在新疆，春季阴雨、4 月温度上升快、5～6 月温度偏高、降水偏少的年份有利于病菌孢子在田间随风传播，发病较重。此外，氮肥过多，密度过大，小麦生长柔嫩及低洼倒伏的麦田发病都很严重。

三、小麦全蚀病

1. 分布与为害

小麦全蚀病是一种毁灭性病害。近年在小麦上的发生为害越来越严重。小麦全蚀病是一种典型的根部病害，病菌侵染的部位只限于小麦根部和茎基部。由于根及茎基部受害常引起植株早衰，形成“白穗”。小麦感病后分蘖减少，成穗率降低，千粒重下降，轻者减产 10%～20%，重者减产 50%以上，甚至绝收,对小麦产量和品质影响很大。小麦整个生育期均可感病。

2. 为害症状

(1)幼苗期　幼苗感病后,初生根根茎变为黑褐色,次生根上也有很多病斑,严重时病斑连在一起,使整个根系变黑死亡(图 1-5)。发病轻的麦苗即使不死亡,也表现为地上部叶色变黄,植株矮小,生长不良,类似干旱缺肥状。病株易从根茎部拔断。

(2)分蘖期　地上部分无明显症状,仅重病植株表现稍矮,基部黄叶多。拔出麦苗,用水冲洗麦根,可见种子根与地下茎都变成黑褐色。

(3)拔节期　病株返青迟缓,黄叶多。拔节后期重病植株矮化、稀疏,根部变黑加重。叶片自下而上变黄,似干旱缺肥状。麦田出现矮化发病中心,生长高低不平。

(4)抽穗灌浆期　在潮湿情况下,根茎变色部分形成基腐性的“黑脚”症状。这是全蚀病区别于其他根腐病的典型症状,最后造成植株枯死,形成“白穗”。剥开有病部位基部叶鞘,可以看到全蚀病特有的“黑膏药”状物。近收获时,在潮湿条件下,根茎处可看到黑色点状突起的子囊壳。但在干旱条件下,病株基部“黑脚”症状不明显,也不产生子囊壳。严重时全田植株枯死。

图 1-5　小麦全蚀病

3. 病原

小麦全蚀病病原为禾顶囊壳,属子囊菌亚门;自然条件下仅产生有性态,但在培养基中能发现属于根瓶霉属的无性孢子。

4. 发病规律

小麦全蚀病主要以菌丝体随病残体土壤或未腐熟有机肥越冬越夏为主,或寄生于禾本科作物或杂草,成为第二年的初侵染源。本病为典型的土传病害,以土壤传播为主,也可经过粪肥传播、种子传播(种子中混杂病残体)。寄生在自生麦苗、杂草或其他作物上的病原菌也可以传染下一季作物。子囊孢子落入土壤后,也可侵染小麦,但作用不大。田间浇水、翻耕犁耙等会导致病菌在较近距离扩散。关于种子传病及新病区发病的初传染源,一直存在争议。病菌可由麦苗的种子根、次生根及根颈下的节间侵入根组织,也可由胚芽鞘与外胚叶侵入。以初侵染为主,再侵染不重要。因此,土壤中的初侵染源菌量是当年发病轻重的主要决定因素。有两个发病高峰,即秋苗期和返青拔节期。小麦全蚀病菌为土壤寄居菌,病原在土壤中存活年限从1～2年至3～5年不等。秋冬气温高,春季湿度大,发病重。小麦、玉米连作,发病重;麦、棉(烟,油料等)连作,发病轻。沙土发病重,黏土发病轻。目前无抗病品种。

四、小麦黑穗病

1. 分布与为害

麦类黑穗病是世界性病害,我国各产麦区均有发生。黑穗病主要破坏小麦的穗部和籽粒,造成直接损失。还能污染产品、降低品质,人畜误食可引起过敏反应。

新疆小麦黑穗病主要有散黑穗病、光腥黑穗病和网腥黑穗病,后两种合称为普通腥黑穗病,并以光腥黑穗病为主。矮腥黑穗病病原被列为新疆的检疫性有害生物。

2. 为害症状

小麦黑穗病的共同症状是在小麦受害部位产生很多颜色略有差异的黑褐色粉状物(图1-6),这就是病原菌的冬孢子。

(1)小麦散黑穗病　穗完全变形,被破坏。子房也完全变形,子房壁变成白色薄膜,易破裂。病株稍矮,旗叶有时发黄,病穗比健穗早出1～2 d,抽穗后,黑粉被风吹散,仅留穗轴。

(2)小麦普通腥黑穗病　穗变形不显著。子房保留原形,子房壁变成较厚的灰白色膜,不易破裂。病株稍矮,病穗轻而直立,颜色较深,颖壳略向外张开,露出部分病粒。黑粉黏结较紧,不易被风吹散,因含有三甲胺,有鱼腥味。

图 1-6 小麦黑穗病

(3)小麦矮腥黑穗病 除与普通腥黑穗病相同之处外,还有以下特点:

①病株特矮,只及健株高的 1/3～1/2。

②分蘖特多,比健株分蘖多 1 倍以上。

③病穗紧密,小穗及花均多。

④病粒球形、坚硬、不易压破。

3. 病原

小麦黑穗病菌均属于担子菌亚门。其中小麦散黑穗病菌属于黑粉菌属,小麦光腥黑穗病菌、小麦网腥黑穗病菌和小麦矮腥黑穗病菌均属于腥黑粉菌属。

四种病原菌都在寄主受害部位产生黑褐色粉状物,为冬孢子。冬孢子均为单胞。四种黑穗病冬孢子比较见表 1-2。

表 1-2 四种黑穗病冬孢子比较

特征	散黑穗病菌	光腥黑穗病菌	网腥黑穗病菌	矮腥黑穗病菌
形状	球形,孢子分散	球形,孢子分散	球形,孢子分散	球形
颜色	褐色	青褐色	褐色或黄褐色	淡褐或黄褐色
表面状态	有细刺	光滑	有网纹	有网纹
萌发条件	最适 23 ℃,最低 5～11 ℃,最高 30～35 ℃		最适 16～20 ℃,最低 5 ℃,最高 20～21 ℃	最适 3～8 ℃,最低 0.2 ℃,最高 10～13 ℃
气味	无腥味	有腥味	有腥味	有腥味

四种病原菌都必须经过两性结合形成双核侵染丝才能入侵引起发病。腥黑穗病菌有生理分化现象。我国目前已有光腥黑穗病菌9个生理小种、网腥黑穗病菌4个生理小种。美国报道矮腥黑穗病菌有17个生理小种。

4. 发病规律

(1)小麦散黑穗病　属于花期侵染型。病菌菌丝体潜伏在寄主种子胚内，播种后当种子萌发时休眠菌丝同时萌动。麦苗发育至2～3节时，菌丝进入穗原基。孕穗期间菌丝在小穗内迅速扩展，破坏花器，产生冬孢子。病穗抽出后冬孢子随风飞散，落在正在开花的健株花器柱头上。当柱头刚刚裂开并有湿润的分泌物时，冬孢子能在24 h内萌发并生成侵染丝，到柱头稍稍萎蔫时，侵染丝最易侵入，到达子房后，菌丝潜伏在胚内休眠。受侵染的子房仍可发育形成正常的麦粒。当年不产生新的发病植株。

小麦抽穗扬花期间的气候对散黑穗病的侵染有很大的影响。微风有利于孢子的传播，温暖多雾或经常下小雨，有利于孢子的萌发入侵，使当年种子带菌率增高，次年发病重。

(2)小麦腥黑穗病　3种腥黑穗病都属于幼苗侵染型。病菌孢子附着在寄主种子表面或落入土壤、粪肥中休眠。小麦播种后，种子萌发时，冬孢子也萌发并产生双核侵染丝从麦苗芽鞘入侵，随即进入生长点随寄主生长而扩展。小麦抽穗前不表现症状。孕穗至抽穗时，菌丝进入幼穗子房并形成冬孢子。抽穗后表现症状。小麦收获脱粒时，菌瘿破裂散出黑粉，冬孢子即附着于种子表面或落入土壤、粪肥中。

小麦播种后至出苗前这一阶段的土壤温湿度条件对冬孢子的萌发、入侵影响很大。冬麦晚播、春麦早播或播种过深，都会延迟小麦的出土时间，增加病菌侵入的机会，从而加重病害的发生。

五、小麦雪腐病

1. 分布与为害

小麦雪腐病广泛发生于北疆，凡积雪厚度在15 cm以上、积雪时间长达100 d以上、春季气温回升缓慢的年份发生较重。

2. 为害症状

小麦雪腐病发生于冬麦苗期，为害根、叶和叶鞘。病苗在积雪下腐死，似开水烫过，柔软、色深。受害部位上生有灰白色的松软菌丝体。积雪融化后，病苗呈枯死状，病部可见许多大小、形状不等的黑色小菌核(图 1-7)。

图 1-7　小麦雪腐病

3. 病原

小麦雪腐病菌属担子菌亚门核瑚菌属。由菌核繁殖，菌核小型，球形或不规则形。初为黄褐色，后为灰褐色或黑色。菌核多生于须根和分蘖处，菌核周围有菌丝缠绕。菌核可以产生子实体和担子。担子呈棍棒形，顶生 4 个小梗，每个小梗着生 1 个担孢子，担孢子无色，肾形。

4. 发病规律

小麦雪腐病菌以菌核在土壤中越夏，秋冬温度较低时，菌核直接产生菌丝侵染麦苗。菌丝也可产生子实体，在子实体上产生担子和担孢子，落在麦苗上的担孢子萌发出芽管入侵植株。但一般以菌核产生菌丝入侵为主，担孢子很少产生。

在积雪初期病菌侵染为害，以后由于地温及雪层下温度降到 0 ℃以下，病菌进入越冬状态。次年融雪开始，气温逐渐上升，病菌再次扩展，大量为害麦苗。

小麦雪腐病菌发育适温为 4～10 ℃，随着温度上升到 15 ℃以上，发育渐趋停止。凡降雪早、积雪厚、融雪慢、融雪后积水的低洼麦田以及连茬、播种偏早的冬麦发病都比较重。

六、小麦细菌性条斑病

1. 分布与为害

小麦细菌性条斑病又称小麦黑颖病。该病遍布全疆，以天山北麓一带发生为害较重。

2. 为害症状

小麦整个生育期均可发病。为害部位主要是叶片，其次是叶鞘、茎秆和穗。被害叶片初呈水浸状半透明斑点或短条斑，并沿叶脉扩展而连接成较长的黄褐色条斑，边缘有黄晕圈（图 1-8）。病斑多时，各条斑可合并成褐色枯斑，使叶片组织大片死亡，但病叶枯死速度一般较慢。湿度大时，病部分泌大量黄白色菌脓，干缩后成黄色菌胶粒。

此病在小麦抽穗期和扬花期为重，使被害植株提前枯死，穗形变小、籽粒干秕。

图 1-8 小麦细菌性条斑病

3. 病原

小麦细菌性条斑病菌属于黄单胞杆菌属。菌体单胞，短杆状，极生 1 根鞭毛，革兰氏染色呈阴性。

4. 发病规律

小麦细菌性条斑病菌在种子内外及病残物上潜伏，以在种子内部潜伏为主。带菌种子播种后即可引起苗期感染，形成发病中心，并通过流水灌溉和雨水滴溅而扩大再侵染，5 月上旬至 6 月下旬田间病情最重。病菌从伤口和气孔入侵。

一般情况下，冬麦发病重于春麦。小麦生长期间气候温暖、多雨，特别是暴风雨过后发病重，主要是由于病菌从暴风雨造成的伤口入侵。连作地块，施用过量氮肥，浇水过多，种植过密，则发病严重。

七、麦蚜

1. 分布与为害

麦蚜（图 1-9）属于同翅亚目蚜科，新疆已知有 15 种以上，通常以麦长管蚜、麦二叉蚜和麦双尾蚜（新疆特有种，1975 年被发现）较为普遍。常见的寄主有小麦、高粱、大麦以及野燕麦、玉米、芦苇等。

图 1-9　麦蚜

新疆冬、春小麦种植区均有发生。麦蚜的成虫和若虫以刺吸式口器刺入植物组织内吸取寄主养分，轻者植株发育延迟，籽粒不饱满，重者叶片干枯，麦穗瘦弱，甚至造成白穗。麦二叉蚜以孕穗期前后为害为主，在麦株下部叶片的背面刺吸汁液，造成黄色枯斑，引起叶片黄化枯死。麦长管蚜在穗期为害麦穗，也可在叶片正面刺吸为害。麦双尾蚜喜食幼嫩叶片，常聚集在幼苗和新叶上为害。该蚜虫还能分泌毒素，受害叶片沿叶脉出现白色、黄色或紫红色条斑；幼叶卷缩成筒状，失绿变红变黄；旗叶受害后，褪绿卷缩，包裹麦穗，使麦穗不能正常抽出，麦穗呈扭曲状，千粒重明显下降，对产量影响极大。

麦蚜除直接为害作物外，还传播作物病毒病，其中以麦二叉蚜和麦双尾蚜传毒能力最强。

2. 形态特征

三种小麦蚜虫孤雌胎生有翅蚜形态识别见表 1-3。

表 1-3　三种小麦蚜虫孤雌胎生有翅雌蚜形态识别

种类	麦二叉蚜	麦长管蚜	麦双尾蚜
体形	卵圆形	长卵圆形	纺锤形
体色	淡绿色或黄绿色	淡绿色至绿色	黄绿色至灰绿色，具蜡粉
复眼	漆黑色	红色	黑色
翅中脉	2 分叉	3 分叉	3 分叉
腹管	短圆管形，淡绿色，端部暗黑色	长圆管形，黑色	极短，宽大于长，灰色
尾片	长 0.16 mm，毛 7～8 根	长 0.22 mm，毛 6 根	毛 6 根
上尾片	无	无	有，为尾片的一半

3. 发生规律

(1)生活史　麦蚜 1 年发生 20 代左右，多者可达 30 代。以卵在冬麦地、枯枝落叶以及田间晚熟的玉米、高粱秸秆、禾本科杂草上越冬。在新疆，1 年大约有如下 3 个阶段：

①以冬麦为主的发生阶段　越冬卵在早春旬平均气温 5.6 ℃时孵化为干母，然后以孤雌生殖方式繁殖为害麦苗。5 月蚜量迅速上升，冬麦灌浆期出现为害高峰。

②以高粱、春麦和禾本科杂草为主的过渡阶段　6 月下旬随着冬麦的成熟，麦蚜从冬麦田迁入高粱和部分春麦、禾本科杂草上繁殖为害。

③以秋播冬麦为主的越冬阶段　9 月冬麦播种出苗，麦蚜从高粱、禾本科杂草上迁飞而来，9 月下旬至 10 月在冬麦苗上也出现 1 次为害高峰，随即产生性蚜进行交尾产卵越冬。1 头雌蚜产卵量 1～15 粒，平均 5.5～6.3 粒。

麦蚜在冬麦上的两个发生为害高峰是防治的关键时期。

(2)生活习性　麦蚜的耐旱性较强，适宜相对湿度为 35%～80%。有翅蚜可迁飞扩散为害，也可随气流远距离飞迁。麦蚜的繁殖能力很强，1头蚜虫可存活30多天，平均每天可产若蚜2～5头，环境适宜时，若蚜经4～6 d又能繁殖后代。

麦蚜喜中温、低湿的环境，当气温超过28 ℃，麦蚜生育即停滞。冬麦地适时灌好越冬水，可降低麦蚜虫口数量61.1%～84.6%。一般早播的冬麦地和晚播的春麦地受害较重。麦蚜对黄色有很强的趋性，对银灰色有较强的负趋性（拒避性）。喜食嫩叶和幼穗，常聚集在心叶和幼穗叶片的正面为害。

八、小麦皮蓟马

1. 分布与为害

小麦皮蓟马（图1-10）属缨翅目皮蓟马科，遍布全疆各地，北疆发生重于南疆。以成虫和若虫的锉吸口器，锉破寄主表皮，吮吸汁液。可破坏花器，影响授粉，造成白穗；也可破坏颖壳，使之发黄以至枯萎；还能为害籽粒，形成秕粒。据调查，小麦每穗有若虫10～15头时，穗重减少11%，千粒重减少3%～6%。

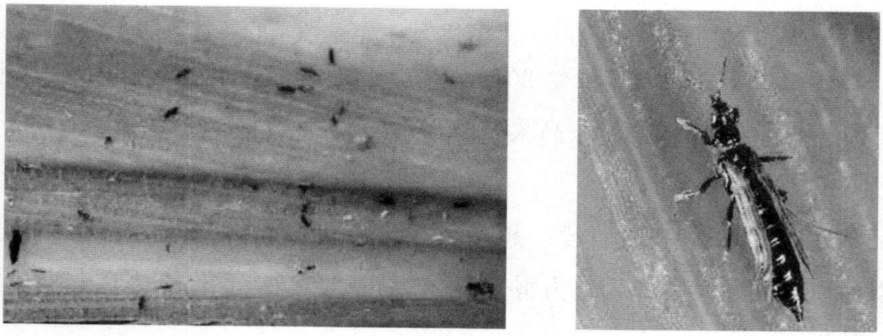

图1-10 小麦皮蓟马

小麦皮蓟马还可为害大麦、多种禾本科杂草、苜蓿、向日葵以及苏丹草等。

2. 形态特征

（1）成虫 体长1.5～2 mm，黑色。头略呈长形，触角8节，缨翅。

（2）卵 长椭圆形，0.2 mm×0.45 mm，乳黄色，一端较尖。

（3）若虫 初孵化为淡黄色，以后逐渐变为橙黄至鲜红色，但触角及尾管始终为黑色，触角7节，共5龄。

(4)前蛹及伪蛹　出现翅芽的若虫叫前蛹;末龄不吃少动的若虫叫伪蛹,淡红色,着生白色绒毛,触角紧贴于头部的两侧。

3. 发生规律

小麦皮蓟马 1 年 1 代,以红色若虫在麦茬、麦根、麦场等处的土下 1～5 cm 深处越冬。春季日平均气温 15 ℃时,进入盛蛹期。在天山北麓,5 月上中旬开始羽化出成虫。在冬麦上,小麦皮蓟马出现的高峰一般在 5、6 月之交,而春麦上则在 6 月中旬。从小麦皮蓟马整体羽化高峰来看,常与春麦抽穗期吻合,所以春麦受害往往重于冬麦。

成虫羽化后,相继飞往麦株上。首先集中在上部叶片的叶耳、叶舌处活动。因此,小麦孕穗始期成虫尚未潜入麦穗前,是药剂防治的第一个有利时机。

成虫羽化后 7～15 d 即可产卵,产卵期较长,其高峰总是出现在冬麦和春麦抽穗扬花时,产卵部位比较固定,均在小穗基部和左右两护颖尖端内侧。

初孵化的若虫在穗部表面暴露活动 3～5 d,然后潜入颖壳内。此时是药剂防治的第二个有利时机。若虫在麦穗中出现的高峰,都在小麦的灌浆期。麦收时,部分若虫自黄熟的穗内爬出或在割麦时被震落,爬入地下裂缝、麦丛或叶鞘中,也有部分若虫随麦捆运到麦场,爬到附近的麦糠堆或杂草、土壤中潜伏越夏、越冬。

连作田和未进行秋翻冬灌的麦田发生较重。

九、小麦黑森瘿蚊

1. 分布与为害

黑森瘿蚊属双翅目瘿蚊科,是世界性的重要小麦害虫,也是重要的国际检疫对象,在我国仅分布于新疆,1956 年以来一直被我国列为进境植物检疫性有害生物。20 世纪 80 年代初期曾在新疆伊犁州和博尔塔拉蒙古自治州(以下简称“博州”)多次暴发,对小麦造成严重损失。1984 年后在多种防治措施的控制下,虫情得到有效控制,2009 年以来在博州局部连年暴发,虫情呈上升趋势。

为害特征:黑森瘿蚊在小麦不同生育期的为害状不同,根据前人研究及我们的观察,分述如下:

(1)冬麦、春麦苗期　幼虫在表土下的茎秆上取食。受害幼苗生长受阻，株形矮小，叶片变厚且脆，有的心叶不能抽出，不能拔节。受害麦株基部出现肿胀，剥开可见白色幼虫或褐色蛹。为害严重时，幼苗大量死亡，造成缺苗断垄。

(2)返青、拔节期　幼虫多位于麦株基部各节间，引起茎秆节间短缩，局部萎缩变褐，逐渐向有虫一侧弯曲，最终弯倒。

(3)春麦成熟期　受害株矮小，不及正常株高的1/2，抽出的麦穗、麦芒常弯曲，甚至与部分叶片扭在一起，麦穗畸形，籽粒空瘪。

2. 形态特征

黑森瘿蚊被誉为小麦作物世界第一大害，成熟期的黑森瘿蚊体形小如蚁、蚊等生物(图 1-11)，成虫体长在 3 mm 左右，通常不会超过 4.5 mm，眼部、头部及胸部背面为黑色，光照反射会出现灰色折射光芒，触角呈黄褐色，雄性黑森瘿蚊的触角在 17～20 节，雌虫触角在 15～17 节，长度普遍比自身体长超出 1 mm 左右，背部两侧有稀疏毛发，毛发颜色多为白色。颈部至胸部有一条淡红色细斑条纹，腹部多为褐色，褐色由浅至深代表着黑森瘿蚊的成长期限。雌虫的产卵管为淡红色，末端节基部分为褐色或深褐色，由 3 节构成。足部呈红色，翅基根部为粉红色。大多数黑森瘿蚊雌虫比雄虫长 1～2 mm，下颚须固定生长 4 节：以第 4 节最长；第 3 节略细，比第 2 节长 1 mm 左右；第 2 节类似四边形；第 1 节较粗壮，为不规则圆锥形。

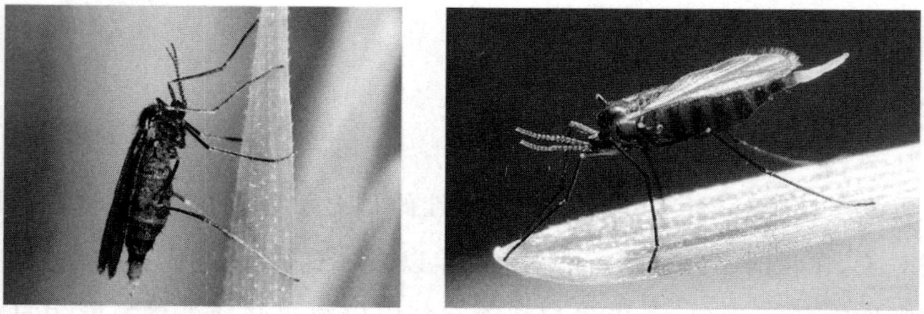

图 1-11　小麦黑森瘿蚊

黑森瘿蚊的卵形为长圆柱形，初始长度在 0.4 mm 左右，初生时颜色为透明色，略有细微红色斑点状，随成长周期而逐渐成为红褐色。

幼虫的体长多为 4 mm 左右，躯体呈多节状，共 13 节，首节灵活性较好为头部，2～4 节为躯体胸脏部分，后部至末端均为腹部。幼虫的胸部首节处有一剑状骨片。成长期共分为3龄:1龄体长可达1.7 mm左右;2龄多为成熟期,4 mm左右;3龄幼虫可逐渐成长为蛹。

黑森瘿蚊幼虫可成长为体外被一层坚实不透明外壳包围的围蛹,表面颜色多样,褐色、黄褐色、浅褐色、深褐色等均有出现,体形较像亚麻的成熟种子,多数雌蛹体长可达4 mm,但雄蛹却普遍不足4 mm。

图 1-12 小麦黑森瘿蚊卵

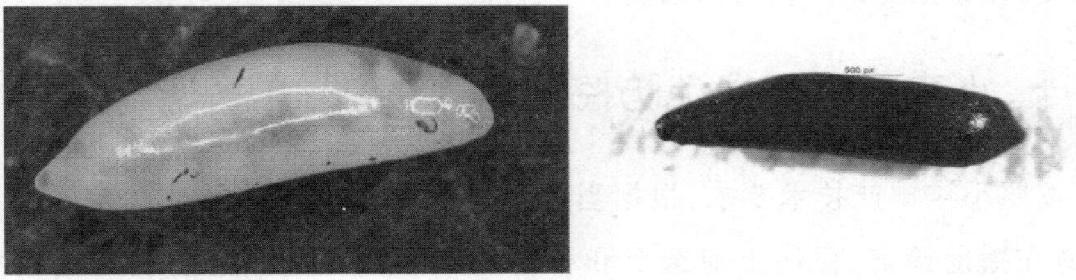

图 1-13 小麦黑森瘿蚊蛹

在我国1年发生2～5代。欧洲一般3代,俄罗斯大部分地区仅1代。在我国新疆一年发生2代。以老熟幼虫在伪茧内越冬,有时在前茬根丛内过冬,也有在自生麦苗或野生禾本科植物上过冬的。次年春天在伪茧内化蛹。第1代成虫在4～5月出现。成虫寿命仅5～7 d,夜间羽化,上午交尾,交配后1 h即可产卵,1～2 d即可产完。飞翔力不强,但可随风吹到2～3 km外。喜在冬小麦或春小麦上产卵。产卵50～500粒。卵期3～12 d。幼虫孵化时间多在每天17:00至次日8:00。幼虫孵化后钻入叶鞘内吸食汁液。幼虫爬行速度很慢,爬行1 mm需要4.5 min,从卵孵出后爬到取食部位需要12～15 h。幼虫经2～4周老熟,在叶鞘内化蛹。围蛹具有一定的抗干燥、抗碾压能力。化蛹后到成虫羽化的时间因温度而不同:4.4 ℃为30 d,10 ℃为15 d,15.6 ℃为11 d,18.9 ℃

为7 d。23.9 ℃以上不化蛹。每年主要在春季和秋季发生两个世代。喜高温，气候不适宜时进入休眠，延期羽化。在成虫羽化时如果冬小麦不适合幼虫取食，即于春小麦和大麦上产卵。遇到干旱，产卵量显著下降，卵和幼虫大量死亡。

在新疆地区，5 月上旬为幼虫发生为害期，在 5 月中旬可见围蛹，5 月中旬后期进入蛹盛期，6 月上旬，在春麦田中发生危害。7、8 月高温、少雨，不利于黑森瘿蚊化蛹。至 9 月中旬，在小麦田自生麦苗上发生为害，同时在自生麦苗及麦茬上以围蛹越冬。在温泉县春麦田监测发现，5 月中旬为幼虫发生期，直到 5 月下旬初(22 日)始见围蛹，下旬后期(28 日)进入蛹盛期；6 月 5 日始见成虫，6 月 15 日，进入成虫盛发期；6 月 27 日，春麦抽穗一扬花期，可见第 2 代幼虫，为中间世代，该代幼虫主要分布于麦株上部叶鞘中。7 月 15 日，第 2 代进入围蛹期。8 月 10 日，春麦收获。9 月 13 日，在麦茬基部根茎处可见围蛹，同时在自生麦苗上可见幼虫。11 月 2 日～11 月 4 日，春麦田残留麦茬上可见围蛹和围蛹壳，在自生麦苗上仅见围蛹。

十、小麦病虫害绿色防控技术

按照小麦丰产技术要求，根据当地小麦常见病虫害种类及其发生发展规律，应在播前检查、督促土地选择和种子处理，避免重茬种植；制定播前病虫害防治技术措施；严格按照农药使用技术要求开展药剂处理等播前预防工作。

(一)播前准备

播前准备工作程序与操作技术见表 1-4。

表 1-4　播前准备工作程序与操作技术

工作环节	工作程序与操作技术
信息收集	(1)主动请教当地县、乡农技部门的技术专家，了解当地往年小麦病虫害的发生种类、为害情况以及综合防控技术经验。 (2)通过网络、查阅图书等，了解、学习小麦病虫害综合防控的相关内容，做好防治工作的前期准备。 (3)信息汇总整理，制订小麦病虫害综合防控计划。

续表 1-4

工作环节	工作程序与操作技术
土地准备	(1)轮作倒茬。采用合理的轮作和间作,切断病、虫的寄主供应;恶化病虫发生环境,减少田间病、虫的积累。如小麦与豌豆、苜蓿等作物轮作 2 年以上,小麦全蚀病发病轻,或不发病。 (2)整地质量要求达到“齐、平、松、碎、净、墒”六字标准。 (3)化学除草防治野燕麦。 ①播前土壤处理:常用的除草剂有燕麦畏等。整地后按要求配制药液,用喷雾器均匀喷洒地面,也可毒土撒施,施药后耙磨将药剂混入 5~10 cm 的土层中,然后播种小麦。 ②播后芽前土壤处理:常用的药剂有燕麦畏等。在小麦播种后出苗前,将药剂加水进行地面喷雾或拌毒土撒施。
种子准备与处理	(1)选用抗病虫品种。如新冬 17 号、新冬 22 号等。新冬 18 号不抗锈病。 (2)精选种子。 (3)适时调整播期。小麦锈病、白粉病常年发病较重的地区,冬麦应尽量晚播,春麦尽量早播。 (4)将 10%吡虫啉可湿性粉剂 200 g,或 35%丁硫克百威 600 g 兑水 5 kg 稀释后,均匀喷洒在 100 kg 麦种上,并充分搅拌,堆闷 12 h,于阴凉处晾干后播种。可有效预防小麦蚜虫、叶蝉、黑森瘿蚊和地下害虫等为害。 (5)用种子质量 0.2%~0.3%的 15%三唑酮可湿性粉剂或 50%多菌灵可湿性粉剂等拌种,可有效地防治小麦锈病、小麦白粉病、小麦黑穗病和雪腐病等病害。 (6)种衣剂包衣。选择小麦专用种衣剂,按照使用说明进行包衣。要做到拌种均匀。

(二)冬麦冬前病虫害综合防控(冬麦出苗至降雪)

根据小麦病虫害发生规律,及时开展越冬前麦田病虫害调查,检查、指导越冬前小麦病虫害防治措施的实施,做好病虫害的预防工作(表 1-5),为翌年小麦丰收奠定基础。

表 1-5　冬麦冬前病虫害综合防控工作程序与操作技术

工作环节	工作程序与操作技术		
	病虫害田间识别	病虫害田间调查	防治技术
三点斑叶蝉防控	叶片出现零星至密集程度不等的小白点。成、若虫在叶片上横走爬行。成、若虫中胸盾片上有3个黑斑	调查时间：10月5日左右开始调查。 调查方法：3 d调查一次，每次随机选取5点，每点0.5 m^2，调查记载害虫数量	此阶段主要以化学防治为主。 可选用溴氰菊酯（敌杀死）、吡虫啉、啶虫脒、辛硫磷等药剂喷雾防治
小麦雪腐病防控	冬前症状不明显	冰雪消融后再调查	常年发生雪腐病较重的地块，于降雪前7～10 d(约在10月下旬至11月初)，在田间喷洒敌磺钠(敌克松)、多菌灵、甲基硫菌灵(甲基托布津)或五氯硝基苯等药剂
小麦全蚀病防控	叶色变黄，植株矮小，生长不良。拔出幼苗可见根茎为黑褐色。病株易从根茎部拔断	调查时间：出苗后开始调查。 调查方法：低头慢步踏查，发现叶色变黄、植株矮小的麦苗时，拔出检查根茎部是否变黑。确诊后，5点取样调查，统计发病率	冬前为小麦全蚀病的第1个发病高峰期，可选用三唑酮(粉锈宁)、三唑醇或苯丙咪唑类等杀菌剂喷施。可兼治小麦锈病和小麦白粉病
小麦锈病防控	基部叶片正面出现铁锈色凸起病斑及粉疱	调查时间：出苗后开始调查。 调查方法：低头慢步踏查和蹲下细查(每个点细查的面积不少于2 m^2)相结合	喷施三唑类杀菌剂1次即可
小麦白粉病防控	基部叶片正面出现近圆形白色粉斑	与小麦锈病同时进行调查	喷施三唑类杀菌剂1次即可

采用杀虫剂如丁硫克百威、辛硫磷等进行药剂拌种，可有效防治地下害虫和苗期害虫。采用杀菌剂如三唑酮、多菌灵等，可有效防治小麦黑穗病、小麦锈病、全蚀病、白粉病、雪腐病等多种病害，减少越冬菌量。但在药剂拌种时要注意以下几点：

(1)使用三唑酮拌种要干拌，若进行湿拌或乳油拌种，拌匀后应立即晾干，以免发生药害。

(2)杀菌剂与杀虫剂混合使用时，先拌杀虫剂，将杀虫剂用喷雾器喷洒均匀，堆闷 3～4 h，摊开晾干后播种或再拌杀菌剂。

(3)如果加拌微肥等，可与杀菌剂同拌，但要随拌随种。

(4)使用药剂混合拌种，一般只用杀菌剂、杀虫剂两种，混合多种药剂拌种，易产生药害。

(5)要严格按照拌种操作规程，防止人、畜中毒。

(三)返青至孕穗期病虫害防控(3 月下旬至 5 月初)

根据小麦生长进程和病虫害发生规律，正确识别病虫害种类，及时开展田间杂草、小麦锈病、白粉病等病虫害调查，分析预测病虫害的发生动态和薄弱环节，制定有效的综合防治技术措施，指导、检查防治工作的实施，将麦田病虫害控制在经济允许水平以下，保证小麦丰产丰收(表 1-6)。

表 1-6 返青至孕穗期病虫害防控工作程序与操作技术

工作环节	工作程序与操作技术		
	病虫害田间识别	病虫害田间调查	防治技术
双子叶杂草防除	播娘蒿、灰藜等	调查时间：北疆 4 月 10～25 日；南疆 3 月 20 日至 4 月 5 日。 调查方法：5 点随机取样。每点查 0.67 m^2。 调查记载：小麦生育期和杂草的数量、生长情况	可选用二甲四氯或氟草烟(使它隆)、苯磺隆等在小麦 4～5 叶以上、杂草达到 3～5 片真叶时，开始防治。其中氟草烟(使它隆)对田旋花、荞麦蔓、猪殃殃防效优于其他同类药剂。苯磺隆无漂移药害

续表 1-6

工作环节	工作程序与操作技术		
	病虫害田间识别	病虫害田间调查	防治技术
单子叶杂草防除	野燕麦等	与双子叶杂草调查同时进行	可选用野燕枯、精噁唑禾草灵(骠马)、15%炔草酸可湿性粉剂(麦极)等在小麦春生2～3叶,杂草达到3～4片真叶时喷雾防治
小麦锈病防控	叶片或茎秆表面出现褪绿黄斑,不久产生鲜黄色或锈色凸起病斑。病斑形状"条锈成行、叶锈乱,秆锈是个大红斑"	调查时间:北疆于4月下旬～5月上旬;南疆于4月中、下旬。 调查方法:低头漫步踏查和蹲下细查(每个点细查的面积不少于2 m^2)相结合。 如发现锈病,从发病之日起,每隔5 d调查1次	凡锈病在田间出现发病中心,且病叶率达到2%～3%时,就要立即喷药防治。突出"早"字,防止锈病蔓延流行。 (1)出现发病中心,可选用三唑酮(粉锈宁)、烯唑醇等药剂喷雾,喷洒范围要大于发病中心3倍以上。 (2)病情扩散后,用三唑酮(粉锈宁)、烯唑醇全田喷雾。7～10 d喷施1次,连喷2～3次。可兼治白粉病。 (3)及时灌水,施肥
小麦白粉病防控	叶片正面出现白色粉状物	与锈病调查同时进行	同上
小麦全蚀病防控	重病植株表现稍矮,基部黄叶多。拔出麦苗,用水冲洗麦根,可见根与地下茎都变成了黑褐色。麦田出现矮化发病中心	调查时间:返青后开始。 调查方法:与越冬前的调查方法相同	返青拔节期为小麦全蚀病的第2个发病高峰期,可选用三唑酮(粉锈宁)、三唑醇或苯丙咪唑类等杀菌剂喷施。可兼治小麦锈病和小麦白粉病

春季麦田除草注意事项：

(1)对于野燕麦及其他单子叶杂草和阔叶杂草混生的麦田，可在苯磺隆(杜邦巨星)药液中加入精噁唑禾草灵(骠马)乳油，则两类杂草均可被防除。

(2)药量要合理。用量过小，影响除草效果；药量过大，残留毒副作用强，有时还会对下茬作物产生药害。严格按照农药使用说明用药，不能随意减少或加大剂量。

(3)温度、湿度要合适。麦田除草宜在土壤湿润和天气晴朗、无风的上午 10 点至下午 6 点用药。气温高、光照足，能增强杂草吸收药液的能力，风大易造成喷药不均匀，并易使药液飘移到相邻地块而对其他作物造成药害。

(4)喷施要均匀。稀释除草剂最好用二次稀释法，喷施要均匀，每 667 m^2 用水量不少于 30 kg，切不可漏喷或重复喷施。

(5)选用适当的喷药器械。最好选用手动压缩式喷雾器，不宜用机动喷雾器。避免药液漂移浪费及造成相邻作物受药害。

(四)抽穗灌浆期病虫害综合防控(5 月上旬至 6 月底)

根据小麦生长进程和病虫害发生规律，正确识别病虫害种类，在继续开展小麦锈病、白粉病的田间调查的同时，做好麦田蚜虫、皮蓟马和细菌性条斑病、黑穗病等病虫害的调查，确定最佳防治时期和防治方法，实施防治措施。将麦田病虫害控制在经济允许水平以下，保证小麦丰产丰收(表 1-7)。

表 1-7 抽穗灌浆期病虫害综合防控工作程序与操作技术

工作环节	工作程序与操作技术		
	病虫害田间识别	病虫害田间调查	防治技术
麦田蚜虫防控	麦长管蚜、麦二叉蚜、麦双尾蚜等。叶片上有蜜露，幼叶卷缩成筒状，失绿变黄；植株瘦弱，形成白穗	调查时间：5 月初开始。 调查方法：系统调查，每 3～5 d 到麦田随机取 50～100 株(麦蚜量大时可减少株数)，调查记载蚜量和天敌数量	当百株(茎)蚜量超过 500 头，天敌单位与蚜虫比在 1∶150 以上时，即需防治。 可选用抗蚜威(辟蚜雾)、吡虫啉等杀虫剂田间喷施。施药时，尽量选用对天敌杀伤力小的农药，以保护利用天敌的防控作用

续表 1-7

工作环节	工作程序与操作技术		
	病虫害田间识别	病虫害田间调查	防治技术
小麦皮蓟马防控	在穗部表面或颖壳内黑色细小的成虫或红色细小的若虫	调查时间:5月初于蚜虫调查同时进行。 调查方法:选择代表性麦田2～3块,每3～5 d调查50～100个麦穗,并记载害虫发生情况	当平均每穗有虫2头以上时,即需开展防治。 在小麦出穗前防治成虫;在扬花至灌浆初期防治初孵若虫。先防冬麦,后防春麦。 可选用敌敌畏、吡虫啉等药剂喷施
小麦细菌性条斑病防控	叶片初呈水浸状斑点或短条斑,并沿叶脉扩展而连接成较长的黄褐色条斑,边缘有黄晕圈,病斑不凸起	调查时间:5月上旬开始。 调查方法:选择代表性麦田2～3块,每5～7 d调查1次,并记载发病情况	发现病斑后,结合当地常年发生情况和当年气象条件分析,如果往年发病重,当年低温多雨,则应及早防治。 发病初期喷洒氢氧化铜或农用硫酸链霉素,隔7～10 d喷洒1次,连喷2～3次,药剂应轮流交替使用
小麦黑穗病防控	小麦穗部散出黑粉或籽粒变黑,用手掐破后,黑粉有鱼腥味	调查时间:6月上旬至6月中旬。 调查方法:随机5点取样,每点查50～100个麦穗,只调查1次即可,统计黑穗病发病率	主要以选留无病种子和药剂拌种等种子处理措施为主,田间一般不进行药剂防治

项目二 玉米病虫害

玉米是新疆主要农作物之一，据统计，全疆玉米常年播种面积 10 000 km^2 左右，占粮食总播种面积的 30%～40%。新疆是全国重要的玉米制种基地之一，每年玉米制种面积约在 600 km^2。近些年，随着新疆玉米生产的发展，由于各地作物布局、耕作制度、玉米种植模式、农区气候等多种因素变化，使得新疆玉米害虫种类和为害特点有较大的变化，而且玉米害虫的发生与为害呈逐年上升的态势。目前，新疆玉米产区玉米螟、玉米叶螨、三点斑叶蝉等害虫普遍发生较重，地老虎类在不同地区、不同年份也有大发生的现象。南疆棉铃虫在玉米上的为害也比较突出，还有于 2001 年在新疆新发现的白星花金龟甲也有越来越严重的趋势。上述害虫已成为新疆玉米生产稳步发展的主要制约因素之一。

玉米病虫害

彩色图谱

据调查统计，玉米螟发生极为普遍，其中北疆玉米产区发生较重，尤其昌吉回族自治州（以下简称“昌吉州”）、塔城地区等地玉米产区受害最重。通常玉米被害株率在 30%以上，导致玉米减产 15%以上，严重者可达 30%以上。玉米叶螨以往属次要害虫，仅在玉米灌浆中后期发生，为害相对较轻，但是自 20 世纪 90 年代以来，玉米叶螨已上升为玉米的主要害虫，而且表现出发生早、危害重、范围广的特点，其中北疆石河子市、沙湾县、玛纳斯县、阜康市，南疆和田地区的皮山县、喀什地区的莎车县、英吉沙县等地玉米叶螨发生较重。玉米三点斑叶蝉是近年来玉米上出现的一种为害较重的新害虫，主要在北疆发生较重。玉米叶螨和玉米三点斑叶蝉的为害常造成玉米中后期叶片早衰黄枯，导致籽粒干瘪，千粒重下降 3%～30%。

玉米病害主要为玉米瘤黑粉病，南、北疆各地均有发生，但为害相对较轻。玉米锈病在北疆地区 7～8 月雨水较多的年份时有发生。

一、玉米小斑病

1. 发病规律

小斑病病原为玉蜀黍平凹脐蠕孢。小斑病发病主要受环境的影响，通常在25 ℃或者多雨天气中发病。

2. 为害症状

当玉米感染小斑病时，主要的患病区域是叶、茎、穗等部位，在这些部位上会逐渐呈现椭圆形或者长方形的病斑，颜色主要为黄褐色或者灰褐色（图 2-1）。如果在夏季发病，受高温的影响，病斑可能还会出现暗绿色浸润区。

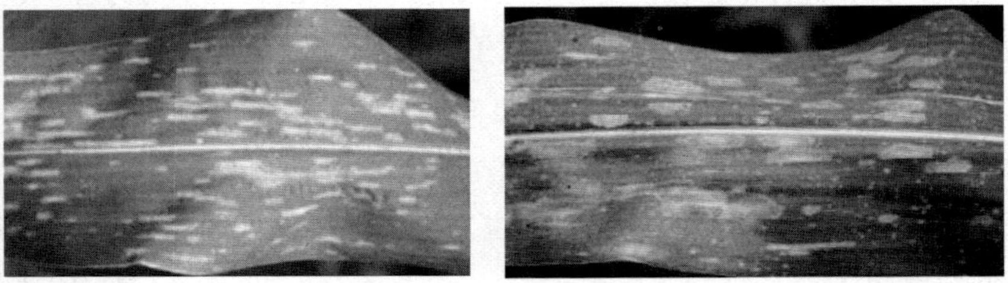

图 2-1　玉米小斑病

二、玉米大斑病

1. 发病规律

大斑病病原为大斑凸脐蠕孢，属于半知菌亚门真菌。病发情况受温度和湿度的影响，平均温度 18～22 ℃时是发病的高峰期，多雨、多雾、阴雨连绵的天气也时常发生该病害。

2. 为害症状

在染病后，呈现病态的部位主要是叶片，如果病害发生得非常严重，有可能会蔓延到叶鞘和包叶。在生长过程中，病害主要起源于下部叶片，由下至上蔓延。发病初期叶片上会呈现水渍状的青灰色小点，并且随着染病时间的增加，发病小点逐渐沿着叶脉向两边扩大，从而最终形成中间呈黄褐色、边缘呈深褐色的大斑。当空气湿度比较大时，病斑会连成一片，并且斑上会产出一种黑灰色的霉状物，致使患病部分枯黄萎缩（图 2-2）。

图 2-2 玉米大斑病

三、玉米病毒病

1. 发病规律

玉米病毒病主要包括两种：一种是玉米矮花叶病，另一种是玉米粗缩病。

玉米矮花叶病病原主要通过蚜虫传播，蚜虫除了能够通过传播病毒对玉米植株造成危害，蚜虫本身也能够对玉米植株造成危害，蚜虫对叶片中的液体进行刺吸的同时会分泌一种唾液，对玉米植株的生长以及授粉都会造成非常严重的影响。

玉米粗缩病的传播主要是通过灰飞虱，通常情况下玉米粗缩病病毒存在于若虫体内进行越冬，也能够存在于已患病的小麦苗中越冬。

2. 为害症状

玉米矮花叶病没有集中的染病时期，在玉米植株的整个生长周期内都能够染病。当苗期出现染病情况时，在叶心基部会出现褪绿条点状花叶，并且随着染病时间的不断延长而逐渐蔓延到整个叶片，造成整个叶片的枯萎变黄，对整个玉米植株的光合作用产生严重的影响，对于植株的生长产生非常不利的影响。染病比较严重的植株，通常情况下会整株枯死。

玉米粗缩病的患病症状直接表现为植株矮化，玉米在受到病毒感染后会呈现暗绿色，叶肉粗厚，在叶片背面、叶鞘等多个部位隆起短条纹。患病植株一般只能长到正常植株高度的一半，并且不能抽雄结穗(图 2-3)。

图 2-3　玉米病毒病

四、玉米茎腐病

1. 发病规律

玉米茎腐病，也叫茎基腐病，它是由多种真菌和细菌单独侵染引起的。近几年，由于玉米自交系、杂交系品种在地区之间引种频繁，使本来抗病性较差的自交系和部分杂交系的原种在地区之间广为种植，从而导致该病在各玉米产区之间传播，造成植株早枯，籽粒瘪瘦不饱满，严重影响玉米的原种产量，给农民造成极大的经济损失。随着机械化收获技术的广泛应用，由多种病原菌引发的茎腐病引起植株倒伏，对生产的危害性更为明显。

一般情况下，茎腐病的发生直接导致减产 5%～10%，并引起植株倒伏，加重了穗腐病的发生。多年持续的秸秆还田和玉米单一化种植，导致土壤中的茎腐病致病菌大量积累。同时，许多推广的玉米品种属于感茎腐病类型。灌浆期遇到连续降雨气候，茎腐病将会暴发。

玉米茎腐病是常发型突发性病害。茎基腐病主要由腐霉菌和镰刀菌侵染引起。玉米细菌性茎腐病是近年来新发现的一种高危害病害，病菌可能在土壤中病残体上越冬。玉米茎腐病主要侵染玉米根部及茎基部，病苗自根系侵入，在植株体内蔓延扩展。刨根或茎基部检查发现，木质部变褐，严重的初生根、次生根坏死、腐烂，造成根部和茎基部腐烂，引起倒伏或整株枯死。地上部分表现为中下部的叶片边缘变黄变褐，严重的整株叶片枯黄，这主要是由于本地玉米大多连茬种植，若土壤墒情差、土壤板结，极易造成玉米苗期根系发育不良，地上部得不到水分和养分，就容易发病，特别是雨后猛晴时，发病更为明显。该病病菌可以从植株的气孔或伤口侵入，玉米 60 cm 高时组织柔嫩易发病。害虫为害造成的伤口利于病菌侵入，害虫携带病菌也能起到传播和接种的作用，田间玉米螟、棉铃虫等虫口数量大时发病重。高温高湿条件下病害容易发生，均温 28～30 ℃，相对湿度 80％以上开始发病。地势低洼或排水不良、密度过大、通风不良、施用氮肥过多、伤口多则发病重。轮作、高畦栽培、排水良好及氮、磷、钾肥比例适当地块植株健壮，则发病率低。细菌性茎腐病发病迅速，由发病到倒折仅 2 d。倒折时，其他部分常不表现症状。同时，害虫携带病菌，直接起了传染和接种的作用，如玉米螟、棉铃虫等，虫口密度越高，发病越重。

2. 为害症状

玉米乳熟末期至蜡熟期为茎腐病显病高峰期，多数叶片由下而上表现为青枯症状(图 2-4)，少数为黄枯症状，也有在乳熟期全株急剧青枯的，为急性症状。植株茎基部先发黄变褐，后变软，内部疏松或病株倒折，病株果穗下垂，苞叶呈青枯状，根系发育不良，根少而短，变黑腐烂，茎基髓部因病原不同可见红色粉状霉、白色绒毛状霉或有黄褐色臭液。发病初期茎下部叶鞘出现不规则形浅褐色水渍状病斑，逐渐扩大侵入内部组织，使茎组织腐烂缢缩，呈深褐色至红褐色，并有臭味，植株倒折。有时植株上部也受害，心叶失绿，呈萎蔫状，叶鞘与茎秆腐烂易拔出，并有黄褐色臭液。玉米细菌性茎腐病的典型症状是在玉米近地面 2～3 节处茎基部叶鞘和茎秆上发生水渍状软化，变褐腐烂，有酸臭味，腐烂处凹陷，茎秆倒折。在叶鞘上的病斑形状不规则，边缘红褐色，在病组织与健康组织的交界处呈水渍状，在高温、高湿条件下，病斑可向上、向下发展，引起植株腐烂而倒折。该病一般从灌浆至乳熟期开始发病，由下部叶片向上逐渐扩展，呈现青枯症状，最后全株显症，很容易和健株区别。该病在玉米连茬种植时发

图 2-4　玉米茎腐病

病重，高温、高湿利于发病，雨后天气转晴，常出现发病高峰。矮秆、早熟品种和双穗玉米发病重。

五、玉米丝黑穗病

玉米丝黑穗病是苗期侵染的系统性病害，一般到穗期才出现典型症状。雄穗受害，多数病穗仍保持原来的穗形，部分小花受害，花器变形，颖片增长呈叶片状，不能形成雄蕊，小花基部膨大形成菌瘿，外包白膜，破裂后散出黑粉，发病重的整个花序被破坏，变成黑穗（图 2-5）。病果穗较粗短，基部膨大，不抽花丝，苞叶叶舌长而肥大，大多数除苞叶外全部果穗被破坏变成菌瘿，成熟时苞叶开裂散出黑粉，寄主的维管束组织呈丝状。

图 2-5 玉米丝黑穗病

六、玉米瘤黑粉病

1. 发病规律

玉米瘤黑粉病又叫灰包，是我国玉米的重要病害，发生很普遍。玉米瘤黑粉病对玉米的影响与受害部位有关，雌穗受害可使穗的一部分或全部不实。茎叶和其他部位受害，影响植株正常发育而减产。

2. 为害症状

玉米整个生育期和所有地上部位均可发病，是典型的局部侵染性病害。受害部位生出大小不等、形态各异的病瘤。病瘤外部被有白色或粉红色的被膜，或稍着红、紫杂色，后变灰色。成熟前压之能出水，成熟后内部是片状物和黑粉，病瘤破裂散出大量黑粉即病菌冬孢子（图 2-6）。

玉米幼苗发病，茎叶扭曲畸形，茎基生小瘤。以后在其他部位相继感染发病。叶片上的病瘤多生于叶基近中脉两侧，小而多，成串或成堆，不易破裂，很少有黑粉。茎秆上的病瘤多生于各节基部，由腋芽受侵染后增生而成，含有大量黑粉。雄穗上的部分小花感病长出囊状或角状小瘤。雌穗多在上半部受害，个别小花受害产生病瘤，其他小花尚能结籽，个别雌穗可全部受害形成大病瘤，不结实。

图 2-6　玉米瘤黑粉病

3. 病原

玉米瘤黑粉病菌属担子菌亚门冬孢纲黑粉菌属。冬孢子茶褐色，单胞，球形或椭圆形，表面有细刺。萌发时产生有隔担子，侧生 4 个担孢子。担孢子无色，纺锤形。担孢子还能以芽殖方式产生很多次生小孢子。担孢子和次生小孢子都能萌发，结合后产生双核侵染丝侵入寄主，发病后形成病瘤。单核菌丝也可侵入寄主，但只出现小斑点而不形成病瘤。

病菌能分泌吲哚乙酸，刺激玉米细胞膨大、增生，形成病瘤。

4. 发病规律

病菌以冬孢子在病残体和土壤中越冬，春季玉米出苗后，冬孢子萌发产生的担孢子和次生小孢子随风雨传播到玉米幼嫩组织上，在适宜条件下萌发产生双核侵染丝从寄主表皮或伤口侵入。侵入的菌丝只在侵染点附近扩展。玉米感病后形成病瘤，病瘤内的孢子又可传播，进行再侵染。病菌于玉米抽穗、开花期蔓延最快，此时潜伏期仅 7～10 d。玉米老熟后停止侵害。

玉米瘤黑粉病菌冬孢子无明显休眠期，遇到适宜环境条件即可萌发。其冬孢子萌发适温为 26～34 ℃。冬孢子在水滴中或相对湿度 98%～100%时都可萌发。在新疆，玉米抽穗前后正值高温季节而且多风，造成创伤多，有利于冬孢子的萌发和入侵。连茬、高肥密植、偏施氮肥、杂交制种田去雄所造成的伤口，都能加重病害的发生。玉米螟发生较重的玉米田，瘤黑粉病发病也较重。

七、玉米弯孢叶斑病

1. 发病规律

叶部病斑初为水渍状褪绿半透明小点,后扩大为圆形、椭圆形、梭形或长条形病斑,病斑长 2~5 mm、宽 1~2 mm,最大的可达 7 mm×3 mm。病斑中心灰白色,边缘黄褐色或红褐色,外围有淡黄色晕圈,并具黄褐色相间的断续环纹。潮湿条件下,病斑正反两面均可产生灰黑色霉状物,即病原菌的分生孢子梗和分生孢子。感病品种叶片密布病斑,病斑结合后叶片枯死。

2. 为害症状

病斑初为水浸状或淡黄色半透明小点,之后扩大为圆形、椭圆形、梭形或长条形病斑(图 2-7),病斑形状和大小因品种抗性分为 3 类:

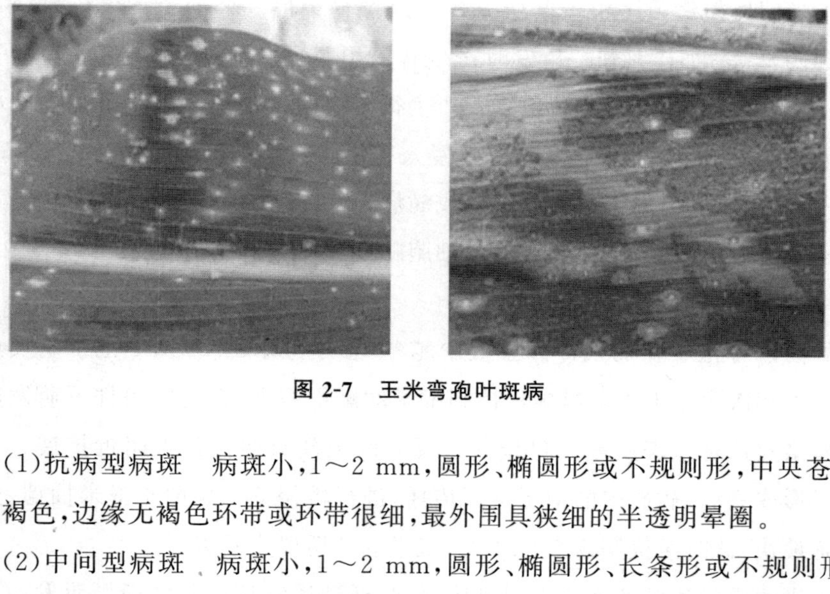

图 2-7　玉米弯孢叶斑病

(1)抗病型病斑　病斑小,1~2 mm,圆形、椭圆形或不规则形,中央苍白色或淡褐色,边缘无褐色环带或环带很细,最外围具狭细的半透明晕圈。

(2)中间型病斑　病斑小,1~2 mm,圆形、椭圆形、长条形或不规则形,中央苍白色或淡褐色,边缘有较明显的褐色环带,最外围具明显的褪绿晕圈。

(3)感病型病斑　病斑较大,长 2~5 mm,宽 1~2 mm,圆形、椭圆形、长条形或不规则形,中央苍白色或黄褐色有较宽的褐色环带,最外围具较宽的半透明黄色晕圈,有时多个斑点可沿叶脉纵向汇合而形成大斑,最大的可达 10 mm,甚至整叶枯死。潮湿条件下,病斑正反两面均可产生灰黑色霉状物,即病原菌的分生孢子梗和分生孢子。

八、玉米纹枯病

1. 发病规律

玉米纹枯病主要为害叶鞘，也可为害茎秆，严重时引起果穗受害。发病初期多在基部1～2茎节叶鞘上产生暗绿色水渍状病斑，后扩展融合成不规则形或云纹状大病斑。病斑中部灰褐色，边缘深褐色，由下向上蔓延扩展。穗苞叶染病也产生同样的云纹状斑。果穗染病后秃顶，籽粒细扁或变褐腐烂。严重时根茎基部组织变为灰白色，次生根黄褐色或腐烂。多雨、高湿持续时间长时，病部长出稠密的白色菌丝体，菌丝进一步聚集成多个菌丝团，形成小菌核。

2. 为害症状

如图2-8所示。

图 2-8　玉米纹枯病

九、玉米根腐病

1. 发病规律

腐霉菌引起的根腐病，主要表现为中胚轴和整个根系逐渐变褐、变软、腐烂，根系生长严重受阻；植株矮小，叶片发黄，幼苗死亡。由丝核菌引起的根腐病，病斑主要发生在须根和中胚轴上，病斑褐色，沿中胚轴逐渐扩展，环剥胚轴并造成胚轴缢缩、干枯。病害侵染严重时，可导致幼苗叶片枯黄直至植株枯死。

由镰刀菌引起的根腐病，主要表现为根系端部的幼嫩部分呈现深褐色腐烂，组织逐渐坏死；与籽粒相连的中胚轴下部发生褐变、腐烂；植株叶片尖端变黄，病害严重时导致植株死亡。

2. 为害症状

如图 2-9 所示。

图 2-9 玉米根腐病

十、玉米螟

1. 分布与为害

玉米螟属鳞翅目螟蛾科，是世界性玉米害虫，几乎遍布全球。在我国除西藏、青海未报道外，其他各地均有分布。

玉米螟在新疆原不严重，报道不多。20 世纪 70 年代在伊犁州为害渐重，到 80 年代在昌吉回族自治州又趋猖獗。经鉴定，伊犁州的为欧洲玉米螟，乌苏市以东地区的为亚洲玉米螟。目前，玉米螟也已成为喀什等地的主要玉米害虫。

玉米螟以幼虫钻蛀玉米心叶、雌雄穗及茎秆。在心叶上，初见白色不规则半透明斑或小孔洞，后见横列的排孔(图 2-10)。雄穗未抽出前，咬食穗部，致使其黄白枯死，抽穗后，多数下移蛀入穗柄，使穗柄易遭风折，影响授粉。雌穗抽丝期,幼虫咬断花丝,食害籽粒,以后蛀入穗轴及茎部;在茎部则多在雌穗着生节及其附近各节蛀入,阻碍养分输送,影响雌穗生育,并易折倒。玉米螟钻蛀穗轴和茎秆,在蛀孔外均有粪屑堆积(图 2-11)。为害严重的地块,玉米被害率高达 100%。

玉米螟除为害玉米外,还可为害麦类、高粱、谷子、豆类、棉花、麻类、马铃薯等 200 多种植物。

图 2-10　玉米心叶被害状

图 2-11　穗被害状

2. 形态特征(亚洲玉米螟)

(1)成虫　体长 13～15 mm,翅展 22～34 mm。体色淡黄褐色。雄虫前翅内外横线及其间 2 斑明显,外横线与外缘线间有一褐色带(图 2-12)。雌虫内外横线及其间 2 斑不明显。后翅中部有暗色弧线(图 2-13)。

图 2-12　雄蛾

图 2-13　雌蛾

(2)卵　扁椭圆形,常由数十粒或数百粒集成卵块,排列成鱼鳞状,卵面有大小不同的多角形网纹。

(3)幼虫　老熟幼虫体长 25 mm，污白色。头褐色，胸腹部各节毛片显著，中后胸节各 4 个横列成行，腹部 1～8 节各 6 个，前 4 后 2、前大后小。腹足趾钩 3 序缺环(图 2-14)。

(4)蛹　长纺锤形，黄褐色，长 15～19 mm。腹部腹面 5～6 节各有腹足痕迹 1 对。臀棘较长，末端有钩刺 5～8 根，常垂连于丝茧上。

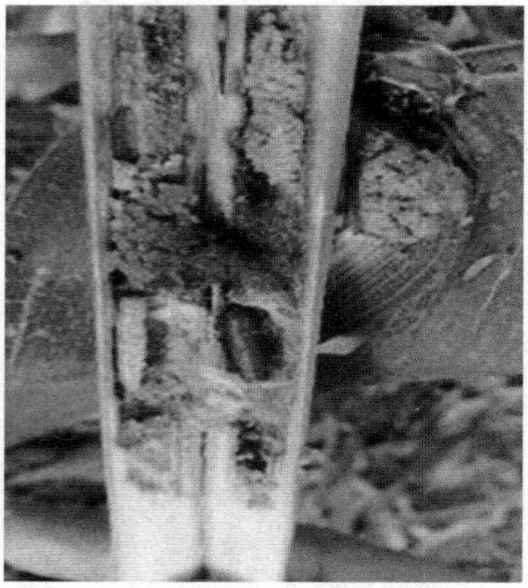

图 2-14　幼虫和蛹

3. 发生规律

玉米螟 1 年 2 代，以老熟幼虫在玉米茎秆内、果穗、残茬和土壤中越冬，其中玉米茎秆内约占 80%。5 月上旬开始化蛹，5 月中下旬为盛蛹期。5 月下旬开始羽化，6 月上旬为羽化盛期并交尾产卵。6 月下旬第 1 代幼虫大量出现，正值玉米喇叭口后期，幼虫在心叶筒内蛀食。随着玉米生长抽雄，幼虫分散在茎叶间、叶鞘内、雄花上为害，主要在果穗部位以上，尤其以雄花受害最重。7 月下旬至 8 月上旬为羽化盛期并交尾产卵，8 月上旬出现第 2 代幼虫，此时正值玉米结穗期。为害在果穗部位以下，先为害叶鞘，而后蛀茎至玉米成熟。以第 2 代幼虫为害造成的损失最重。成虫羽化后不经补营养即可交尾产卵。1 头雌虫产卵约 500 粒，多者可达 1 000 粒。卵多产于叶背中肋两旁。以植株高大，生长茂密的玉米中部着卵较多。成虫昼伏夜出。趋光性大于趋化性。

初孵幼虫群集卵块附近啃食叶肉。能吐丝下垂，随风扩散。幼虫迁移觅食频繁。幼虫一般 5 龄，少数 6 龄。老熟幼虫化蛹前，常在茎秆内从里向外咬 1 个直径2～3 mm 的孔洞，外有秆皮掩盖，然后吐丝把碎屑缚成 1 个茧垫，将茎内通道堵塞做成 1 室，在内化蛹。

十一、双斑萤叶甲

1. 分布与为害

双斑萤叶甲又称玉米双斑长跗萤叶甲，属鞘翅目叶甲科，主要为害玉米、棉花、谷子、高粱、大豆、花生、马铃薯和杂草等。该虫于2012年开始在新疆玉米上大面积为害，在玉米田主要以成虫为害叶片、花丝、嫩穗，常集中于一棵植株，自上而下取食，中下部叶片被害后，残留网状叶脉或表皮，远看呈小面积不规则白斑。玉米抽雄吐丝后，该虫喜取食花药、花丝，影响玉米正常扬花和授粉。

2. 形态特征

成虫体长3.6～4.8 mm，宽2～2.5 mm，长卵形，棕黄色，具光泽，它的显著特征是成虫两个鞘翅基部各有一个大的淡色斑，四周黑色，鞘翅端半部黄色(图2-15)。触角11节，丝状，端部色黑，长度为体长2/3；前胸背板宽大于长，表面隆起，密布很多细小刻点；小盾片黑色呈三角形；后足胫节端部具1长刺；腹管外露。

图 2-15 双斑萤叶甲

3. 发生规律

1年发生1代，以卵在表土下越冬，翌年5月上中旬孵化，幼虫一直生活在土中食害禾本科作物或杂草的根，经30～40 d在土中做土室化蛹。蛹期7～10 d。成虫刚羽化出土时，不具有迁飞能力，主要集中在玉米田边杂草上取食为害，随后进入玉米田。成虫羽化历期长，从6月中旬到8月中旬都有成虫羽化。7月上旬田间数量开始增多，7月中下旬进入成虫盛发期，此后一直持续为害到9月份。成虫善飞跳，飞行距离3～5 m，喜在9～11时和16～19时飞翔取食，白天在玉米叶片和穗部活动，早晚或中午藏在叶子背面或者心叶及土缝中。

春季湿润、秋季干旱的年份发生较重；种植密度过大、田间郁闭时发生重；管理粗放、田间地边杂草多时发生重。

十二、玉米叶螨

1. 分布与为害

玉米叶螨又名玉米红蜘蛛，通常为几种叶螨混合为害玉米(图 2-16 至图 2-18)。截形叶螨是新疆玉米叶螨的优势种，土耳其斯坦叶螨和朱砂叶螨在北疆各地玉米田发生为害较普遍。冰草叶螨、敦煌叶螨则在南疆玉米田发生较普遍。细突叶螨和玉米岩螨是首次在玉米上发现为害，属新疆的新记录种。

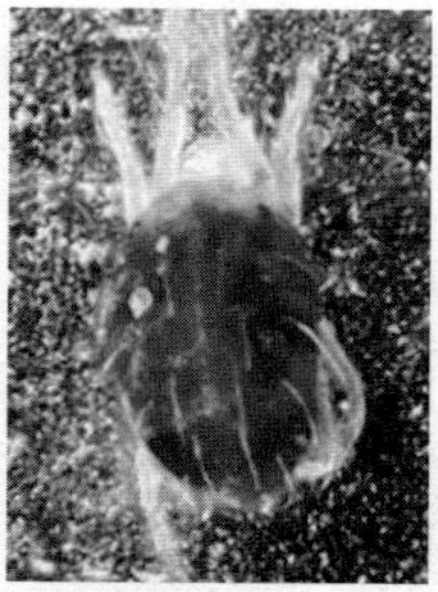

图 2-16　截形叶螨

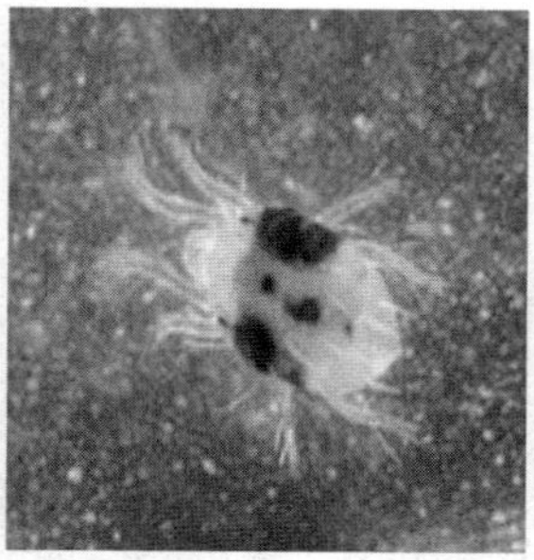

图 2-17　二斑叶螨

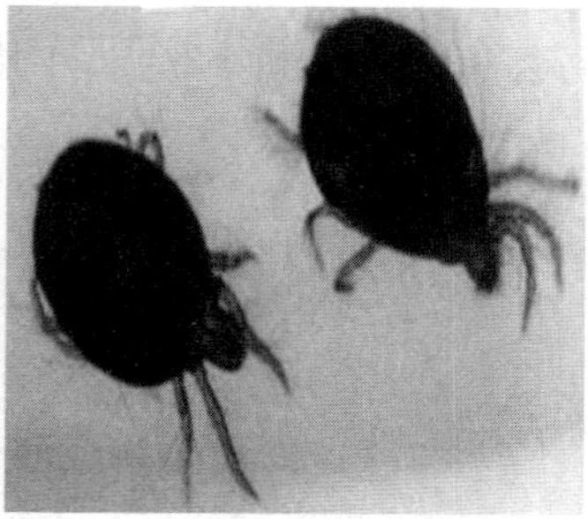

图 2-18　朱砂叶螨

近几年来，玉米叶螨发生面积逐年扩大，为害加重，造成的损失增加，现已遍布新疆各玉米产区。玉米叶螨食性较杂，除为害玉米外，还为害小麦、棉花、瓜类、菜类作物等。其幼螨、成螨集聚于叶背主脉两侧，以口针刺入玉米叶肉组织，吸取细胞汁液，并吐丝拉网，导致叶片积尘覆土。受害部位初期呈针头大小的褪绿斑，甚至失绿(图 2-19)。植株受害后，同化作用受阻碍，呼吸作用加剧，代谢过程严重失调，生长受到抑制，同时蒸腾作用加剧，耐旱力减弱。为害严重

图 2-19　叶片被害状

的玉米田螨株率可达70%～100%，单株螨量几百至千头，重者上万头，玉米植株大片枯死，空穗率高，即使结实者，籽粒秕瘦，给玉米生产造成了严重的损失。

2. 形态特征(截形叶螨)

(1)成螨 雌成螨深红色，体两侧有黑斑，椭圆形。

(2)卵 越冬卵红色，非越冬卵淡黄色。

(3)幼螨 越冬代幼螨红色，非越冬代幼螨黄色。越冬代若螨红色，非越冬代若螨黄色，体两侧有黑斑。

3. 发生规律

玉米叶螨1年发生10～15代，以雌成螨在作物、杂草根际或土缝中越冬。春季气温达到10 ℃以上时，即4月中旬前后，越冬成螨开始出蛰活动，先在杂草上取食、繁殖。5月中旬在杂草上为害的玉米叶螨通过爬行、风吹、水流和机械携带等方式陆续向玉米田转移。先是在地头点片发生，遇适宜的气候条件迅速蔓延全田甚至猖獗为害。一般情况下害螨数量在7月初上升较快，7月底至8月底达到高峰。

玉米叶螨为害部位是从下部叶片逐步向中、上部叶片转移的。害螨严重发生时叶片正面也有玉米叶螨为害，造成叶片干枯。8月底至9月初，玉米生长发育后期，营养状况变差，害螨开始逐渐向杂草上转移。

适温、干旱年份发生重，越是干旱越利于其为害，7、8月的小雨对其发生和扩散有利，但大、暴雨或过高的气温将抑制其繁衍为害；地膜覆盖田比露地发生重；沙土玉米田较其他土质的玉米田发生重。玉米品种间以Sc-704发生重。玉米制种田7～8月的抽雄等操作活动使叶螨发生较重。

十三、玉米三点斑叶蝉

1. 分布与为害

玉米三点斑叶蝉属同翅亚目叶蝉科小叶蝉亚科。该虫1982年开始在新疆发生。1986年以来，玉米三点斑叶蝉在新疆北部地区为害日趋严重。现已成为北疆各地玉米的重要害虫。

玉米三点斑叶蝉主要为害玉米，其次小麦、水稻、高粱、果园、农田内外的多种禾本科杂草均为该虫的寄主。成虫、若虫聚集叶背刺吸叶片汁液，破坏叶绿素,初期沿叶脉吸食汁液,叶片出现零星小白点,以后随受害不断加重,斑点密集并遍及整个叶片(图 2-20),6 月下旬以后被害叶片严重焦枯,部分组织成紫红色条斑,7 月下旬大部分叶片干枯死亡,轻者影响光合作用,阻碍玉米生长发育,重者影响玉米抽穗,千粒重下降,产量显著降低。

2. 形态特征

(1)成虫　灰白色。体长 2.6～2.9 mm,复眼黑色,无单眼。头冠向前呈钝圆形突出,头顶前缘还有淡褐色斑纹,呈倒“八”字形,冠缝明显较短。前胸背板革质透明。中胸盾片上有 3 个大小相等的椭圆形黑斑。小盾片末端也有一相同形状的黑斑。前后翅白色、透明,后翅无缘脉,共有 3 条翅脉伸达翅的边缘,有 2 条横脉。腹部背面具黑色横带(图 2-21)。

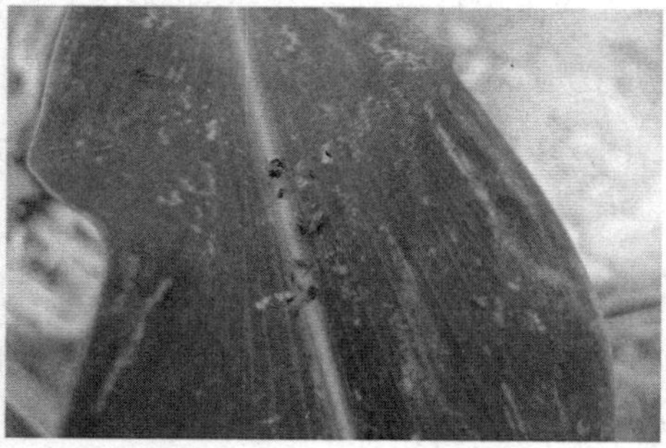

图 2-20　叶片被害状

图 2-21　成虫

(2)卵　白色,较弯曲,长 0.6～0.8 mm,表面光滑。

(3)若虫　共 5 龄。1 龄体长 1.0 mm,淡白色,复眼黑色;2 龄 1.4 mm,淡白色,初现翅芽;3 龄体长约 1.9 mm,灰白色,翅芽伸达第一节末;4 龄体长约 2.2 mm,灰白色,翅芽伸达腹部第 3 节;5 龄体长 2.5～2.8 mm,灰白色。

3. 发生规律

玉米三点斑叶蝉成虫寿命长,产卵期也长,田间世代重叠,一年发生 3 代,以成虫在冬麦地及林带、果园、田埂渠边的禾本科杂草上越冬。成虫 4 月下旬出蛰,首先在冬、春麦田及其他禾本科杂草上取食为害,随之交尾产卵。第 1 代若虫发生盛期在 5 月中旬至 6 月中旬,成虫羽化后迁出麦田。5 月下旬玉米出苗后即有部分成虫迁入。成虫迁入玉米田即交尾产卵,多数卵集中产于玉米前 3 片叶以内,且以第 2 片叶居多。6 月中旬在玉米田成虫产卵达高峰,6 月下旬发现少量若虫。7月中旬为第2代若虫高峰期。此时,有部分第2代成虫羽化,于植株上部嫩绿叶片上产卵。8月上中旬为第3代若虫严重为害期。9月玉米收获,部分成虫迁回冬麦秋苗地再次为害,10月在冬麦田及其他禾本科杂草下越冬。

玉米三点斑叶蝉主要在杂草上完成周年循环。第1代各虫态和越冬成虫在麦田里有发生,但数量少;第2代和第3代均发生于玉米田且数量大、为害重。从各代发生量看,以第3代数量最大,第2代次之,第1代较少。杂草上1年可发生3代,是重要的虫源地。

若虫孵化于夜晚,初孵若虫白色,集中于叶背中脉附近,2～3 d蜕皮为2龄。取食后消化道为深褐色,并随着龄期增加逐渐分散于整个叶片背面取食为害。若虫不太活动,受到惊扰时迅速横走爬行。

十四、白星花金龟

1. 分布与为害

白星花金龟又称白斑花金龟、白斑金龟甲,属鞘翅目金龟甲科,是一种食性很杂的金龟甲,寄主有苹果、梨、桃、杏、葡萄、柑橘、榆树、柳树、栎树,也为害茄果类蔬菜如番茄、辣椒等。成虫主要为害将近成熟的果实,大量个体群聚在果实上取食,果实受害后极易腐烂脱落。

该虫近两年在昌吉州发展蔓延很快,除在上述寄主上为害外,对玉米的为害也很重。常以群聚形式从玉米的雌蕊处钻入苞叶内取食玉米籽粒。

2. 形态特征

成虫体长20～24 mm,宽13～15 mm,略上下扁平,虫体古铜色,带有绿紫色金属光泽。中胸后侧片发达,顶端外露在前胸背板与翅鞘之间。前胸背板有斑点状斑纹,鞘翅表面有云片状由灰白色鳞片组成的斑纹。老熟幼虫体长约50 mm,头较小,褐色,胴部粗胖,黄白或乳白色。胸足短小,无爬行能力。覆毛区有两短行刺毛列,每列由15～22条短而钝的刺毛组成(图2-22)。

3. 发生规律

一年发生1代,以幼虫在土中越冬。来年5月下旬成虫出土,并一直可延续到9月中下旬,但以6～7月数量较多。成虫喜食成熟的果实,常数头或十数

图 2-22 白星花金龟

头群聚一起在果实上为害，或在树干的烂皮、凹穴处取食汁液。成虫白天活动，7 月以后开始产卵。成虫将卵产在腐殖质、烂草或粪堆中，幼虫营腐生生活，不造成危害。幼虫老熟后，在生活处做一蛹室越冬，来年 5 月在其中化蛹。该虫发生数量的多少，受环境影响很大，环境中腐殖质多，该虫发生严重。

十五、玉米蚜虫

1. 分布与为害

玉米蚜虫（图 2-23）俗称腻虫，是新疆地区近几年来玉米田的主要害虫之一，玉米蚜虫主要发生在 7 月中下旬至 8 月中旬，常发生在玉米果穗以上所有叶片、叶鞘及苞叶上，玉米蚜虫分泌大量蜜露，使叶面形成一层黑霉（图 2-24），在博州、昌吉州、塔城地区、伊犁州玉米种植区每年都有不同程度的发生，重发生年可造成玉米减产 3%左右，并严重影响玉米的质量。

图 2-23 玉米蚜虫

图 2-24 玉米被害状

2. 形态特征

玉米蚜虫主要吸食玉米汁液，严重阻碍玉米的正常发育。常见病虫为胎生、带翅，雌体 2.5 mm 左右，头胸常见发黑，腹部呈灰绿色并伴有暗色侧斑。共 6 节触角呈黑色。而孤雌蚜虫没有翅，为长卵形，常见深绿色活体，附肢为黑色，复眼呈红褐色。

3. 发生规律

在新疆地区玉米田蚜虫主要以玉米蚜和禾谷缢管蚜为优势种群，一年可发生 10～20 代，主要以成、若蚜在麦类及早熟禾等禾本科杂草的心叶里越冬，到 6 月中下旬至 7 月上旬小麦陆续黄熟后，玉米蚜虫产生大量有翅蚜，迁飞到玉米、高粱等作物上，集中在心叶为害；7～8 月玉米抽穗后，群集到剑叶正反面和穗部的穗苞或花丝上取食，到玉米扬花期蚜虫大量发生，进入一年之中的为害盛期。

十六、草地贪夜蛾

1. 分布与为害

2019 年 1 月，该虫由东南亚侵入中国云南、广西，当年已在 26 个省份发现，其中 22 个省份的 1 438 个县见幼虫为害，其中玉米发生为害面积 106.5 万 hm^2。2020 年草地贪夜蛾在 27 个省份见虫，发生面积 133.33 万 hm^2，同比增加 17.6%。2021 年全国见虫面积 267 万 hm^2，涉及黄淮海及以南玉米种植区，长江以南发生面积占比 80%。其中，西南、华南发生代数多、程度重，江南、长江中下游可达中等程度发生，江淮、黄淮、西北、华北偏轻及以下程度发生，东北南部可能零星发生。

2. 形态特征

草地贪夜蛾是夜蛾科灰翅夜蛾属的一种蛾。成虫(图 2-25)在夜间活动,在植物叶子顶部产约 100 粒卵,卵阶段在 25 ℃下持续 3 d。新孵出的幼虫以卵壳本身为食,然后安静 2～10 h。幼虫即毛毛虫,更喜欢以新叶为食,由于它们的食性习惯,通常会各自找到一片新叶。幼虫改变皮肤 7 次,并在最后的一次脱去头部囊,穿透 2～8 cm 深的土壤,在那里变成蛹。蛹阶段在一年中最热的时期持续 10～12 d。成虫的寿命约为 12 d,这种有害生物的完整生命周期仅为 30 d。幼虫通常有 6 个龄期。1～6 龄期幼虫,头部囊的宽度分别为约 0.35、0.45、0.75、1.3、2.0 和 2.6 mm,在这些龄期,幼虫分别达到约 1.7、3.5、6.4、10.0、17.2 和 34.2 mm 的长度。幼虫呈绿色,头部呈黑色,头部在第二龄期转为橙色(图 2-26)。在第二龄,特别是第三龄期,身体的背面变成褐色,并且开始形成侧白线。在第四至第六龄期,头部为红棕色,斑驳为白色,褐色的身体具有白色的背侧和侧面线。身体背部出现高位斑点,它们通常是深色的,并且有刺。成熟幼虫的面部也标有白色倒“Y”,当仔细检查时可见幼虫的表皮粗糙或呈颗粒状,然而,这种幼虫的触摸感觉并不粗糙。除了秋季幼虫的典型褐色形态外,幼虫可能大部分是背部绿色的。在绿

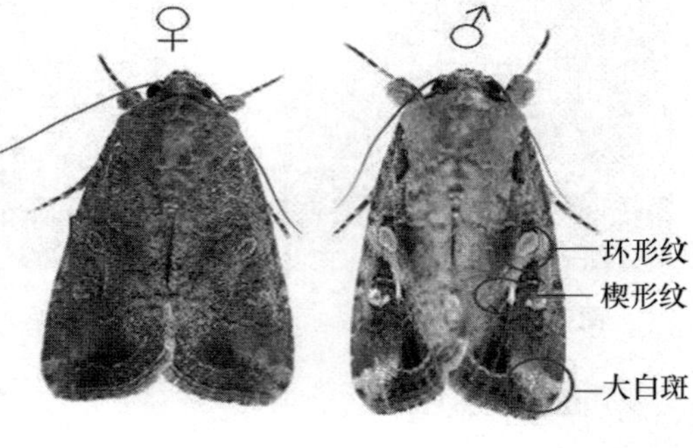

图 2-25 成虫

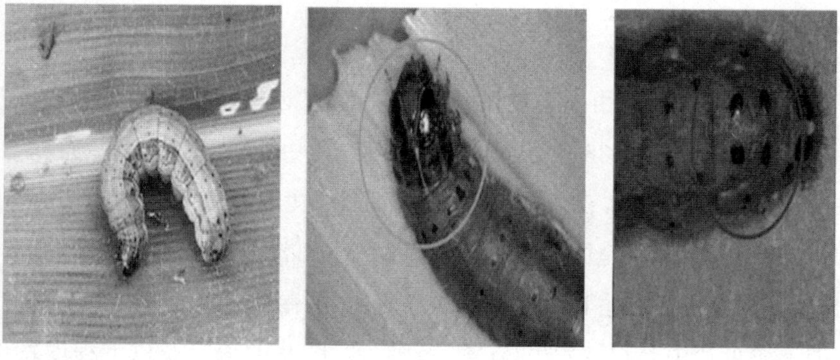
图 2-26 幼虫形态特征

色幼虫中，背部高点是苍白而不是黑暗的。幼虫倾向于在一天中最亮的时候隐藏自己。幼虫期的持续时间在夏季期间约为 14 d，在凉爽天气期间为 30 d。当幼虫在 25 ℃下饲养时，1～6 龄平均发育时间分别为 3.3、1.7、1.5、1.5、2.0 和 3.7 d。

3. 发生规律

草地贪夜蛾的幼虫的食性广泛，可取食超过 76 个科的 350 种植物，其中又以禾本科、菊科与豆科为主。某些玉米品系在叶片受损时，可合成一种能抑制草地贪夜蛾幼虫生长的蛋白酶抑制剂，而对其具有部分抗性。草地贪夜蛾的成虫则以多种植物的花蜜为食。幼虫取食叶片可造成落叶，而后转移为害。有时大量幼虫以切根方式为害，切断种苗和幼小植株的茎，造成很大损失。在大一些的作物上，如玉米穗，幼虫可钻入为害（图 2-27）。取食玉米叶时，留有大量孔。低龄幼虫取食后，叶脉呈窗纱状。老龄幼虫同切根虫一样，可将 30 日龄的幼苗沿基部切断。幼虫可钻入孕穗植物的穗中。为害番茄等植物时，可取食花蕾和生长点，并钻入果中。种群数量大时，幼虫如行军状，成群扩散。环境有利时，常留在杂草中。

图 2-27 玉米被害状

十七、玉米病虫害绿色防控技术

按照玉米丰产技术要求，根据当地玉米一生中常见病虫害种类及发生发展规律，在播前检查整地质量，实行轮作倒茬；制定播前病虫害防治技术措施；严格按照农药使用技术开展种子处理等播前预防工作。

（一）玉米播前准备

播前准备工作程序与操作技术见表2-1。

表2-1 播前准备工作程序与操作技术

工作环节	工作程序与操作技术
信息收集	（1）主动请教当地县、乡农技部门的技术专家了解当地往年玉米病虫害的发生种类、为害情况以及综合防控技术经验。 （2）通过网络、查阅图书等了解、学习玉米病虫害综合防控的相关内容，做好防治工作的前期准备。 （3）信息汇总整理，制订玉米病虫害综合防控计划。 （4）通过现代化通信工具和网络教学平台与学院教师建立互动交流
土地准备	（1）轮作倒茬。采用合理的轮作和间作，切断病、虫的寄主供应；恶化病虫发生环境，减少田间病、虫的积累。 （2）整地质量要求达到“齐、平、松、碎、净、墒”六字标准
种子处理与播期选择	（1）选用抗病虫品种。 （2）精选种子。 （3）适时调整播期。地老虎常年发生较重的地区，应适时早播或采用地膜覆盖栽培。 （4）种衣剂包衣。选择玉米专用种衣剂，按照使用说明进行包衣。要做到拌种均匀。 （5）药剂拌种。用甲基硫环磷或丁硫克百威拌种。种衣剂包衣或药剂拌种对苗期害虫如地老虎、蓟马、金针虫、蛴螬等地下害虫有明显的控制作用。对早期迁入的玉米三点斑叶蝉也有一定的控制作用。 （6）玉米瘤黑粉病发病重的地区，可选用种子质量0.2%～0.3%的20%三唑酮或50%甲基硫菌灵等药剂拌种

1. 种子包衣技术应注意的问题

种衣剂是一类根据作物或其他植物种子、种苗的生理特性，以农药、肥料、激素等为活性成分，以成膜剂、乳化剂等为非活性成分加工而成的种子处理剂。其主要特点是具有成膜性能，当种子被包衣后能立即固化成膜，成为种衣，在土中遇水几乎不被溶解。包衣的种子透水、透气，能保证种子正常发芽生长和药、肥缓慢释放。种衣剂用于种子包衣，便于种子标准化、商品化。目前，种子包衣技术已广泛应用于农业生产，在促进作物生长发育、防治病虫害、提高作物产量等方面收到良好的效果。为提高种子包衣质量，充分发挥种衣剂的功效，减轻环境污染，种子包衣应注意以下问题。

(1)选择适宜的种衣剂剂型　国产种衣剂类型比较多，但多数属专用种衣剂，是根据不同地区、不同作物、不同病虫害防治对象以及不同生态条件的特点研制生产的。有针对作物种类的、有针对病害的、有针对虫害的、有解决重茬的，并且还有混合型的。要求使用者在种衣剂的选择上要有针对性，以保证使用效果。

种衣剂的有效成分含量必须符合规定要求。同时检查药液是否有沉淀、异变等情况，如有沉淀，可搅拌、摇匀、加温后再使用。种衣剂为固定型号，除个别产品注明要加水调试外，一般不用加水，更不能再添加其他药、肥，否则引起沉淀，失去成膜性，使种衣剂无效甚至造成毒害。

(2)包衣的种子要达到良种标准　包衣的种子必须是经过机械加工精选，通过纯度和发芽率的检验，达到良种标准的当地优良品种。陈种子要先试验后包衣，发芽率、含水量、破损率、净度 4 项指标应严格掌握。特别要注意种子含水量，要求包衣种子含水量必须低于国标(1.0%～1.5%)，因为包衣后种子含水量要增加 0.5%～1.0%，包衣后要达到安全贮存水分，以防药害。

(3)种子包衣要掌握适宜的药种比例　种衣剂中含有杀虫剂、杀菌剂和微肥等活性成分，使用过程中，如浓度过高，就会对作物生长起抑制作用，甚至造成药害和肥害；如浓度过低，则达不到预期效果。种子包衣时，一定要按照种衣剂使用说明，严格执行药种比例，以免造成不利后果。

(4)种子包衣要坚持安全第一　种衣剂的主要成分是农药，具有一定的毒性。为保证操作人员安全，包衣场地应通风良好，连续工作 1～2 h，应到通风处休息片刻。按农药安全规则进行操作，戴口罩和手套，穿工作服，如种衣剂溅到脸上，立即用肥皂水洗干净，如不慎溅入眼内或出现其他中毒病状应立即就医，严重者皮下注射阿托品 2～3 mL。包衣后的种子要妥善保管，严禁人、畜食用，以防人、畜中毒。种衣剂包装用具不能乱丢、乱放，要妥善处理，以免造成环境污染。经过包衣的种子不要再浸种或用其他方法处理，否则起不到包衣效果。

(5)选择正确的包衣方法

①机械包衣　包衣种子量大时，应采用机械包衣。使用机械包衣具有生产效率高和包衣效果好等特点。机械包衣多用于种子公司或者是用种量较多的生产单位。

②手工包衣　包衣种子量小时，可采用手工包衣。依种子量选择大小合适的容器，要求内壁光滑。将按比例称好的种子及种衣剂依次倒入容器中，用木铲快速搅拌或手摇振荡容器搅拌，均匀后即置通风干燥处阴干，切忌在太阳下暴晒，防止种子破裂及温度过高而使种衣剂失效，存放 7～10 d 待药膜固化后即可使用。

(6)几种简易的人工包衣技术

①塑料袋包衣技术　把备用的两个大小相同的塑料袋套在一起，取一定数量的种子和相应数量种衣剂(参照种衣剂说明内容，确定种衣剂的用量)放进里层的塑料袋内，扎好袋口，然后用双手快速揉搓，直到拌匀为止，倒出备用即可。

②大瓶或小铁桶包衣技术　准备有盖的大玻璃瓶或小铁桶，装入 1 kg 种子和相应数量的种衣剂，立即快速摇动，拌匀为止，倒出即可使用。

③圆底大锅包衣技术　先将大锅固定、清洗晒干，然后称取一定数量的种子倒入锅内，再把相应数量的种衣剂倒在种子上，用铁铲或木棒快速搅拌均匀，待种衣剂在种子表面均匀迅速地固化成膜后取出装入聚丙烯双层编织袋内，妥善保存备用。

2. 使用种衣剂包衣后，还需要用杀虫剂或杀菌剂拌种吗

种衣剂组成中包括杀菌剂、杀虫剂、微量元素、激素和成膜剂、稳定剂、防腐剂等。选择专用种衣剂进行包衣处理后，能直接杀灭种子所带病菌，防止土壤病原菌传播和地下害虫、苗期害虫为害，同时对作物的生长发育也有促进作用。因此，使用种衣剂包衣后，不需要再用杀虫剂或杀菌剂拌种。否则会因为药量过大而产生药害，影响作物出苗。

同样，用杀虫剂或杀菌剂拌种处理过的种子，也不需要再用种衣剂包衣。

使用种衣剂包衣还应注意以下事项：

(1)种衣剂为固定型号,除个别产品注明需加水稀释外,一般不需加水,更不能添加其他药肥,包衣的种子不可浸种;

(2)种衣剂是高毒农药,严禁作常规农药喷洒作物;

(3)含有呋喃丹(克百威)的各种型号种衣剂,都不能在瓜果、蔬菜上应用;

(4)药肥型种衣剂不能与碱性的农药和肥料同时使用,也不宜在重碱性的土壤上应用。

(二)玉米苗期病虫害综合防控

根据玉米幼苗期病虫害发生特点,及时开展田间病虫害调查,正确识别病虫害种类,分析预测病虫害的发生动态,在病虫害最薄弱环节实施有效的综合防治措施(表 2-2)。

表 2-2　玉米苗期病虫害综合防控工作程序与操作技术

工作环节	工作程序与操作技术要求		
	病虫害田间识别	病虫害田间调查	防治技术
地老虎防控	苗期玉米心叶出现小排孔或花叶;玉米心叶枯黄,形成枯心苗或倒伏,拨开茎基部土层,可见地老虎幼虫	调查时间:5 月上旬开始。 调查方法:用黑光灯、糖醋液、杨枝把诱测或用物候法推测成虫出现的时间,然后立即开展田间卵和幼虫调查。选择有代表性农田 2～3 块,3 d 调查 1 次,随机取样,1 次取 5 个点,每个样点为两行平行线,每行取 50 株。 防治指标:当卵孵化率达 70%时或每平方米有幼虫 0.1 只以上或玉米定苗前 10 d,植株叶片上出现虫孔株率超过 10%时应进行防治	(1)清除田间杂草。 (2)使用频振式杀虫灯、糖醋液、黑光灯诱杀地老虎的成虫。 (3)毒饵诱杀　90%敌百虫晶体 1 kg,兑水 10 kg,加饵料(如麸皮、油渣)90 kg,或将青草切碎,用 50%辛硫磷 100 g 加水 2～2.5 kg,喷在 100 kg 草上,制成毒饵于傍晚分成小堆放置田间。每 667 m^2 施毒饵 4～5 kg。 (4)人工捕捉　适于大发生年代。 (5)灌水灭虫　水源条件好的地区,在地老虎发生后及时灌水淹杀,可收到明显的效果。 (6)田间喷药　在地老虎卵孵化盛期或幼虫 3 龄前进行最好。常用农药敌百虫、氰戊菊酯、溴氰菊酯、辛硫磷等。 (7)根部灌药　苗期害虫猖獗时,可用 90%晶体敌百虫 800 倍液或 50%辛硫磷乳油 500 倍液,任选其一。每株灌药液 300～400 mL。还可兼治蛴螬和金针虫等地下害虫

续表 2-2

工作环节	工作程序与操作技术要求		
	病虫害田间识别	病虫害田间调查	防治技术
玉米叶螨防控	此时叶螨主要在杂草上繁殖为害,还未进入玉米田内	调查时间:5月上旬开始。 调查方法:在玉米田周围的杂草上随机取样调查,发现杂草上有叶螨后,立即针对杂草开展前期预防工作	(1)使用灭生性除草剂如草甘膦等杀灭或人工铲除田边、渠埂及周围林带中的杂草。 (2)在杂草上喷施杀螨剂以消灭杂草上的叶螨,减少虫源,减少传入玉米田的虫口数量
白星花金龟防控	老熟幼虫体长约50 mm,头较小,褐色,胴部粗胖,黄白或乳白色	此时白星花金龟以幼虫状态生活在粪堆中,还未羽化,进行粪堆处理是最行之有效的方法	在秋末和开春后至4月底之前,将粪堆翻动1～2次,捡拾粪土交界处的白星花金龟幼虫集中消灭。翻粪堆时,最好边翻捡幼虫边打药,将幼虫彻底消灭干净

1. 如何有效防治地老虎

防治地老虎的关键时期在地老虎幼虫3龄之前。因为3龄之前的地老虎幼虫昼夜都在地面上活动,食害幼苗心叶,食量小,抗药性弱。此时防治用药量少,防效高。3龄之后地老虎幼虫便钻入表土层下,夜晚出土扩散为害,同时食量增加,体形增大,抗药性显著增强,给防治带来很大的困难。因此,做好发生期预测预报,在害虫3龄之前采取有效措施,则能达到理想的防治效果。

2. 如何应用物候法预测黄地老虎的为害时间

黄地老虎以老熟幼虫在土壤中越冬,随着气温和地温的升高,逐渐化蛹和羽化。细心观察可以发现,周围许多植物的不同生长阶段与黄地老虎的发育阶段非常吻合,如榆钱败落为其羽化初期,洋槐盛花为其羽化盛期。也就是说,当我们看到榆钱败落的时候,田间就有黄地老虎成虫出现了;当洋槐花盛开的时候,就是黄地老虎成虫大量出现的时间。黄地老虎羽化为成虫后,先在蜜源植物上取食花蜜,1 d后开始交配,3～4 d后产卵,卵经过5～10 d即可孵化出幼虫,幼虫开始为害。从成虫出现到幼虫为害需要10～15 d的时间。

(三)玉米穗期病虫害综合防控(5月下旬至6月下旬)

根据玉米穗期病虫害发生特点,及时开展田间病虫害调查,正确识别病虫害种类，分析预测病虫害的发生动态，制定有效的综合防治措施，在病虫害最薄弱环节进行防治(表 2-3)。

表 2-3　玉米穗期病虫害综合防控工作程序与操作技术

工作环节	工作程序与操作技术		
	病虫害田间识别	病虫害田间调查	防治技术
玉米叶螨防控	玉米下部叶片背面主脉两侧出现如粉尘状物，用手持放大镜仔细观察，可见微小淡黄色若螨个体在移动	调查时间：5 月中旬开始。 调查方法：随身携带放大镜，随机取样，观察中下部叶片背面，发现叶螨为害中心株后，要及时喷药	(1)采取区域性综合治理对策，在抓好玉米叶螨防治工作的同时，必须兼顾菜园、果园、棉花等其他作物上叶螨的发生和有效防治。 (2)加强玉米田间管理，合理及时灌水，改善田间小气候。 (3)发现有叶螨迁入玉米地头为害时，对中心株和玉米地头进行“封控”，喷施“隔离带”，切断其进一步扩散的路径，将叶螨控制在点片发生阶段。 (4)6 月中下旬田间人工释放捕食螨，实行以螨治螨。 (5)保护利用天敌，选择对天敌影响小的、持效期长的专用杀螨剂如克螨特、哒螨灵、四螨嗪(阿波罗)等，7～10 d 喷施 1 次，连喷 2～3 次。 (6)注意事项：①药剂轮换使用，延缓叶螨抗药性产生；②人工释放捕食螨后，不能再喷施杀螨剂
玉米螟(第 1 代)防控	叶片背面中脉附近有乳白色鱼鳞状卵块。玉米心叶出现花叶或成排孔洞	调查时间：5 月中旬开始。 调查方法：先于 5 月中旬剥查冬贮玉米秸秆，从发现新鲜蛹壳或黑光灯诱测到成虫时起，在代表性田块内，每点 20 株，每 3 d 调查 1 次，发现卵块后随即记载并做好标记。 防治指标：当 70% 的卵块开始孵化时，开始药剂防治	(1)在 5 月中旬前，将所有玉米秆、穗轴、残茬处理完毕。可以沤肥、焚烧、碾压、粉碎等，以消灭潜伏其中的越冬幼虫。 (2)5 月中旬至 6 月中旬，在成虫羽化期利用频振式杀虫灯、黑光灯或性诱剂诱杀。 (3)达到防治指标后开展药剂防治。重点在玉米大喇叭口期对第 1 代幼虫进行防治。可选用辛硫磷颗粒剂或 Bt 乳剂在玉米喇叭口内撒施

续表 2-3

工作环节	工作程序与操作技术		
	病虫害田间识别	病虫害田间调查	防治技术
玉米三点斑叶蝉防控	叶片出现零星至密集程度不等的小白点或成、若虫在叶片上横走爬行	调查时间:5 月中旬开始。 调查方法:每 5 d 调查 1 次,每次随机选取 5 点,每点 0.5 m^2,调查记载害虫数量	(1)加强田间管理,人工铲除或化学防除田间和农田周围的禾本科杂草。 (2)于 6 月中下旬结合防治玉米螟撒施颗粒剂。 (3)喷施吡虫啉、溴氰菊酯、辛硫磷等药剂

(四)玉米中后期病虫害综合防控(7 月上旬至 9 月中旬)

根据玉米中后期病虫害发生特点,及时开展田间病虫害调查,正确识别病虫害种类,分析预测病虫害的发生动态,制定有效的综合防治措施,在病虫害最薄弱环节进行防治(表 2-4)。

表 2-4　玉米中后期病虫害综合防控工作程序与操作技术

工作环节	工作程序与操作技术		
	病虫害田间识别	病虫害田间调查	防治技术
玉米螟(第 2 代)防控	玉米茎秆、雄穗、雌穗等部位有虫孔,孔口有粪便	调查时间:黑光灯诱测到第 2 代成虫或于 7 月中旬开始。 调查方法:定期调查田间玉米螟产卵情况	由于本阶段玉米生长茂盛,常规喷施药剂的方法难以实施。因此,释放赤眼蜂是最佳方法。成虫产卵初期是释放赤眼蜂防治的最佳时期。每 3～5 d 释放 1 次,共放 3～4 次,每 667 m^2 放蜂 1 万～2 万头,卵盛期放蜂量应大些。或采用植保无人机进行田间施药
白星花金龟防控	以成虫从田外迁入为害。害虫个体较大,便于直接辨认识别	调查时间:从 7 月中旬开始。 调查方法:每 5 d 调查 1 次,定期调查。顺行慢步行走,目视两侧玉米雌蕊花丝处。发现成虫危害时停下细查,并记录害虫数量	(1)于 6～8 月对没有处理的粪堆,用棚膜封闭,阻止白星花金龟成虫进入粪堆产卵。 (2)毒饵诱杀:将西瓜切成两半,留部分瓜瓤,其中撒上 20 g 敌敌畏或敌百虫等杀虫剂,放在农田和果园地四周,每 667 m^2 放置 40～50 个,可有效诱杀成虫。

续表 2-4

工作环节	工作程序与操作技术		
	病虫害田间识别	病虫害田间调查	防治技术
白星花金龟防控	以成虫从田外迁入为害。害虫个体较大，便于直接辨认识别	调查时间：从7月中旬开始。 调查方法：每5 d调查1次，定期调查。顺行慢步行走，目视两侧玉米雌蕊花丝处。发现成虫为害时停下细查，并记录害虫数量	(3)挂瓶诱杀：5月下旬，成虫初发期，在作物田和果园地四周距地面1～1.5 m处挂瓶，每667 m^2 挂瓶40～50个。瓶内放入50 mL糖醋液（糖：醋：水＝3：2：1）。1周补充1次。诱满后要将瓶中的成虫收回集中处理，瓶内再重新加入糖醋液。 (4)人工捕捉：5～9月成虫发生期，利用成虫群聚为害的习性，在早晚气温低(18 ℃以下)、成虫活动较弱时，采取套袋人工捕捉，集中消灭。 (5)驱避成虫：将捕捉到的成虫捣烂，用水浸泡2～3 d，滤出过滤液或加水稀释成50倍液，在果实将要成熟时喷在各种寄主作物上，可起到驱避成虫的作用。 (6)药剂防治　成虫发生期，在大田作物上喷施氯氟氰菊酯（功夫）或溴氰菊酯等，可有效控制白星花金龟
双斑萤叶甲防控	玉米上部嫩叶上出现不规则的白色网状斑和孔洞，并有成虫为害或飞行，成虫个体较大，易辨识	调查时间：6月底。 调查方法：每5 d调查1次，定期调查。田间观察和网捕相结合	在成虫盛发期，可选用噻虫嗪·高效氯氟氰菊酯微囊悬浮剂、毒死蜱、菊酯类、辛硫磷等药剂防治。 施药时间选择在9～11时和16～19时害虫飞翔或取食活跃的时间为好
玉米瘤黑粉病防控	初呈银灰色瘤状突起	调查时间：7月中旬。 调查方法：只查1次即可。顺行行走，目视两侧玉米茎秆	(1)割除病瘤并带出田外销毁。 (2)主要以药剂拌种防治为主，田间一般不再进行药剂防治

如何防治制种田玉米瘤黑粉病

玉米瘤黑粉病是玉米上普遍发生的一种病害，植株地上幼嫩组织和器官均可发病，病部的典型特征是产生大小不等的病瘤。制种玉米由于人工抽雄等工作，给玉米造成的伤口较多，而容易感染病菌。防治制种田玉米瘤黑粉病应采取以下措施：

（1）减少病源　彻底清除田间病株残体，带出田外深埋；进行秋翻冬灌，把地面上的菌源深埋地下，减少初侵染源；避免用病株沤肥，粪肥要充分腐熟。

（2）选育抗病亲本　利用抗病自交系配制杂交种用于生产，同时加强品种抗病性鉴定工作。积极选育抗病良种，马齿型玉米较甜玉米抗病，早熟种较晚熟种发病轻。

（3）农业措施　与非禾谷类作物轮作 2～3 年，加强栽培管理，合理密植，避免偏施、过施氮肥，灌水及时，特别是抽雄前后易感染期必须保证水分充足；及时彻底防治玉米螟等害虫，尽量减少虫伤和耕作机械损伤，人工去雄避免造成大伤口，均可减轻病害。

（4）化学防治　播前 10～15 d，用种衣剂包衣。可选用 2%戊唑醇（立克锈）干粉种衣剂包衣，药种比（0.4～0.5）：100，或用 3%苯醚甲环唑（敌萎丹、世高）包衣，药种比 0.2：100。在玉米小喇叭口期和大喇叭口期每 667 m^2 喷施 43%戊唑醇（立克锈、好力克）3～5 g，可较好地预防玉米瘤黑粉病。

项目三　水稻病虫害

水稻是我国栽培面积最大，总产量最多的粮食作物。水稻从播种、出苗到成熟，均可受不同病虫害为害。在我国正式登记的水稻病害有 60 多种，其中具经济重要性的 20 余种，主要包括稻瘟病、纹枯病、白叶枯病、恶苗病、稻曲病、细菌性条斑病和病毒病等；水稻虫害近 80 种，重要的有稻飞虱、稻螟虫、稻纵卷叶螟等；稻田杂草 200 多种，常见的有禾本科、莎草科及阔叶杂草。

水稻病虫害
彩色图谱

新疆水稻种植面积约 70 km^2，只占全国水稻种植面积的 0.2%。由于新疆为单季稻区，加之气候干燥、水稻种植制度单一，水稻病虫害发生得相对较少，主要有稻瘟病、恶苗病、稻水蝇、灰飞虱、二化螟等。

一、稻瘟病

1. 分布与为害

稻瘟病又称稻热病，是世界性水稻病害，遍布我国南北各稻区，在新疆也广泛发生于南北疆各稻区。水稻叶片受害严重时，成片枯死，有的虽不枯死，但心叶不易伸展，稻株萎缩，不能抽穗或穗短小。穗茎受害则造成大量白穗和秕粒。对产量影响很大。各地在一般流行年份减产10％～20％。

2. 为害症状

水稻在整个生长期各地上部位都可以发病，依发病时期和部位不同，可分为下列几种类型：

(1)苗瘟　由种子带菌引起，常发生在3叶期之前。一般不形成明显的病斑，茎基变灰黑色，叶鞘及叶变黄褐色，幼苗很快枯死。

(2)叶瘟　一般在分蘖盛期发生。叶部产生病斑(图3-1)，严重时病斑迅速扩大并连成片，使叶片变红褐色并枯死。又可分为：

图3-1　稻瘟病

①慢性型　病斑梭形，边缘红褐色，中间灰白色，外围有黄色晕圈。潮湿时病斑周缘或背面可产生少量青灰色霉层。

②急性型　病斑椭圆形或不规则形，暗绿色，水浸状，病斑正反面均产生大量灰绿色霉层。急性型病斑出现，表明稻瘟病即将流行。

③白点型　小型白色近圆形的病斑，多发生于感病品种的嫩叶上。当条件适宜时，可转变为急性型病斑。

④褐点型　小型褐色病斑，发生于抗病品种和稻株下部的叶片上，不产生霉层。条件适宜时，可转变为慢性型病斑。

(3)节瘟　一般发生于近地面的节上，初为褐色小点，渐呈环状发展，最后全节或节的一部分变为黑褐色，凹陷、弯曲，容易折断倒伏形成白穗。

(4)穗颈瘟　发生于穗颈上，产生淡褐色边缘有水浸状褪绿现象的不规则病斑。发生早的形成白穗，发生晚的谷粒不饱满。

(5)谷粒瘟　发病早时，病斑呈椭圆形，边缘褐色，中央灰白色，以后可延及整个谷粒，形成秕谷。发病迟的形成椭圆形或不规则的褐色斑点，严重时谷粒不饱满，变黑，护颖变成灰色或灰黑色。

3. 病原

稻瘟病菌属半知菌亚门。菌丝无色有隔，多分枝。分生孢子梗成束或单根从寄主气孔伸出，顶端着生分生孢子。分生孢子梨形、无色、初无隔，成熟时多有 2 隔，群集时呈灰绿色。病菌可产生毒素，有不同的生理小种。

4. 发病规律

稻瘟病以菌丝体在病草、病谷上越冬。5 月中下旬当气温上升到 20 ℃左右时，病草上的菌丝产生分生孢子，借气流、雨水、昆虫等传播引起叶瘟。病斑上的分生孢子引起再侵染。

分生孢子萌发产生芽管及附着孢，生出侵染丝，直接穿透表皮或从伤口入侵引起发病。稻瘟病扩展很快，1 个急性病斑每天可产生分生孢子 2 000～6 000 个，能连续产孢 14 d。分生孢子多在夜间 24 时至早晨 6 时产生。传播半径 10 m 左右，30 m 以外的很少。

菌丝发育适温 26～28 ℃，分生孢子形成适温 25～28 ℃。分生孢子在相对湿度 90%以上并有水滴或水膜存在时才萌发。相对湿度小于 80%时不能形成分生孢子。

水稻不同品种以及同一品种的不同生育期，抗病力有明显差异。长期深灌、冷浸、地下水位高、土质黏重的稻田，发病较重。偏施氮肥能降低抗病性。当气温在 20～30 ℃，田间湿度在 90%以上，稻株体表保持水膜 6～10 h 的条件下，稻瘟病容易发生。如旬平均气温在 24～28 ℃，有一昼夜以上的饱和湿度，稻瘟病就容易发生。

5. 综合防治措施

(1)选育抗病品种。

(2)消灭越冬菌源

①收获时,应将病草、病谷分别堆放,尽量在次年春播前处理完毕。

②种子可用2%福尔马林浸种3 h,浸后均用清水冲洗干净。

(3)加强栽培管理

①施足基肥,早施追肥,合理配合氮、磷、钾肥。后期控制氮肥,防止徒长。

②合理灌水,勤灌少灌,适时适量烤田,避免长期深灌和冷浸。

(4)药剂防治　抓好叶瘟初发期的防治,并在孕穗、抽穗和灌浆期视情况进行防治。可选用多菌灵、甲基硫菌灵(甲基托布津)、稻瘟净等进行田间喷雾。

二、恶苗病

1. 分布与为害

水稻恶苗病又称徒长病,全国各稻区均有发生。水稻从秧苗期到抽穗期都有发生,发病秧苗常枯萎死亡。重茬育苗的秧苗发病率明显高于新苗床,尤其是旱育秧田和软盘育秧田,病害呈上升趋势。一般发病率在3%～5%,严重田块发病达30%～50%。

2. 为害症状

水稻恶苗病的症状典型、明显。

(1)苗期症状　从2叶期开始显症。发病病苗比健苗高1/2～2/3,叶片叶鞘细长,叶色淡黄,根系发育不良,部分病苗在移栽前死亡。在枯死苗上有淡红或白色霉粉状物,即病原菌的分生孢子(图3-2)。

(2)本田期症状　病株多在移栽后10～30 d或直播后60 d左右显症。节间明显伸长,节部常弯曲露于叶鞘外,下部茎节逆生多数不定须根,分蘖少或不分蘖。剥开叶鞘,茎秆上有暗褐条斑,剖开病茎可见白色菌丝,以后植株逐渐枯死。湿度大时,枯死病株表面长满淡褐色或白色粉霉状物。

3. 病原

串珠镰孢菌,属半知菌亚门真菌。病菌有性阶段产生球形子囊壳,深蓝色,

图 3-2 水稻恶苗病

表面粗糙，子囊圆筒形，含 4～8 个子囊孢子，子囊孢子椭圆形，有一个分隔。无性阶段为镰刀菌，产生的分生孢子有大小两种：大孢子镰刀形，有 3～5 个分隔；小孢子卵形或椭圆形，无色单胞，间或双胞。

4. 发病规律

病菌以分生孢子和菌丝体在种子内外及稻草上越冬，带菌种子是恶苗病发生的主要初侵染源。病稻草用于催芽、扎秧把等也可引起初侵染。带菌稻种播入秧田后，潜伏在种子内的菌丝或附着在种子上的分生孢子萌发活动，如稻芽受伤，病菌很容易侵入。田间病株上形成分生孢子，可借风雨传播，引起再侵染。当水稻扬花时，分生孢子萌发侵染花器，严重时造成秕谷和畸形，发病轻的侵入颖壳和种皮组织内，可使种子带菌。水稻收获时，病株上的分生孢子也能黏附于稻谷表面。

恶苗病是一种在高温下发生的病害，当气温降至 20 ℃，即使感染，也不表现病状。另外，水稻品种间抗病性也有一定的差异，一般粳稻较籼稻抗病。

凡种子带菌率高或未经消毒处理、浸种时间长、拔秧时伤根都能诱发此病害。另外，旱育秧和软盘秧发病重；长期灌深水，导致生长衰弱，有利于发病；偏施氮肥，也有利于此病害的发生。

5. 综合防治措施

（1）建立无病留种田　选栽抗病品种，避免种植感病品种。

（2）加强栽培管理　催芽时间不宜过长，拔秧要尽可能避免伤根。做到“五不插”，即不插隔夜秧、不插老龄秧、不插深泥秧、不插烈日秧、不插冷水浸的秧。

（3）清除病残体　及时拔除病株并销毁，病稻草收获后作燃料或沤制堆肥。

（4）种子处理　一般用2%福尔马林浸种或闷种3 h，气温高于20 ℃时用闷种法，低于20 ℃时用浸种法；或用25%咪鲜胺乳油3 000～4 000倍液，或用50%甲基硫菌灵可湿性粉剂1 000倍液浸种2～3 d，每天翻种子2～3次。

三、稻水蝇

1. 分布与为害

稻水蝇属双翅目，水蝇科，又称水稻夹根虫，是盐碱土稻区的主要害虫之一。

其在国外分布于欧洲，国内主要分布于新疆、宁夏、河北、辽宁等地。主要为害水稻，幼虫蛀入稻种，稻种被蛀后丧失发芽生根能力。或虽能发芽，但由于稻种内营养大部分被蛀食，秧苗长势也极其衰弱，造成严重缺苗。水稻初生根和次生根长出之后，蝇蛆又咬伤或咬断幼根，使幼秧扎根不牢，经风一吹，稻苗即漂到稻田一角，造成水稻漂秧。幼虫化蛹时，多夹在稻根及茎叶上，阻碍秧苗生长发育。

2. 形态特征

（1）成虫　体长约6 mm，复眼红褐色至黑褐色，有眼缘毛，头顶有金绿色光泽。触角芒基部羽毛状，但端部无毛。胸部背面有紫蓝色光泽。平衡棒及3对胸足均为黄色。腹部蓝灰色，无光泽。

（2）卵　长椭圆形，长0.5～0.7 mm，乳白色，有光泽。

（3）幼虫　老熟幼虫约12 mm，灰白色，共11节。头尖，内藏黑色口钩1对。第4～11节腹面均有1对突起的伪足，末端有较整齐的小爪3排。尾端呼吸管分叉状（图3-3）。

（4）蛹　长约10 mm，淡黄褐色。化蛹时，由第9节与第11节的伪足合成环状，从而固定在水稻根系或其他漂浮物上，其余伪足均萎缩不见，仅留下小爪痕迹（图 3-4）。

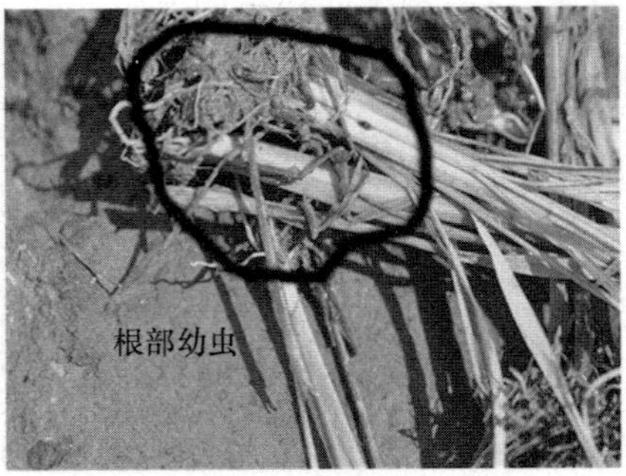

图 3-3 稻水蝇幼虫

3. 发生规律

在中亚地区，1 年可发生 3～4 代。在新疆 1 年也可发生数代，世代重叠，以成虫在沟沿、田埂缝隙、排水渠、碱皮、芦苇及杂草落叶层下越冬。4 月初当排水渠、死水坑解冻后，成虫即在上面活动，追逐交尾产卵。稻田灌水后，成虫则迁往稻田，聚集在漂浮物、烂草上面交尾产卵。1 头雌虫产卵 100～150 粒。卵历期 4～5 d。

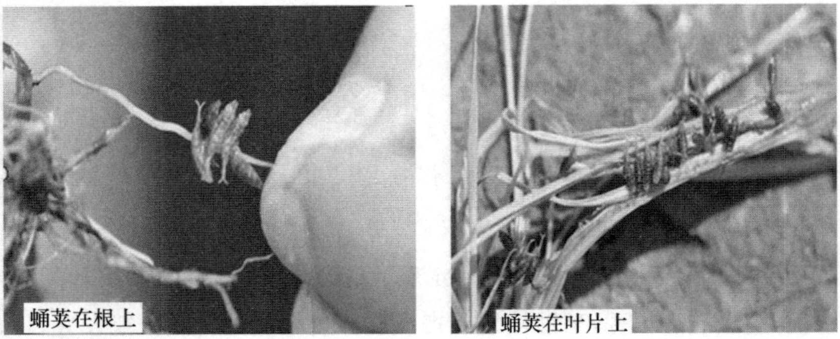

图 3-4 稻水蝇

孵化出的幼虫在水底爬行，为害稻种、稻根。为害盛期在 5 月下旬至 6 月上旬，此时正值水稻苗期。7 月以后直至 11 月，排水渠和碱水坑中也可见到各虫态，但虫口密度远小于春季。9 月以后，成虫寻找越冬场所越冬。

成虫有趋光性。喜欢取食水面上漂浮的腐败有机物残屑，并在其上产卵。因此，漂浮物多，产卵也多，发生为害重。幼虫适于生活在 pH 7.5～9 的碱性水质环境中。

4. 综合防治措施

（1）改水直播为旱直播，或插秧，以减少蝇蛆为害机会。

（2）改进稻田管理，排水要畅通。6 月上旬适当落干晒田 1～2 d，既利于水稻扎根，又恶化蝇蛆生态环境。及时捞除水面漂浮物。

(3)5～6月间利用成虫的趋光性，使用频振式杀虫灯、黑光灯等进行诱杀。或人工水面网捕成虫。

(4)药剂防治 对稻田附近的死水坑、排水渠，喷洒2.5%敌百虫。

稻田可用90%敌百虫100～150 g/667 m^2 或用50%辛硫磷70～80 g/667 m^2 拌细土15～20 kg，制成毒土撒施，保持水层3 cm。还可兼治在稻田中混合发生的稻摇蚊的幼虫。

四、灰飞虱

1. 分布与为害

灰飞虱属同翅亚目飞虱科，遍布新疆各地，以成虫和若虫在稻丛茎部刺吸汁液，被害部出现长形棕色斑，严重时下部茎秆变黑，全株枯死。成虫产卵时，产卵器刺破叶鞘组织，可对作物造成直接伤害。

灰飞虱除为害水稻外，还可为害小麦、玉米、谷子、高粱以及多种禾本科杂草。灰飞虱还能传播小麦丛矮病等病毒病。

2. 形态特征

(1)成虫 体长2～4 mm。触角3节，基部两节膨大。后足胫节末端有1个大距。有长翅型与短翅型之分，长翅型的翅长超过腹末，短翅型的翅长不超过腹末(图3-5、图3-6)。

图3-5 灰飞虱雌虫

图3-6 灰飞虱雄虫

(2)卵　香蕉形，长约1 mm，初产时乳白色，后变淡黄色。通常3～5粒或20余粒排列成串。

(3)若虫　初孵若虫白色，后变灰色，5龄若虫灰褐色，第3～4腹节背面有2灰白纹，前翅翅芽伸达第3腹节后缘。

3. 发生规律

灰飞虱在南疆1年发生4～5代，世代重叠。以3～4龄若虫在禾本科杂草上越冬。3月下旬越冬若虫在杂草上活动取食，4月中旬为羽化盛期。成虫先为害冬麦和春麦，夏收前迁往水稻、玉米、糜子甚至亚麻、绿豆等作物上。6月中旬在玉米地内第1代的虫口密度最大。7月下旬在水稻田内第2代虫口密度最大，这与稻田中混生大量稗草有关。各地段上的稗草，因其不断生长繁殖，自始至终是灰飞虱的繁殖基地。

成虫产卵于寄主叶鞘、叶片中脉或茎秆内，常5～6粒组成1块，呈双行排列，有时也成簇，有1个突出的卵帽微露于外。

灰飞虱长翅型与短翅型的出现与消长，与营养和温度、湿度条件密切相关。在温度较低、湿度大、禾苗生长柔嫩，食料充足时，短翅型成虫出现多；反之，则长翅型成虫出现多。短翅型成虫寿命一般比长翅型成虫长3～5 d，雌雄比高，抱卵量多，繁殖力强。因此，短翅型成虫出现多，是稻灰飞虱大发生的预兆，可作测报的依据。

4. 综合防治措施

(1)大力清除禾本科杂草，特别是稗草比较集中的发生地，可利用化学除草剂进行大面积化学除草。

(2)保护利用自然天敌，特别是稻田中的蜘蛛。

(3)药剂防治　灰飞虱可用喷粉、喷雾或撒施等办法防治。喷粉常用叶蝉散、灭多威或速灭威等粉剂；喷雾常用叶蝉散可湿性粉剂、吡虫啉可湿性粉剂、速灭威乳油、马拉硫磷乳油等，在药液中加0.2%中性洗衣粉可提高防效。

五、二化螟

1. 分布与为害

二化螟属鳞翅目螟蛾科，俗名钻心虫，是一种世界性水稻害虫，遍布我国南北各稻区。新疆原无此虫，1981 年最先发现于乌鲁木齐市米东区稻区。

二化螟以幼虫为害水稻。初孵幼虫在叶面顺叶脉啃食，被啃食部分变干后成白条状。此后蛀入稻株内为害，造成枯心苗或不能抽穗，也可造成白穗。1 株茎秆有幼虫 10～20 头，最多可达 54 头。二化螟除为害水稻外，还可为害玉米、高粱、稗草、芦苇等。

2. 形态特征

(1)成虫　体长 10～15 mm，翅展 20～30 mm。头胸部黄褐色。雌虫触角丝状，雄虫触角末端栉齿状，其余部分为丝状。前翅略呈长方形，黄褐色或淡黄褐色，外缘有 7 个小黑点。雄虫翅色较深，中央有紫黑色斑点，其下方有 3 个斜黑点。后翅略呈三角形，白色，有绢丝光泽(图 3-7)。

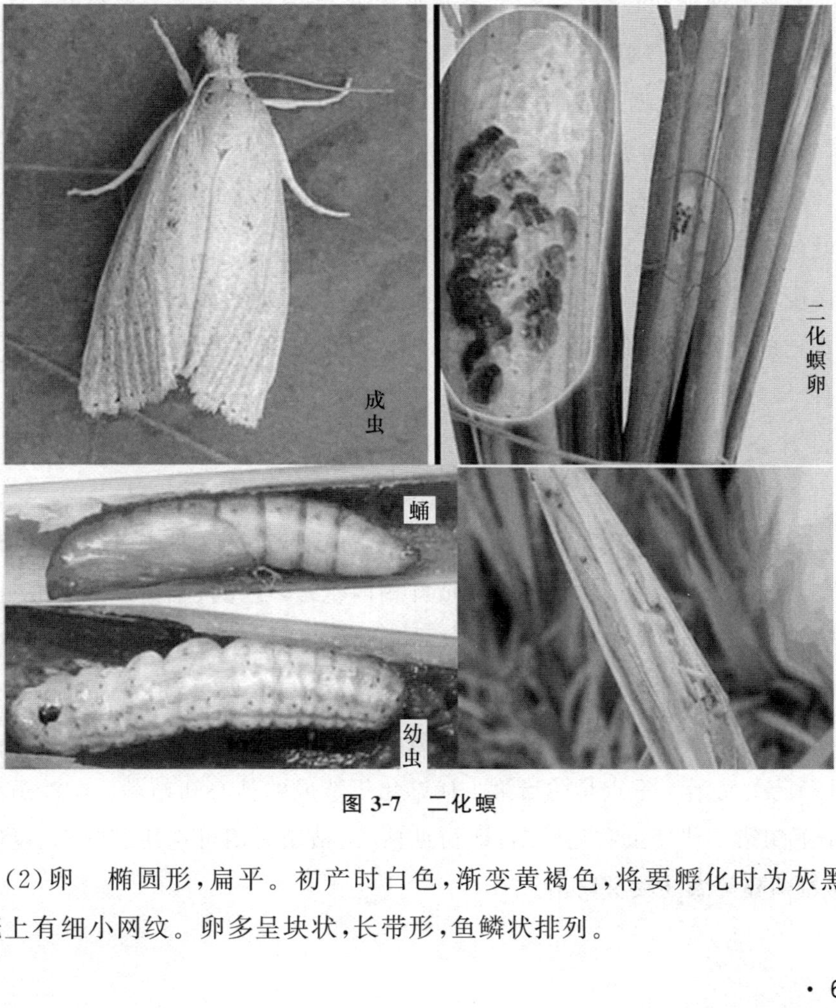

图 3-7　二化螟

(2)卵　椭圆形，扁平。初产时白色，渐变黄褐色，将要孵化时为灰黑色。卵壳上有细小网纹。卵多呈块状，长带形，鱼鳞状排列。

(3)幼虫　老熟时体长18～30 mm。头部褐色。体背有棕黑色纵纹5条。腹足趾沟3序排列或呈环状。

(4)蛹　圆筒状,长10～14 mm,外有白色薄茧包围。初淡黄色,背部可见5条纵纹,后变为棕褐,翅色更深,纵纹渐不明显。臀棘扁平,有1对刺毛,背面有2个角质小突起。

3. 发生规律

北疆地区1年2代,以不同龄期幼虫在稻根或根际处越冬。4月中下旬化蛹,5月下旬为羽化盛期。因越冬幼虫龄期不一,故羽化期长达50多天,出现世代重叠现象。

羽化多在夜间。成虫昼伏夜出,有趋光性,喜在叶色浓绿、粗大的稻株上产卵。1头雌虫产卵200粒左右。1个卵块有卵60～80粒。第1代幼虫6月间为害水稻。初孵幼虫多群聚于叶鞘为害,造成枯鞘。2龄后蛀茎。分蘖期为害,轻者造成叶面排孔,重者造成枯心苗。第2代幼虫于8月中下旬至9月上旬为害水稻。初孵幼虫也多群聚为害,2～3龄后分散为害。孕穗期造成枯穗,穗抽不出来,在抽穗期则造成白穗,成熟期多造成虫伤株。此后,即进入越冬状态。幼虫有吐丝和迁移为害习性。

温度和湿度正常,有利于二化螟发生,如35 ℃以上持续数天则不利于其发生。水稻的早熟和晚熟品种受害轻,中熟品种受害重。粗秆品种受害又重于细秆品种。

4. 综合防治措施

(1)水稻收割后,妥善处理稻草和稻茬,并深翻稻田进行冬灌。

(2)成虫羽化期利用黑光灯诱杀,并结合进行人工摘除卵块。

(3)二化螟多在靠近水面的稻茎或叶鞘内化蛹,可先将稻田水放至3 cm左右,诱使其降低化蛹位置。当化蛹达高峰期时,及时灌水至15～18 cm深,保持3～5 d,灭蛹效果可达70%～90%。

(4)生物防治　保护利用天敌或用微生物农药杀螟杆菌进行防治。

(5)药剂防治　重点是防治第1代二化螟造成的枯心和枯鞘。防治适期为6月中下旬第1代幼虫孵化盛期,即初见枯心、枯鞘时用可选用三唑磷、哒嗪硫磷、溴氰菊酯等农药喷雾防治。

模块二

经济作物病虫害

项目四　棉花病虫害

近年来，新疆棉花产量在全国占比一直为85%左右，在我国棉花生产中占有很大比重，对我国棉花和纺织产业发展发挥着极其重要的作用，已经形成了“世界棉花看中国，中国棉花看新疆”的局面。

根据新疆统计局相关数据，截至2020年，新疆棉花种植面积已达250.19万 hm^2，占全国棉花总面积的76.1%，其中，地方棉花种植面积约177.77万 hm^2，新疆生产建设兵团（以下简称“兵团”）棉花种植面积约86.66万 hm^2。2020年新疆棉花总产量达516.1万t，占全国总产量的84.9%，同比提高1.1个百分点；单产1 965 kg/hm^2，同比增长1.3%，较全国平均单产高205.5 kg/hm^2。受棉花种植经济效益、交易价格等多种因素的影响，新疆长绒棉和彩色棉种植面积减少，种植面积分别约为5.33万和0.13万 hm^2。

棉花病虫害
彩色图谱

棉花整个生长阶段，植株各器官均可遭受病原和害虫的侵害。据统计，全国每年棉花生长及储藏期间因病虫草为害而造成的损失约占总产量的16%。

中国棉花病虫害种类多，已知病害80多种，常发病害20多种。苗病、铃病、黄萎病、枯萎病年均发生总面积1 452.94×10^3（hm^2·次），以苗病发生面积最高，为 410.6×10^3～683.84×10^3(hm^2·次)。

新疆棉花病害包括苗期发病较为普遍的立枯病和猝倒病以及棉花中后期常发性的枯萎病和黄萎病，4 种病害均为土传性根茎部侵染病害，为害较重，常造成烂种、烂芽、烂根和茎基腐烂，苗势减弱，进而导致棉苗死亡，严重时可造成整行缺苗，对棉花产量和品质造成巨大影响。新疆部分地区根腐类病害田间发病率一般在 20%左右，重病田在 30%以上，死苗率在 5%～12%。

棉花害虫种类繁多，已发现的害虫种类有 300 多种，其中比较重要的有 30 多种。每年造成的损失在 15%以上。主要虫害棉蚜、棉叶螨、棉铃虫、棉盲蝽、烟粉虱和棉蓟马年均发生总面积 7 311.52×10^3(hm^2·次)，最高的为棉蚜，达 1 756.68×10^3～2 363.58×10^3(hm^2·次)。不同年份、不同地区发生情况差异很大。新疆棉蚜、棉叶螨和棉铃虫三大害虫的发生呈交替猖獗态势，棉蓟马、棉盲蝽等次要种群发生明显加重，烟粉虱和美洲斑潜蝇等入侵害虫及双斑萤叶甲、眩灯蛾等新发种类呈局部发生。

因此，在生产上应通过准确及时测报，针对不同的病虫害特点选择有针对性的防护措施，通过农业、药物以及生物等方法综合防治，保障棉花栽培不受或少受病虫害侵扰，有效提高棉花的质量和产量，为棉农带来更高的经济效益。

一、棉花立枯病

1. 分布与为害

棉花立枯病病菌可侵染棉花、大麦、小麦、甜菜、黄麻、红麻、玉米、高粱、马铃薯、茄子、花生、大豆、烟草、萝卜等 200 多种植物。

立枯病是棉花苗期危害最大的病害，又称烂根病、黑根病，是棉花苗期的主要病害。由于长期连作，棉苗立枯病在新疆发生已经十分普遍和严重。常年发病株率在 20%左右，严重时可达 60%～70%，甚至毁田重播。主要危害棉苗，棉苗出土前受害，会造成烂种、烂芽；棉苗出土后发病，先在幼茎基部 1 cm 处发生褐色凹陷，条件适宜时病斑逐渐扩大，包围整个基部至幼苗萎缩枯死，常不倒伏，这是田间诊断立枯病的主要特征。

2. 为害症状

(1)烂种、烂芽　如图 4-1、图 4-2 所示。

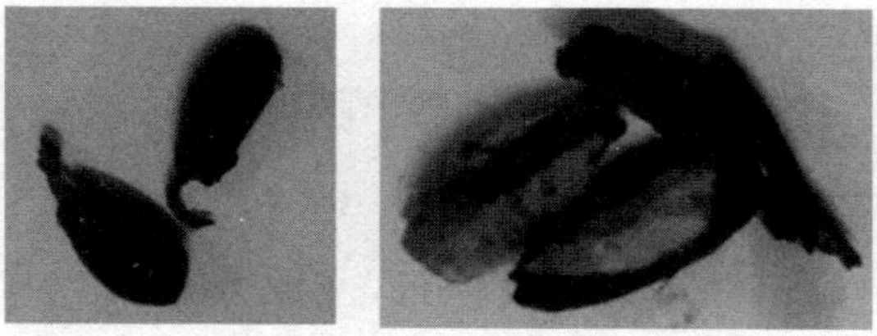

图 4-1　烂种

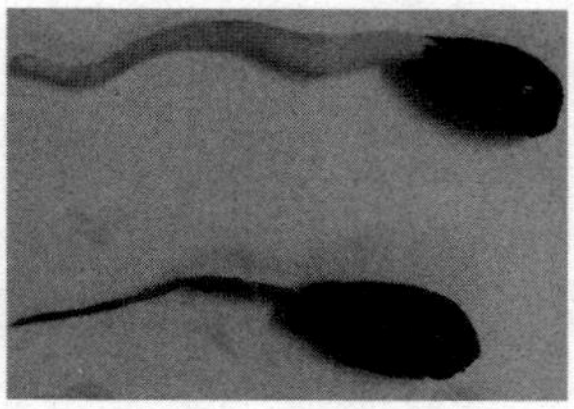

图 4-2　烂芽

(2)烂根　幼苗出土后，茎基部黄褐色长条形病斑，并包围整个根茎部位，形成黑褐色缢缩，病苗很快萎蔫枯死。有时病斑凹陷不明显，但上下扩展较快，并产生长短不等的纵裂。轻病株仅根和根茎部皮层受害变褐或黑褐色，气温上升后可恢复生长(图 4-3)。

1. 田间被害状　2. 病芽　3. 病苗前期　4. 病苗后期　5. 成株期病茎

图 4-3　棉花立枯病症状

3. 病原

棉花立枯病属于半知菌亚门丝核菌属。菌丝初期无色，较纤细；老熟后呈黄褐色，较粗壮，多呈直角分枝，分枝基部略缢缩，离分枝不远处有一隔膜。菌核初时白色，成熟时暗褐色，形状不规则形，表面粗糙(图 4-4、图 4-5)。病菌生长最适温度为 17～28 ℃，pH 3.4～9.2 范围内都能发育。

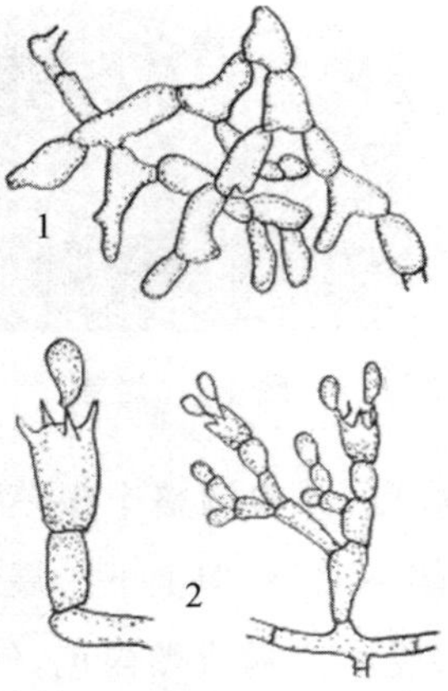

1. 菌丝体　2. 担子及担孢子

图 4-4　菌丝体和担子及担孢子

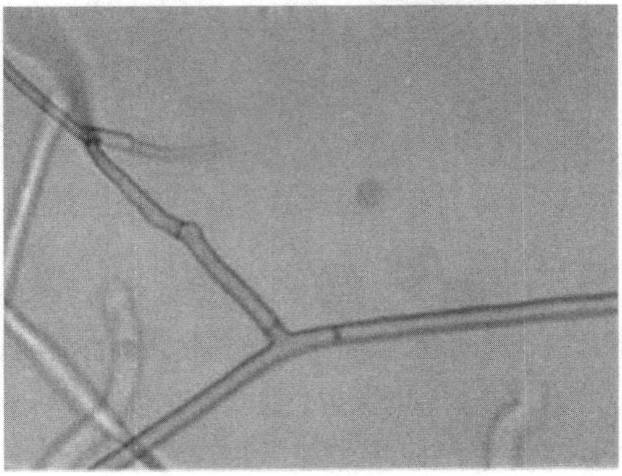

图 4-5　显微镜下的菌丝形态

病原特点如下：

(1)寄主范围广　有 200 多种植物被其侵染。

(2)竞争力强　能在土壤中长期生存，不易消除。

(3)适应性强　在高温、高湿、低温、缺水等恶劣环境条件仍可生存，且能够适应酸性或碱性土壤。低温环境下立枯丝核菌进行腐生，高温环境下繁殖速度加快，更利于病害扩展。

(4)致病力差异大　立枯丝核菌在不同作物上的致病力不同，因作物品种不同致病力有差异，气候条件不同，其危害程度也存在明显差异。

4. 发病规律

立枯丝核菌是土壤习居菌，土壤中的菌核及其病残体中的菌丝体是其主要侵染来源。菌丝可在土壤中扩展蔓延。气温较低、土壤含水量高、阴雨天气常发的地区棉苗苗情弱，抗病力差，外部环境适宜病原菌侵染棉苗，造成棉苗病害大面积发生。棉苗出土 2 周后(1 片真叶期)是棉苗发病的高峰期。

二、棉花猝倒病

1. 分布与为害

棉花猝倒病多在湿润条件下发病，主要为害幼苗，也侵害棉种和棉芽。该病在新疆棉区普遍发生。

2. 为害症状

(1)幼茎基部 呈现黄色水渍状病斑,严重时病部变软腐烂,颜色加深呈黄褐色,幼苗迅速萎蔫倒伏(图 4-6)。

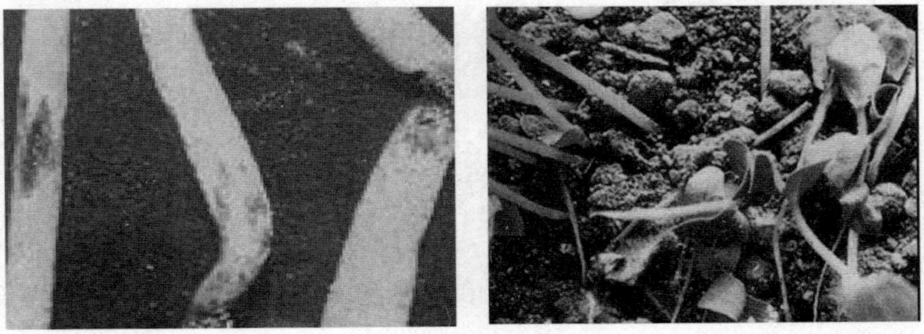

图 4-6 棉花猝倒病症状

(2)子叶 褪色,呈现水浸状软化。高湿条件下,病部常产生白色絮状物。

与立枯病不同的是,猝倒病棉苗基部没有褐色凹陷病斑。

3. 病原

本病病原为腐霉属真菌,特征是丝状、裂瓣状、球状或卵形的孢子囊着生在菌丝上,孢子囊顶生或间生,无特殊分化的孢囊梗(图 4-7)。腐霉属真菌在霜霉目中是较低等的,以腐生的方式在土壤中长期存活。有些种类可以寄生于高等植物,为害根部和茎基部,引起腐烂。幼苗受害后主要表现猝倒、根腐和茎腐,种子和幼苗在出土前就可霉烂和死亡。

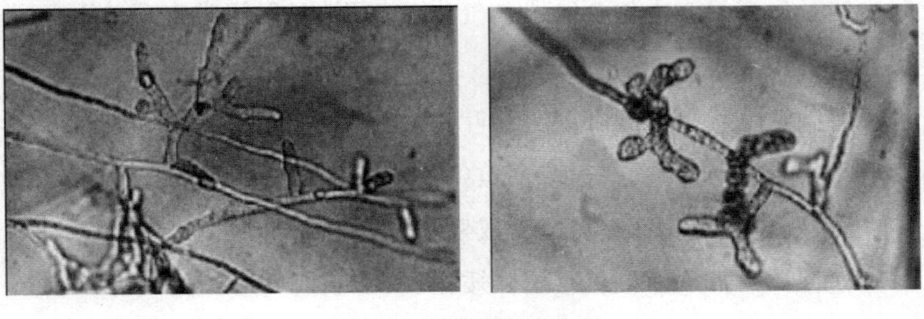

图 4-7 棉花猝倒病病原

4. 发病规律

腐霉属也是土壤习居菌,土壤中的菌核及其病残体中的菌丝体是其主要侵染来源。菌丝可在土壤中扩展蔓延;也可借助流水、耕作活动扩散。春季低温,阴雨，或播种后遇寒流，发病重。籽粒饱满，生活力强的种子，出芽壮，抗病力强；反之，发病重，造成缺苗断垄，随补随烂。连作、播期、播种深度、土壤质地（沙土）、铺膜等与发病的关系主要依土壤湿度而定。

三、棉花枯萎病、黄萎病

1. 分布与为害

棉花枯萎病在全球范围内分布广泛，给世界各国带来了重大损失，被称为“棉花的癌症”。病株在苗期大量死亡，甚至绝产。在棉花生长后期，该病导致叶片枯萎、铃重减轻、降低种子发芽率和成熟度、影响棉花纤维的强度与长度。棉花枯萎病与黄萎病经常复合侵染，减产量在20%～30%，严重的达60%以上。

棉花黄萎病1935年传入我国，1960年后棉花黄萎病在我国各大植棉区域陆续出现，1990年后在我国各主产棉区大面积暴发，在北方产棉区最严重的田区病株率达到了80%～90%。南疆发病面积47.5%，重病田面积占39.8%，近5年内发病面积增加了2.4倍。该病害寄主范围很广，扩散方式多种多样，遗传方向多变，大多数品种的棉花对其抗病性较低，能危害棉花各生长发育阶段，大幅度降低了棉花产出的纤维质量，没有高效可行的防治手段。

2. 棉花枯萎病为害症状

整个生长期均可为害。出苗后即可被侵染发病，严重时造成大片死苗，到现蕾期达到发病高峰。因生育阶段和气候条件不同，田间常表现如下几种不同的症状类型：

(1)黄色网纹型　病株叶脉变黄、叶肉保持绿色，后干枯脱落(图4-8)。

(2)黄化型　子叶或真叶褪绿变黄(图4-9)。

(3)紫红型　子叶或真叶局部变成紫红色，后枯死(图4-10)。

(4)矮缩型　病株节间缩短，植株矮化，顶叶皱缩畸形(图4-11)。

图 4-8　棉花枯萎病(黄色网纹型)

图 4-9　棉花枯萎病——黄化型

图 4-10　棉花枯萎病——紫红型

图 4-11　棉花枯萎病——矮缩型

(5)青枯型(急性萎蔫型)　植株突然失水、全株或一侧叶片萎蔫下垂,但叶片颜色不变(图 4-12)。

图 4-12　棉花枯萎病——青枯型

(6)顶枯型(高感品种)　从顶部自上而下逐渐枯死(图 4-13)。

图 4-13　棉花枯萎病——顶枯型

该病害能引起维管束变色,维管束显褐色或黑褐色(图 4-14),是田间识别的依据。

3. 棉花黄萎病为害症状

(1)普通型　叶缘和叶脉间出现淡黄色斑块,除叶脉及附近为绿色,其余部分均变黄,病叶呈褐色掌状斑驳;之后叶片发病部分变褐、焦枯,呈花西瓜皮状。病

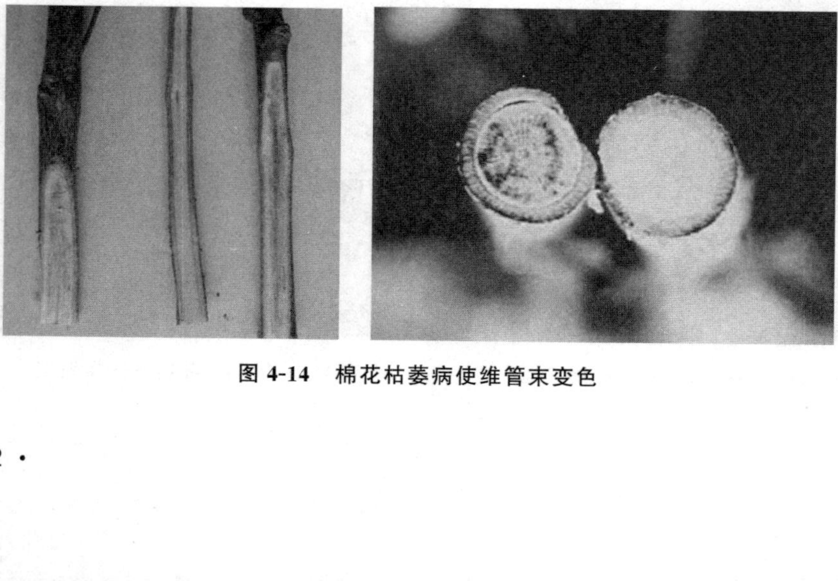

图 4-14　棉花枯萎病使维管束变色

株有时表现半边枯萎，一般不矮化、不落叶。茎秆的维管束变褐，颜色较枯萎病浅。天气潮湿时，病部产生白色霉层（图 4-15）。

图 4-15　棉花黄萎病——普通型

（2）落叶型　病株叶缘和叶脉间突然出现褪绿萎蔫斑块，主茎和侧枝顶端变褐枯死，一般 7～10 d 叶、蕾、铃迅速脱落成光秆（图 4-16）。

图 4-16　棉花黄萎病——落叶型

（3）棉花枯萎病和黄萎病的症状比较　系统侵染，全株发病，但二者症状不同。可以从发病时间、株型、叶片症状、维管束变色、病征等方面加以区别（表 4-1）。

4．病原

（1）棉花枯萎病病原　尖孢镰刀菌萎蔫专化型，属于镰刀菌属，包括

表 4-1　棉花枯萎病和黄萎病比较

病害	枯萎病	黄萎病
发病时间	子叶期始发,现蕾期盛发	3～4 叶期始发,花铃期盛发
株型变化	明显矮化	不明显
叶片症状	黄色网纹、黄化、紫红、皱缩等,病株叶、蕾等易脱落	西瓜皮状花叶、叶枯,病叶一般不脱落。急性落叶
维管束变色	深褐色或墨绿色	浅褐色或黄褐色
髓部	常变为褐色	一般不变色
病征	枯死部位潮湿时可见粉红色霉层	枯死叶片背后在潮湿时可见白色霉层

大型分生孢子、小型分生孢子和厚垣孢子(图 4-17)。病菌生长的温度范围 10～35 ℃,适温 25～30 ℃,35 ℃以上生长受抑制。但少数菌株较耐高温,37 ℃下正

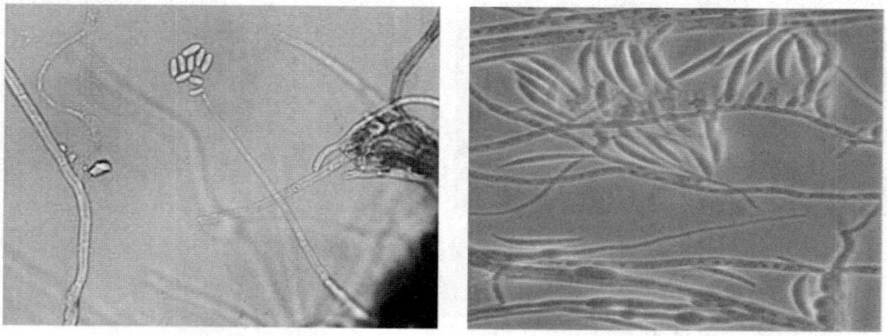

(1) 小型分生孢子　　(2) 大型分生孢子、厚垣孢子

图 4-17　棉花枯萎病病原

常生长,如吐鲁番的个别菌株 40 ℃仍然缓慢生长。pH 2.5～9.0 可生长,最适 pH 3.5～5.3,也有人认为 pH 4～7.5 为最适。寄主范围较广泛,自然条件下,除棉花外,可侵染大豆、烟草、小麦、秋葵、紫花苜蓿及多种杂草。

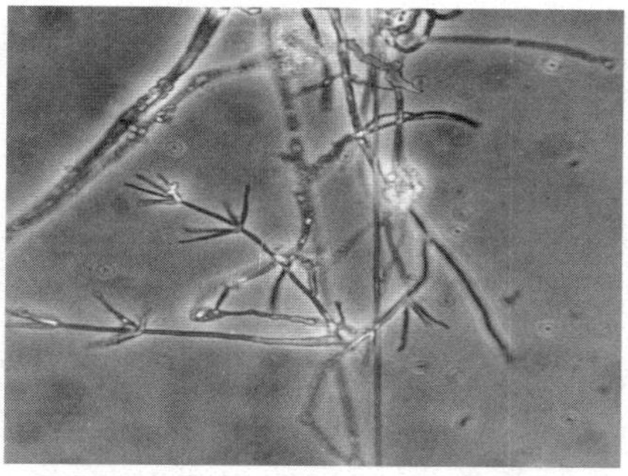

图 4-18　棉花黄萎病病原

(2)棉花黄萎病病原　轮枝孢属大丽轮枝孢(图 4-18)。有些地区是由黑白轮枝大丽轮枝孢引起的分生孢子梗呈轮状分枝,分生孢子无色,单胞,长卵圆形。寄主除棉花外,可侵染茄科、葫

芦科、豆科等38科660多种植物，但不侵染禾本科作物。大丽轮枝菌在10～30 ℃均可生长，生长的最适温度为20～25 ℃，33 ℃绝大多数菌株不生长。微菌核对不良环境的抵抗力较强，能耐80 ℃高温和－30 ℃低温，所以一旦定殖下来，很难根除。

5. 发病规律

(1)棉花枯萎病

①气候条件：耕层土壤温度25～30 ℃适宜发病，10 cm土温超过33 ℃病害停止发展，出现隐症，秋季出现第二个高峰。多雨年份，病害发生重，夏季高温突降暴雨，土壤温度下降、湿度增大，病情明显加重。

②耕作条件：连作，病重；低洼地，病重。

③棉花品种：抗病性差异较大，亚洲棉＞陆地棉＞海岛棉。

④棉田线虫：棉田线虫密度大，发生重。

(2)棉花黄萎病

①土壤菌源数量：连年种植棉花或与其他寄主作物轮种，使土壤含菌量逐年增加，发病日趋严重。

②气候条件：温度在25 ℃左右，相对湿度80%以上是该病大发生的关键因子。低于22 ℃或高于30 ℃发病缓慢，超过35 ℃只发生隐症。

③种和品种抗病性：棉花不同种和品种间对黄萎病的抗病性存在明显差异，以海岛棉抗病性最强，陆地棉次之，亚洲棉较弱。缺乏高抗品种是黄萎病流行的主要原因。

④病菌致病性变异及强致病力落叶型菌系的出现。

四、棉铃疫病

1. 分布与为害

主要为害下部大铃，发病多从棉铃基部萼片下面开始出现，其次在铃缝、铃尖或铃面。

2. 为害症状

最初铃面出现淡褐至青褐色水渍状病斑。一般不软腐，形状不规则，边缘颜色渐浅，界限不是很明显。病斑扩展极快，3～5 d整个棉铃就变成光亮的青绿色或黑褐色。几天后在铃面局部生出一层薄薄的霜霉状物，棉铃逐渐腐烂，棉絮变成僵瓣。

3. 病原

病原为苎麻疫霉，属疫霉属。

4. 发病规律

棉铃疫病病原在土壤中的烂铃组织内越冬，是翌年该病的初侵染源。

五、棉花角斑病

1. 分布与为害

20 世纪 50～60 年代开始在新疆棉区常发生和流行。

2. 为害症状

叶上产生多角形病斑，铃上病斑圆形，微下陷，可扩展到棉铃内部，使纤维素受害变黄、溃烂。田间湿度大时，受害各部位产生黄色菌脓，干燥后形成灰白色薄膜（图 4-19）。

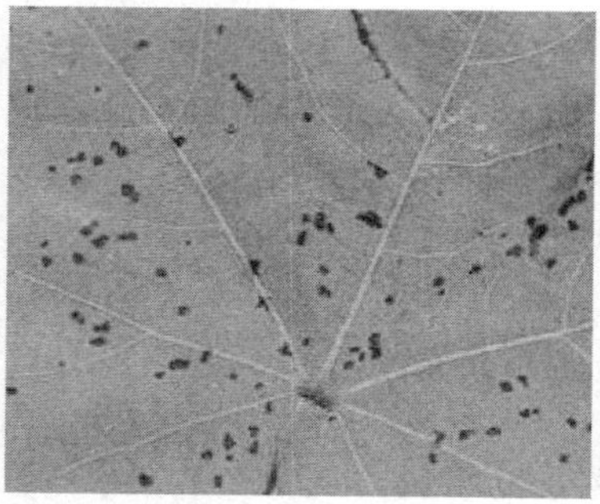

(1) 叶片病状

(2) 棉铃症状

图 4-19　棉花角斑病症状

3. 病原

为野油菜黄单胞菌锦葵致病变种（棉角斑病致病变种），属细菌中的薄壁菌门黄单胞菌属（图 4-20）。菌体杆状，革兰氏染色阴性。

4. 发病规律

（1）常年连作，导致病原菌累积　新疆大部分棉田常年连作，不少棉田已连作 30 多年，由于棉田秸秆和枯枝落叶的清除费用比较高，不少棉田采用就地粉碎秸秆和枯枝落叶还田的方法处理，导致各种铃病病原菌逐渐积累。一旦其他条件适宜，则会引起铃病暴发为害。

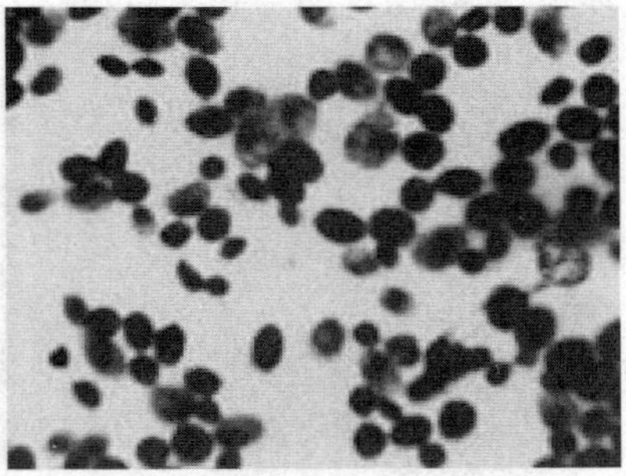
图 4-20　棉花角斑病病原

(2)栽培技术的改变　推广滴灌技术，由过去 15～20 d 灌水 1 次，增加到每周滴水 1 次，棉田始终保持高湿状态，再加上施肥尤其是施氮量的增加，使棉花生长旺盛，叶片相互叠加，通风透光性差，有利于铃病流行。

(3)气象条件的变化　随着全球气候的变化，新疆一些地区的气象条件也在发生变化，如近年来阿克苏、喀什地区夏季的雨水有增多的趋势，以往很少见的暴雨时有出现，一些棉田甚至出现短期积水现象。一旦出现这种天气，不但空气湿度大增，而且气温急剧下降，而这些均是棉铃病害流行的有利条件。

(4)病虫害的助长作用　近年来，一些棉田的蚜虫、盲蝽、蓟马、棉铃虫、黄萎病等为害加重，削弱了植株的抗性，且受害棉铃出现伤口，加大了各种腐生性病原菌入侵的机会；此外，蚜虫发生量大时，其分泌的蜜露，则成为各种铃病菌的天然营养，助长其扩繁。

(5)品种抗性弱　从各地学者已有的调查研究可以发现，不同棉花品种对铃病的抗性是有差异的，且没有一个品种能达到抗铃病级别，说明目前推广的品种对各种铃病的抗性有待提高。

六、棉铃虫

1. 分布与为害

广泛分布在我国及世界各地。我国棉区和蔬菜种植区均有发生。以黄河流域、长江流域、新疆棉区受害重。该虫是我国棉花种植区蕾铃期害虫的优势种，近年为害十分猖獗。

2. 形态特征

(1)卵　高约 0.52 mm，宽 0.46 mm。半球形，卵壳上有 2 叉和 3 叉的纵棱，达底部通常 26～28 条。卵初产下为乳白色，次日为米黄色，卵中部出现紫色环带，孵化当日卵为灰黑色，顶部有一黑点(图 4-21)。

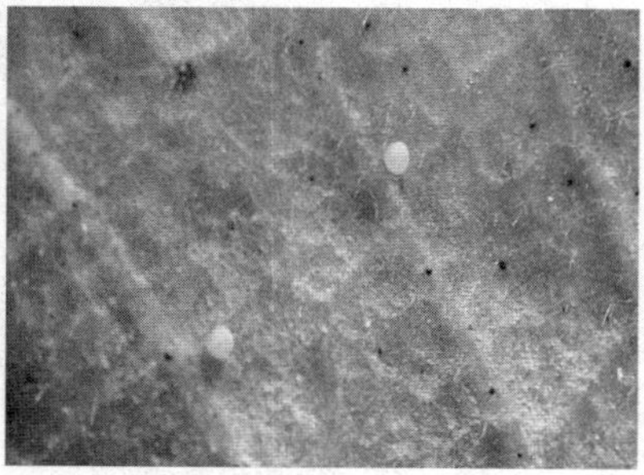

(1) 卵

(2) 幼虫

(3) 成虫

图 4-21　棉铃虫形态特征

(2)幼虫　4 龄、5 龄出现背线、亚背线、气门线等体线；前胸气门前的毛突 2 条刚毛连线穿过气门或与气门相切。自 5 龄后体色变化很大。6 龄幼虫体长 40～50 mm，老熟时变为淡绿色，体线消失。

(3)蛹　体长 17～20 mm，纺锤形。赤褐色或黑褐色。腹部 5～7 节前缘有 7～8 排稀疏的点刻，腹部末端有 1 对基部分开的刺。

(4)成虫　体长 15～20 mm，翅展 27～28 mm。触角丝状；复眼绿色。雌蛾前翅赤褐色，雄蛾灰绿色。前翅中横线由肾形纹下斜至翅后缘，末端达环形纹正下方，外横线也很斜，末端达肾形纹正下方，外横线和亚缘线间有深灰褐色宽带；肾形纹和环形纹暗褐色，反面观极明显。后翅灰白色，沿外缘有暗褐色宽带，其上有 2 个白色斑纹。

3. 发生规律

(1)生活史　一年发生不完整的 4 代。以蛹在 5～15 cm 土中越冬，至 4 月上中旬始见成虫。

第一代:幼虫为害盛期在5月中下旬,主要为害小麦、越冬豆科绿肥、苜蓿、早番茄以及棉花等。5月下旬末大量入土化蛹。成虫始见于6月上旬末至6月中旬初,盛发于6月中下旬。

第二代:幼虫为害盛期在6月下旬至7月上旬,主要为害棉花。成虫始见于7月上旬末至中旬,盛发于7月中下旬。

第三代:幼虫主要为害棉花、玉米、油葵、番茄等。成虫始见于8月上中旬,发生期延续的时间长。大部分老熟幼虫以滞育蛹越冬。

第四代:幼虫为害棉花、玉米、高粱及一些秋季作物。大部分不能完成生活史。

(2)生活习性　幼虫习性:初孵幼虫取食卵壳。2龄后钻入嫩蕾中取食花蕊,3～4龄幼虫为害蕾和花,5～6龄进入暴食期,多为害青铃、大蕾或花朵。幼虫有转铃为害习性。蛀害蕾、铃时身体后半部留在外边,整个幼虫期可为害10余个蕾、花、铃。阴天老龄幼虫常盘踞在花内取食花器。3龄以上幼虫常互相残杀。幼虫大多数共6龄,个别5龄或7龄。老熟幼虫在2～5 cm表土层筑土室化蛹。每代都有滞育蛹。南疆越冬蛹由多到少依次是:复播玉米田、棉田、蔬菜、冬麦地。

成虫习性:迁飞;成虫白天隐蔽静伏,活动、觅食、交尾、产卵多在黄昏和夜间进行;具强趋光性、趋化性;2～3年生杨树枝对成蛾的诱集能力很强。趋向蜜源植物,吸食花蜜作为补充营养。成虫产卵具有选择性,具有很强的繁殖能力,表现在三个方面:①多次交配的习性;②高的产卵能力,一头雌蛾一生可产卵500～1 000粒,最高可达2 700粒。③不同地理种群不存在生殖障碍,使其生殖上具有最大的适应性。

七、棉花蚜虫

1. 分布与为害

棉花蚜虫(图4-22)分泌唾液,刺激棉叶畸形生长,卷曲;消耗植株营养,造成蕾铃脱落;分泌蜜露,影响光合作用,并有利于致病菌的寄生。

(1)棉蚜　全世界均有分布。

(2)棉黑蚜　西北内陆棉区,全新疆均有分布,北疆重。

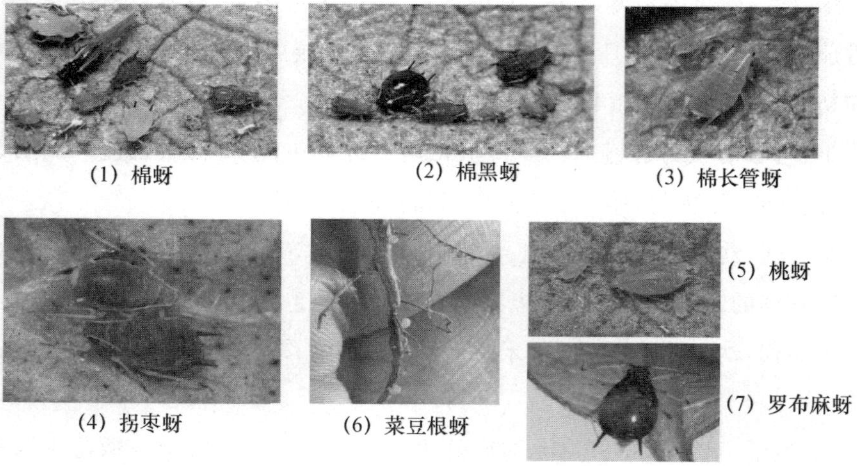

(1) 棉蚜　(2) 棉黑蚜　(3) 棉长管蚜
(4) 拐枣蚜　(6) 菜豆根蚜　(5) 桃蚜　(7) 罗布麻蚜

图 4-22　棉花蚜虫形态特征

(3)棉长管蚜　国内仅分布于新疆,南疆发生多。

(4)拐枣蚜　仅见于新疆南疆,寄主植物有沙棘、骆驼蓬等。

(5)桃蚜　全国均有发生。

(6)菜豆根蚜　仅见于新疆昌吉、石河子、乌苏等地,为害根。

2. 形态特征

(1)棉蚜　体长不到 2 mm,触角约为身体一半长。腹管黑青色,较短(图 4-23)。无翅胎生蚜身体有黄、青、深绿、暗绿等色。复眼暗红色。有翅胎生蚜体黄色、浅绿或深绿。翅透明,中脉三叉。卵初产时橙黄色,6 d 后变为漆黑色,有光泽。卵产在越冬寄主的叶芽附近。

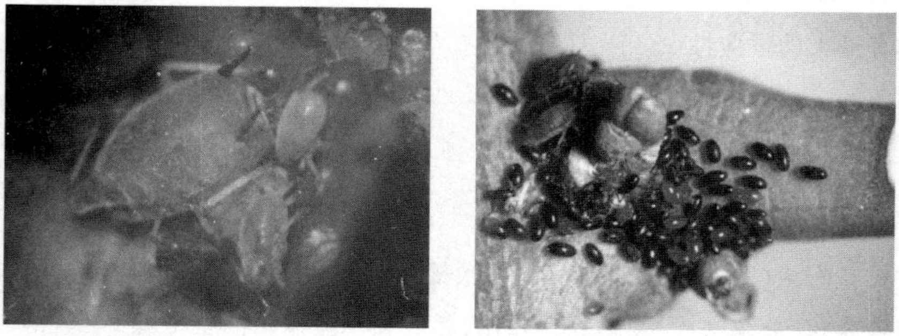

图 4-23　棉蚜形态特征

(2)棉长管蚜 无翅胎生雌蚜体长3.5 mm,草绿色,被蜡粉,触角稍长于身体,背面几乎无斑纹,腹管很长,可达体长一半或1/3;有翅胎生雌蚜体长2.7 mm,草绿色或淡黄绿色,额瘤显著,外倾触角比身体长(图4-24)。以卵在骆驼刺、甘草上越冬,春季气温达10 ℃时卵孵化。5～6月迁入棉田,6～8月持续发生,高峰一般在7月上中旬,常与棉蚜混合发生(图4-25)。秋末迁回越冬寄主上。

图4-24 棉长管蚜形态特征

图4-25 棉长管蚜为害状

(3)棉黑蚜 无翅孤雌蚜体长2.1 mm,宽1 mm,黑褐色,略被薄蜡粉,略具光泽,头部黑色,前胸部具背中横带,缘斑与中胸中侧斑断续,腹部1～6节背板各斑相合成为一大黑斑,有翅(图4-26)。主要在苗期为害。

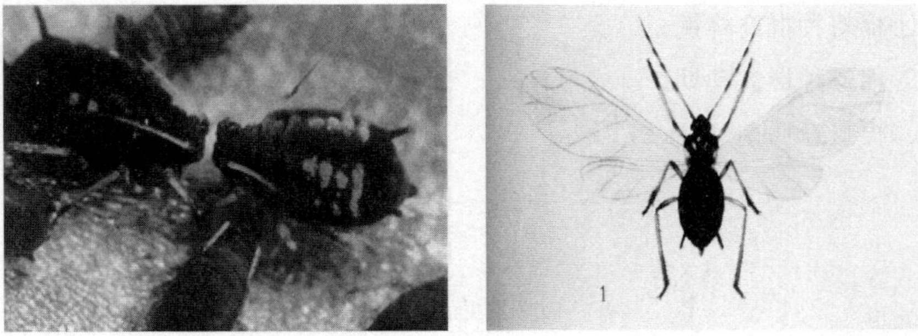

图4-26 棉黑蚜形态特征

棉黑蚜的适宜温度为16～23 ℃,9月底至10月上旬产卵,以卵在苜蓿、苦豆子上越冬,南疆在4月中旬可见有翅蚜。迁入棉田时间略早于棉长管蚜。5月底至6月上中旬达到高峰,通常气温达25 ℃以上时棉田种群数量急剧下降,但经常性的细雨可降低气温,延长其在棉田的为害时间。

(4)3 种棉花蚜虫形态特征

3 种棉花蚜虫形态特征的比较见表 4-2。

表 4-2　3 种棉花蚜虫形态特征

	棉蚜	棉黑蚜	棉长管蚜
体长	2.0 mm	2.1 mm	3.7 mm
体色	淡黄至淡绿、深绿、黑绿、黄色	黑褐色，略被蜡粉	草绿色、被蜡粉
触角长度	体长 3/5～3/4	体长 3/5～3/4	体长 1.1 倍
腹管长度	体长 1/5	体长 1/5	体长 1/3～1/2
尾片	圆锥形，近中部收缩，曲毛 4～7 根，常 5 根	圆锥形，近中部收缩，曲毛 6～9 根	圆锥形，曲毛 8～13 根

3. 发生规律

(1)生活史

①棉蚜的越冬：棉蚜在花房、温室、宅馆室内越冬，如在扶桑、菊花类、桑叶牡丹、石榴、黄瓜、西葫芦、火棘、栀子花等寄主上活动，进行孤雌生殖；室外越冬，黄金树、石榴、核桃树、葡萄等木本植物是越冬寄主。

②棉蚜的过渡寄主与过渡期。

③棉蚜的侵入、定居期。

④棉蚜种群高峰期。

⑤棉蚜种群波动期。

⑥棉蚜迁回期(图 4-27)。

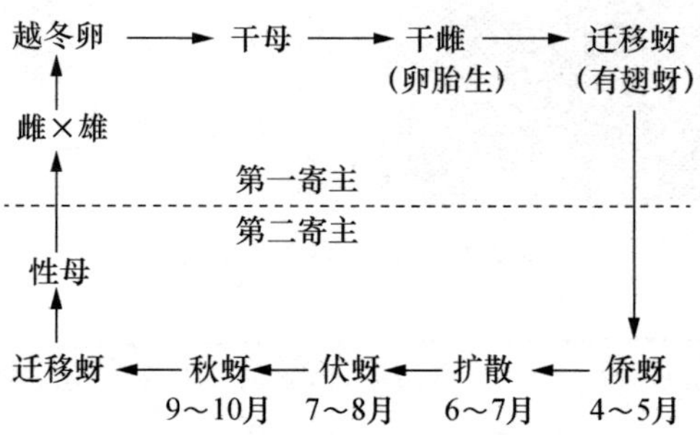

图 4-27　棉蚜的生活史

(2)生活习性

①棉蚜的寄主范围广:116 科 912 种植物,产卵寄主多。

②棉蚜的繁殖:一生产仔 70 多头,在新疆全年发生 30 代以上,1 头若蚜 1 个月可繁殖几百万头。

③有翅蚜的产生与迁飞扩散:环境条件、作物长势、棉蚜种群数量的大小。每年棉蚜迁飞 3～5 次。迁移蚜迁飞 1 次,侨蚜迁飞 1～3 次,有翅雌性母和雄蚜各迁飞 1 次。

④有翅蚜的趋黄习性。

⑤棉蚜与其他蚜虫的关系:同期同位竞争、前后空间的利害关系。

⑥棉蚜与蚂蚁的共生关系。

八、棉叶螨

1. 分布与为害

新疆棉田害螨种类较多,分布广泛。棉花上的害螨有 3 科、3 属、9 种(图 4-28):

(1)叶螨科叶螨属　土耳其斯坦叶螨、敦煌叶螨、截形叶螨、朱砂叶螨、二斑叶螨、突叶螨、弟兄叶螨。

(2)细须螨科短须螨属　卵形短须螨。

(3)粉螨科根螨属　棉根螨。

棉叶螨在北疆发生为害重于南疆,有的年份局部地区可造成棉花减产 10%～30%。暴发年份,造成大面积减产甚至绝收。它在棉花整个生育期都可为害。

棉叶螨在棉叶背面取食为害,也可在棉花的嫩枝、嫩茎、花萼、果柄及幼嫩的蕾铃部位为害。被害初期叶正面呈现黄白色斑点,当螨量密集时,很快呈现出橘黄色斑;严重时呈现紫红色斑块。被害处的叶背面有丝网和土粒黏结,呈现土黄色斑块。为害严重时,叶片扭曲变形,甚至枯萎脱落。为害嫩茎、苞叶或蕾铃时,会形成锈色斑(图 4-29)。

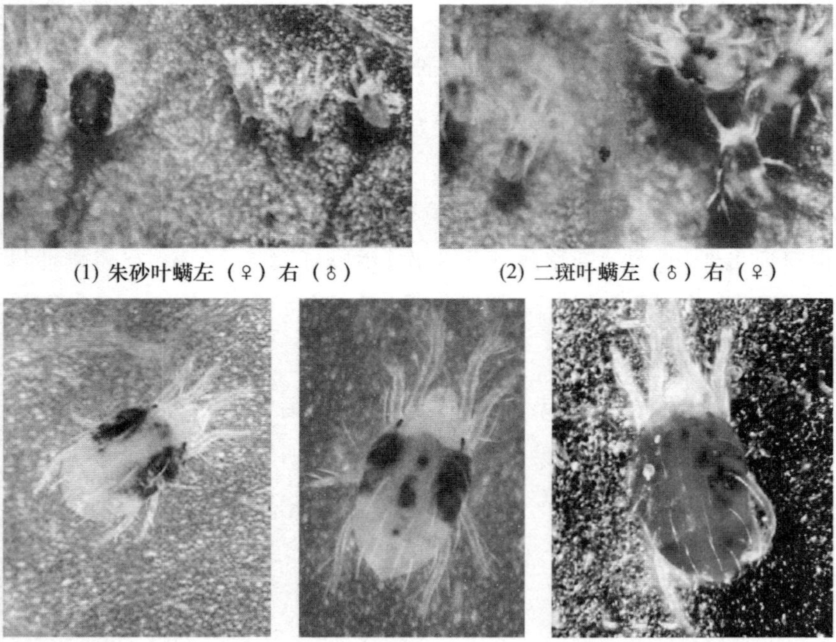

(1) 朱砂叶螨左（♀）右（♂）　(2) 二斑叶螨左（♂）右（♀）

(3) 敦煌叶螨　(4) 土耳其斯坦叶螨　(5) 截形叶螨

图 4-28　棉叶螨形态特征

图 4-29　棉叶螨由初期到后期为害状

2. 形态特征

(1)卵　圆形，初产时，透明如珍珠，近孵化时，为淡黄色。直径为 0.12～0.14 mm(图 4-30)。

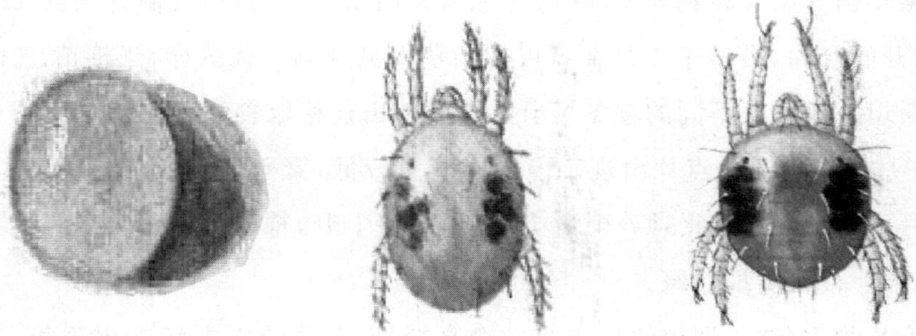

(1) 卵　(2) 幼螨　(3) 若螨

图 4-30　棉叶螨形态特征

(2)幼螨　3 对足，体近圆形，长为 0.16～0.22 mm。

(3)若螨　体椭圆形，长 0.30～0.50 mm，有足 4 对，体浅黄色或灰白色，行动迅速。

(4)雌螨　叶螨体长 0.48～0.58 mm，宽 0.36 mm，椭圆形，体呈黄绿、黄褐、浅黄或墨绿色(越冬雌螨为橘红色)，体两侧有不规则的黑斑(图 4-31)。

(5)雄螨　体长 0.38 mm，浅黄色，菱形。

3. 发生规律

(1)生活史　土耳其斯坦叶螨在新疆一年可发生 9～15 代。每年发生代数与当年的温湿度、降水量、光照时间及食物等有密切关系。完成一个世代需经过卵、幼螨期、第一若螨期，第二若螨期(雌螨)和成螨期。

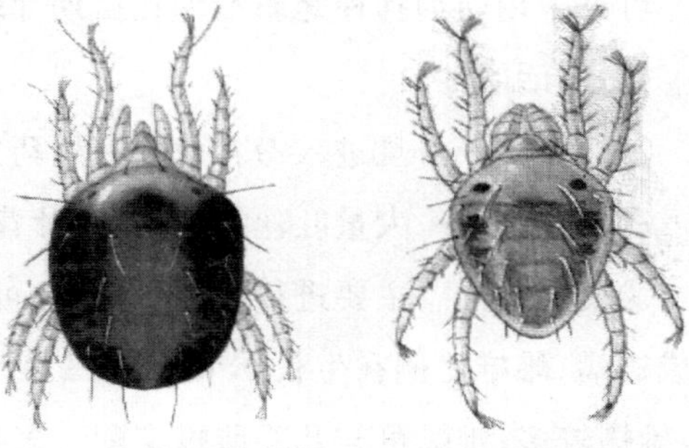

(1) 雌螨　(2) 雄螨

图 4-31　棉叶螨形态特征

土耳其斯坦叶螨以橘红色的受精雌螨越冬，体两侧黑斑消失。越冬寄主和场所：杂草根基处，以双子叶杂草为最多；田内外、地头、林带的枯枝落叶层下;田内外表土层中和土缝中。这些都是来年棉田和其他作物的螨源。所以减少越冬螨的寄主、破坏越冬场所是消灭越冬螨的重要措施,切不可忽视。

来年当气温升高到 8 ℃时,越冬螨就开始出蜇活动,当气温升高到 12 ℃以上,就开始产卵,最早于 4 月 8 日可在杂草上见到第一代的卵,当棉苗出土后土耳其斯坦叶螨便从不同的越冬场所陆续向棉田迁移取食为害。

5 月上中旬开始点片出现。但此时气温较低,繁殖速度慢,棉苗受害较轻。到 5 月下旬、6 月初,此时若雨量少,气温很快上升,棉叶螨会很快繁殖,集中为害,棉叶上很快出现红斑。

于 6 月下旬、7 月初便出现第一个高峰期,7 月的中下旬又出现第二个高峰期,如得不到有效的控制,于 8 月出现第 3 个高峰,而且一次比一次的螨量多、为害重,到 8 月下旬危害严重的棉田便呈现一片红叶,对棉花造成严重损失。

如果在播种时,采用药剂拌种,棉叶螨在田间的发生高峰期将比不拌种的晚 20～30 d,一般第一个高峰期在 7 月中下旬,第 2 个高峰期在 8 月中下旬,到 9 月后,基本上不造成危害,并出现滞育的个体,逐渐进入越冬场所,陆续越冬。

可见采用药剂拌种是防治棉花苗期叶螨的有效措施。

(2)生活习性

①滞育性　一旦进入滞育就不宜用药剂防治。

②吐丝结网　大量吐丝结网,且在叶背面,螨体常隐藏在网下繁殖为害。

③繁殖习性　主要进行两性生殖,也可进行孤雌生殖(产卵)。未受精卵发育成雄螨;雌雄比例在生长季节为 8∶1 或 10∶1,深秋时为 4∶1 或 5∶1。干旱时,雄螨较多;雄螨可与几头雌螨交配。多数雌螨一生只交配一次,而少数的可交配 2～3 次。卵多产于网下叶脉两侧和萼凹处。

九、棉盲蝽

1. 分布与为害

于 20 世纪 30 年代首次报道,并确定棉花叶切病系盲蝽为害所致;50 年代，陕西关中地区大发生；80 年代，河南豫东地区、江苏沿海与沿江棉区有发生；2000 年至今，各大棉区普遍严重发生。成、若虫均为害，主要取食寄主植物的生长幼嫩部位和繁殖器官。

(1)顶尖受害　棉苗真叶初现时，如生长点基部全部遭受盲蝽为害，受害部分将全部变黑焦枯，不再发生新芽，只留两片肥厚的子叶，称为“公棉花”或“无头苗”(图 4-32)。

图 4-32　棉盲蝽导致棉花顶尖受害

如真叶幼嫩部分遭盲蝽为害，端部枯死，主茎不能发育，而自基部生出不定芽，形成乱头棉花，称为“破头疯”。

(2)叶片受害　在棉花的整个生育期嫩叶被害后，初呈现小黑点，随叶片长大，被害状由小孔变成不规则孔洞，这一症状称为“破叶疯”。

图 4-33　棉盲蝽导致棉花真叶受害

(3)蕾受害　棉株现蕾后，盲蝽大肆为害，使幼蕾脱落，烂叶累累，棉株疯长，侧枝丛生，棉铃稀少，形状如“扫帚菜(地肤)”，故称为“扫帚苗”。

当小蕾被盲蝽为害后，被害处现黑色小斑点，2～3 d 全蕾变为灰黑色，干枯而脱落。

当大蕾被盲蝽为害后，除表现黑色小斑点，苞叶微微向外张开外，一般很少脱落。

图 4-34 棉盲蝽导致棉花蕾受害

(4)花受害 花瓣初现时，如花瓣顶部遭盲蝽为害，则花冠呈现黑色斑点，并因细胞受刺激发生局部增殖现象，表现卷曲变厚，使花瓣不能正常开放。花瓣开放后，如花瓣中部或下部遭害，则呈现暗黑色的小点，严重时黑点满布。雌雄蕊、花药、柱头受害后，即变黑或雄蕊脱落，只剩黑色的花药，严重时，全部变黑，只剩柱头。

图 4-35 棉盲蝽导致棉花花受害

(5)铃受害 幼铃遭害后，常黑点密集，一般黑点达铃面积 1/5 时，幼铃即行脱落或变黑僵，吐絮不正常。中型铃遭害后，受害处周围常有胶状物流出，局部僵硬，很少脱落。大型铃遭害后，铃壳上有点片状黑斑，均不脱落。

2. 形态特征

新疆以牧草盲蝽为主，苜蓿盲蝽、绿盲蝽次之。

图 4-36　棉盲蝽导致棉花铃受害

(1)牧草盲蝽成虫　体长 5.5～6 mm,宽 2.2～2.5 mm,体绿色或黄绿色,越冬前后为黄褐色。头宽而短,复眼呈椭圆形,褐色。触角丝状,长 3.60 mm 左右;胝部后方有 2 个或 4 个黑色的纵纹,纵纹的后面即前胸背板的后缘,尚有两条黑色的横纹,这些斑纹个体间变化较大。小盾片黄色,前缘中央有两条黑纹,使盾片黄色部分成心脏形。前翅具刻点及细绒毛,爪片中央、楔片末端和革片靠爪片、翅结、楔片的地方有黄褐色的斑纹,翅膜区透明,微带灰褐色。足黄褐色,腿节末端有 2～3 条深褐色的环纹,胫节具黑刺,跗节、爪及胫节末端色较浓,爪 2 个(图 4-37)。

(2)绿盲蝽成虫　体长 5～5.5 mm,宽 2.5 mm,全体绿色。头宽短,眼黑色,位于头侧。触角 4 节,比身体短,第二节最长,基两节绿色,端两节褐色。喙 4 节,末端达后足基节端部,端节黑色。前胸背板绿色,颈片显著,浅绿色。小盾片、前翅革片,爪片均绿色,革片端部与楔片相接处略呈灰褐色,楔片绿色,膜区暗褐色,翅室脉纹绿色。足绿色,腿节膨大,胫节有刺,跗节 3 节,端节最长,黑色。爪 2 个,黑色(图 4-38)。

(3)苜蓿盲蝽成虫　体长 8～8.5 mm,宽 2.5 mm。全体黄褐色,被细绒毛。头小,三角形,端部略突出。眼黑色,长圆形。触角褐色,丝状,比体长。前胸背板绿色,略隆起。胝显著,黑色,后缘带褐色,后缘前方有两个明显的黑斑。小盾片三角形,黄色,沿中线两侧各有纵行黑纹 1 条,基前端并向左右延伸。半翅鞘革片前缘、后缘黄褐色,中央三角区褐色;爪片褐色;膜区暗褐色,半透明;楔片黄色;翅室脉纹深褐色。足基节长,斜生。腿节略膨大,端部约 2/3 具有黑褐色斑点。胫节具刺。跗节 3 节,第一节短,第三节最长,黑褐色(图 4-39)。

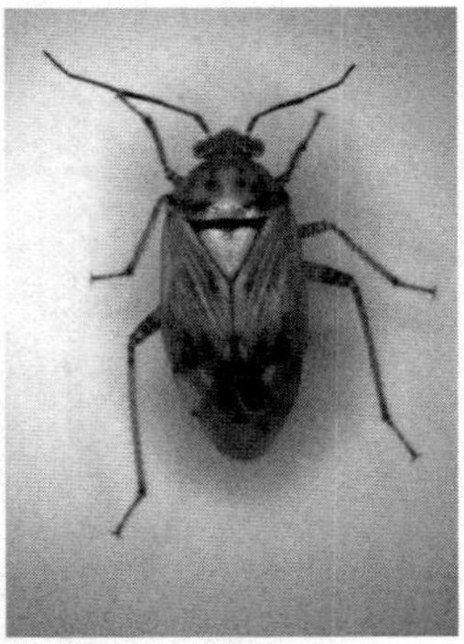

图 4-37　牧草盲蝽

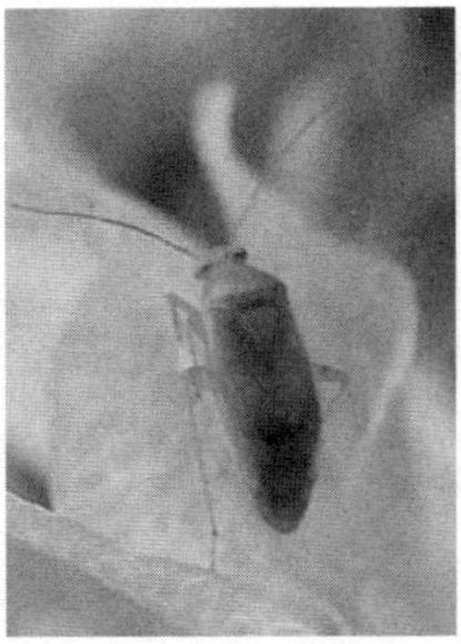

图 4-38　绿盲蝽

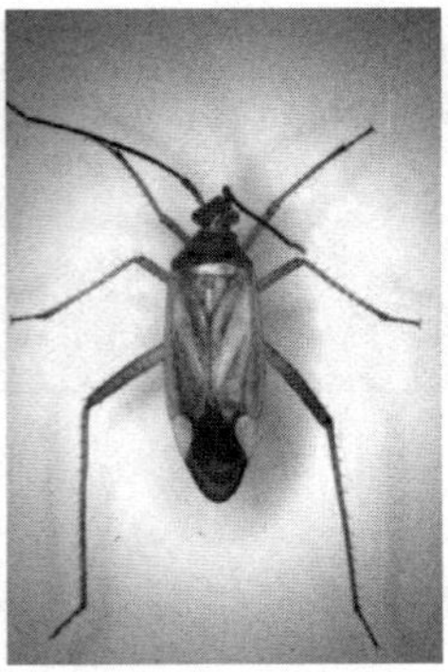

图 4-39　苜蓿盲蝽

3. 发生规律

(1)生活史　3 月中下旬温度 9 ℃以上时，可在冬麦、冬菠菜及十字花科蔬菜的植株上出蛰活动；10 ℃以上开始产卵繁殖；5 月中下旬出现第一代成虫，主要为害苜蓿和杂草，并开始少量向生长旺盛的棉田转移。第二代发生高峰期在 6 月中下旬至 7 月上旬，此时棉花进入现蕾盛期至开花期，受害后极易形成中空；第三代发生在 8 月上中旬，主要为害棉株中上部幼蕾，8 月中下旬迁飞到棉田外寄主；第四代成虫发生在 9 月中下旬，在苜蓿、油菜、杂草、枯枝落叶及土缝内越冬，对棉田为害少。

(2)生活习性

①产卵行为　卵散产，主要产在当年生的枝条上。

②飞行能力　成虫在 24 h 内平均飞行距离为 40.06 km。

③食性　取食大型昆虫的卵和幼虫、小型昆虫的成若虫等。

十、双斑萤叶甲

1. 分布与为害

双斑萤叶甲在我国的内地绝大部分地区都有分布，主要寄宿在豆类、马铃薯、苜蓿、玉米、茼蒿、胡萝卜、向日葵、杏树、苹果等农作物上。但是，其对棉花生长的危害还是近几年才在新疆被发现的。该虫近年来在北疆棉区蔓延，种群数量逐年增长，棉田为害也逐年加重，并且由早期的次要害虫发展为北疆棉区的第四大主要害虫。

双斑萤叶甲以成虫为害棉花的叶片和花蕾，先取食叶片下表皮组织再取食叶肉，形成许多不规则的水渍斑块，严重时形成叶片孔洞和枯斑，2～3 d后焦枯形成破孔或缺刻(图 4-40)，影响了棉花光合作用，直接影响了棉花生长发育，造成减产。棉花进入盛蕾期后，成虫对棉花的花蕾也造成危害，受害花蕾露出花蕊，花冠残缺不全，影响了花蕾生长及授粉坐铃，导致棉花减产及品质下降。

图 4-40　双斑萤叶甲为害状

2. 形态特征

(1)成虫　体长 3.6～4.8 mm、宽 2～2.5 mm；长卵形，棕黄色，具光泽；触角 11 节丝状，端部色黑，每个鞘翅基半部有一个接近圆形的淡色斑，四周黑色，后面黑色带纹向后突伸成角状(图 4-41)。

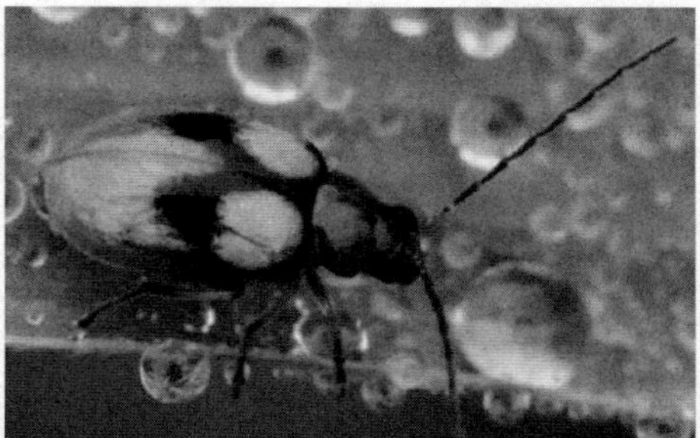

图 4-41　双斑萤叶甲形态特征

(2)卵　呈椭圆形，长 0.6 mm，棕黄色，表面具有网状纹。

(3)幼虫　体长 5～6.2 mm，白色或黄白色，体表有瘤和刚毛，前胸背板颜色较深。

(4)蛹　长 2.8～3.5 mm，宽 2 mm，白色，表面有刚毛。

3. 发生规律

(1)生活史　双斑萤叶甲在北疆地区每年发生一代，以卵和若虫在稗草、玉米等禾本科植物根系附近的土壤中群居越冬。

早春卵孵化后，主要在地边、沟旁、路边的苍耳、刺儿菜和豆科、禾本科杂草上寄生。初羽化的成虫喜在地边、渠旁杂草上活动，6 月初转移到棉田为害，6～9 月为主要为害期，在一株上自上而下地取食，9 月下旬迁离棉田。

(2)生活习性　成虫有群集性和弱趋光性，日光强烈时常隐蔽在叶背下，飞翔力较弱，一般只能飞 3～5 m，早晚气温低或风雨天喜躲藏在棉花叶片背面，气温高时成虫活跃，干旱年份发生较重。

十一、棉蓟马

1. 分布与为害

新疆棉田种类为 7 种，分别隶属于 3 个科 4 个属。其中纹蓟马科 2 种，即横纹蓟马和间纹蓟马；蓟马科 4 种，即花蓟马、烟蓟马、塔六点蓟马、西花蓟马；管蓟马科 1 种，即简管蓟马。棉蓟马在新疆棉花种植区域均有分布。

为害棉花的蓟马主要有烟蓟马和花蓟马。烟蓟马常在棉花顶心嫩头处取食为害，心叶受伤无法生长则形成“无头棉”，也称“公棉花”，棉花出现多头分化长出多个枝条，称为“多头棉”，在叶面为害则使棉花出现卷叶、枯叶。花蓟马为害果实后能使果实表面形成黑褐色或铁锈色不规则斑纹，后期裂桃，最后成为僵瓣棉(图 4-42)。

2. 形态特征

(1)烟蓟马

①成虫　体长 1～1.3 mm，体宽为体长的 1/4，淡褐色。复眼红紫色。触角 7 节，黄褐色。翅淡黄色，翅脉黑色，腹部圆筒形(图 4-43)。

②卵　长 0.1～0.3 mm，肾脏形，乳白色。

③若虫　形似成虫，无翅，复眼暗红色，触角 6 节，第四节具 3 排微毛。

(2)花蓟马

①卵　初产时为乳白色，略绿；正面及背面呈鸡蛋形，侧面呈肾形；长 0.29 mm，宽 1.5 mm，头方的一端有卵帽，近孵化时可见红色眼点。

②若虫　橘黄色到淡橘红色。1 龄若虫体长 0.3～0.6 mm，触角 7 节，第 4 节膨大呈锤状。2 龄若虫体长 0.6～0.8 mm，橘黄色，触角第 4 节的长和粗相等，触角、头、足、胸及腹部腹面的鬃尖锐，胸、腹部背面体鬃尖端微圆钝。3 龄若

(1) 蓟马为害棉花顶心造成“无头棉”

(2) 蓟马为害棉花造成“多头棉”

(3) 蓟马为害叶片

(4) 蓟马为害棉花造成卷叶

(5) 花蓟马为害棉花叶片

(6) 花蓟马为害开花的棉花

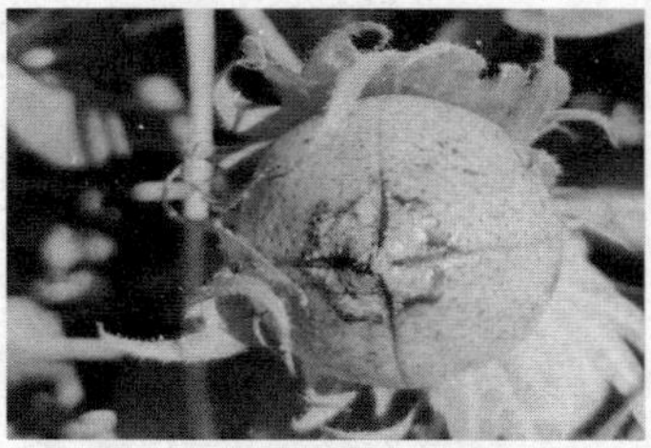

(7) 花蓟马为害棉桃造成铁锈色斑纹（一）

(8) 花蓟马为害棉桃造成铁锈色斑纹（二）

(9) 花蓟马为害棉桃造成裂桃

(10) 花蓟马为害棉桃造成僵瓣棉

图 4-42　蓟马为害状

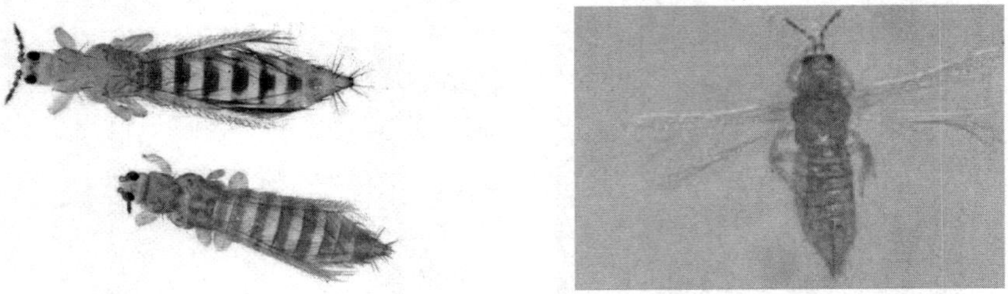

图 4-43 烟蓟马成虫

虫又称“前蛹”,体长 1.2～1.4 mm,翅芽伸达腹部第 3 节,触角向头的两侧张开,4 龄若虫又称“伪蛹”,褐色,体长 1.2～1.6 mm,触角分节不明显,并折向头胸部背面,单眼内缘有黄色晕圈。

③成虫　体长 1.3 mm 左右,雌虫淡褐色至褐色,雄虫乳白色至黄白色,个体较小;触角 8 节,第 3 节、第 4 节端部有锥状感觉器,单眼间鬃长,在三角形连线内;前胸背板的前缘有长鬃 4 根,1 对近前角,1 对近中部,中间 2 根稍短,后缘有长鬃 6 根,中间 2 根也较短;前翅上脉鬃 19～22 根,下脉鬃 14～16 根,皆均匀排列(图 4-44)。

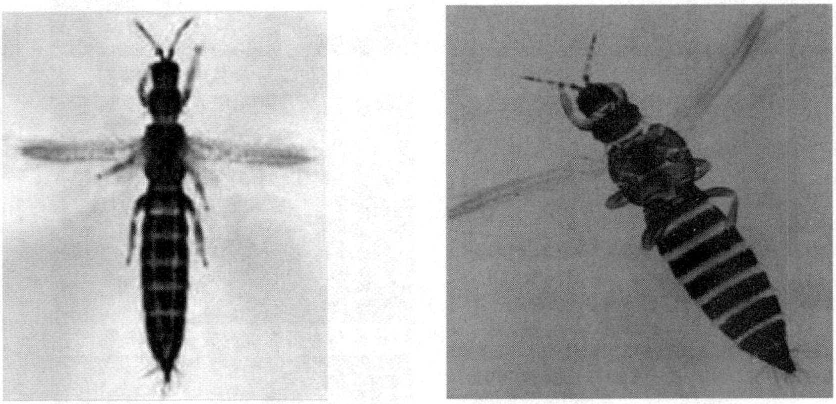

图 4-44 烟蓟马成虫

3. 发生规律

(1)烟蓟马、花蓟马生活史　以成虫、若虫或“蛹”态潜伏在土内或周围枯枝落叶内越冬。一般以成虫越冬为主,次年 3～4 月开始活动。卵散产,产在嫩叶表皮下的叶脉内。成虫、若虫多在叶柄、叶脉附近为害。因其怕光,故常在早晚及阴天爬到叶面上，白天有强光照时，在叶鞘和叶腋处为害。成虫很活跃，能飞善舞，扩散传播很快。在温室中日平均气温 19 ℃、相对湿度 85%左右时，完成 1 代需 20 多天，夏季仅需 15 d 左右。在夏季均为雌虫，直到秋季始有雄虫。

(2)烟蓟马发生规律　烟蓟马在新疆北疆地区 1 年发生 3～4 代，南疆地区 1 年发生 8～10 代，在长江流域及以南棉区 1 年发生 10 代以上。每代经历 9～23 d，夏季每代约经历 15 d。3～4 月在早春作物和杂草上活动，4 月下旬至 5 月上旬陆续迁入棉田为害。烟蓟马喜欢干旱，适宜温度为 20～25 ℃，空气相对湿度为 40%～70%，春季久旱不雨，棉蓟马有大发生的可能。另外，靠近蓟马越冬场所或附近杂草较多的棉田、土壤疏松的地块、葱棉间作或连茬的棉田，以及早播棉田，一般发生较重。烟蓟马在南疆地区 4 月下旬开始出现，北疆地区 5 月中旬开始出现，随着温度的升高，烟蓟马的数量开始增长，5 月中旬至 6 月 11 日达到全年最高峰，此间，烟蓟马的成虫在棉花嫩叶上取食为害，田间叶片出现不规则银斑并伴有卷叶。棉花开始现蕾时，叶片较老，不适合取食，其便开始迁出棉田，数量也随之明显下降。

(3)花蓟马发生规律　每年发生 11～14 代，在北疆地区花蓟马在 6 月中旬出现，随着棉花开花，数量不断增多，7 月中下旬持续增加，8 月中旬花蓟马为害达到最高峰，9 月中旬消退。

十二、棉花病虫害综合防治

(一)防治措施

1. 强化农业防治是病虫生态控制的基础

作物结构布局和耕作栽培措施是影响病虫害发生的基本环境因素，可直接导致病虫害种群的变化。优化作物布局，实行麦棉轮作，有利于天敌迁入；麦棉倒茬、水旱轮作可明显减轻病虫害；全面推行秋耕冬灌，可使田间棉铃虫的越冬蛹的死亡率达 80%以上，使棉叶螨的越冬基数比茬灌地大幅度减少，故调整作物结构布局，加大农业防治的力度是防治棉田病虫害的基本环节，是病虫生态控制的基础。

2. 加强棉田外害虫防治

害虫的发生都有一个由少到多、由点到面、由田外到田内的过程，都是由越冬寄主、早春寄主向外扩散，进入棉田的过程。若不重视棉田外害虫的防治，压低基数，那么棉田内的防治将事倍功半。

3. 以害养益、以益控害

选择对天敌杀伤力小的生物农药，并注意前期防治和中后期防治的关系。

(1)利用合理的耕作栽培制度增殖自然天敌；

(2)采取以害养益、引益入田的措施，以控制棉蚜的为害，达到“以草养害，以害养益，引益入田，以益控害”的目的；

(3)合理使用杀虫灯；

(4)合理施用农药；

(5)利用好棉蚜、棉长管蚜、棉黑蚜的关系，棉长管蚜、棉黑蚜发生较重的年份，棉蚜发生较轻。

4. 采取隐蔽施药、点片施药的措施

提倡随水滴灌施药：20％吡虫啉滴灌防治蚜虫。科学使用农药，严防乱打药，以免化学防治不当导致抗性病虫暴发。

5. 种植诱集植物

以此达到增益控害的目的，如玉米诱集带和苜蓿带的种植(玉米保护带)。

6. 采取控害栽培

创造不利于病虫发生的生态环境，达到减轻危害的目的。棉铃虫产卵期喷施磷酸二氢钾。

7. 选用优质品种

种植优质早熟的抗病、抗虫品种，以减轻病虫害。

8. 控制虫口密度

采用多种诱杀措施，减少害虫数量，减轻为害。

棉花病虫害综合防治措施见表 4-3。

表 4-3 棉花病虫害综合防治措施

物候期	防治对象	防治措施
4 月份出苗期	棉蓟马 烂根病	播前精选种子，晒种，做好种子包衣。播种结束后在田边四周设立保护带，减少虫源。根据苗情，在棉苗一叶一心时结合苗期化学调控对棉蓟马进行防治，第一次化学防治在 4 月底前完成。 防治药剂：可采用吡虫啉 1 000 倍液、啶虫脒 2 000 倍液、2.5% 高效氯氟氰菊酯水乳剂 1 000 倍液、48% 毒死蜱乳油 1 500 倍液等防治。喷洒时要做到均匀细致，保证棉苗叶片正、背两面同时附着药液
5 月份苗期	棉蚜 棉蓟马	在 5 月 10 日前后完成棉蓟马防治。 5 月中旬蚜虫由中心株向点片扩散，针对棉蚜发生情况进行合理防控，建议选用啶虫脒、吡虫啉、氟啶虫酰胺等药剂，严禁使用广谱性杀虫剂。 应重视开展对一代棉铃虫的防治。建议 5 月 15～25 日进行防治，防治重点为长绒棉，发生严重的条田可防治两次，间隔 7～10 d。使用低毒、高效药剂进行防治，可选用甲维盐、氟铃脲、杀铃脲、氟虫双酰胺等药剂进行防治。苗期喷施植物生长调节剂及叶面肥，确保棉苗苗齐、苗壮，提高棉苗抗虫能力
6 月份花期	棉蚜 棉铃虫	针对棉蚜易产生抗性的特点，建议选用啶虫脒、吡蚜酮、氟啶虫酰胺、氟啶虫胺腈、吡虫啉等药剂进行防治。切记浓度不要过大，以防产生药害
7 月份花期	棉铃虫 叶螨 棉蚜	加强对叶螨田间调查和实施点片防治，控制其蔓延为害。防治药剂可使用阿维菌素、哒螨灵、克螨特、噻螨酮等专性杀螨剂并及时交替更换药剂。加强田间水肥管理，及时灌水，增加田间湿度，可有效控制棉叶螨发生
8 月份花铃期	棉铃虫 棉叶螨 铃病	结合天气状况，雨后及时推株并垄，增加棉田通风透光能力，加强对易感病品种的药剂防治。细菌引起的铃病可选用噻菌酮。真菌引起的铃病可选用多菌灵、戊唑醇、甲基硫菌灵、咪酰胺、吡唑嘧菌酯等进行防治

续表 4-1

物候期	防治对象	防治措施
9 月份吐絮期	棉花脱叶	选择使用瑞脱龙和脱吐隆为主、逸采和棉海为辅的脱叶剂。 (1)脱吐隆:540 g/L 敌草隆·噻苯隆悬浮剂,使用量为脱吐隆 13～15 mL/亩+伴宝 50 mL/亩+乙烯利 70 mL/亩。 (2)瑞脱龙:80%噻苯隆可湿性粉剂,使用量为瑞脱龙 25～30 g/亩+专用助剂 6.3 mL/亩+乙烯利 70 mL/亩。 (3)逸采:50%噻苯隆悬浮剂,使用量为逸采 40 mL/亩+杰效利 5 g/亩+乙烯利 70 mL/亩。 (4)棉海:540 g/L 敌草隆·噻苯隆悬浮剂,使用量为棉海 13～15 mL/亩+棉海专用助剂 50 mL/亩+乙烯利 70 mL/亩。 根据棉花长势、气候条件、种植模式等,适当调整脱叶剂使用量,用药原则为:正常棉田适量偏少,过旺棉田适量偏多;早熟品种适量偏少,晚熟品种适量偏多;喷期早的适量偏少,喷期晚的适量偏多;密度小的适量偏少,密度大的适量偏多。 当地棉花的顶铃铃期 45 d 以上或棉花自然吐絮率达到 30%～40%时喷施最佳,同时,使用脱叶剂后需 5～7 d 晴天,日平均气温 16 ℃以上,日最低气温 12 ℃以上,并且要避免强降温天气,昼夜温差不能太大

(二)注意事项

1. 棉田蚜虫防治注意事项

棉蚜、棉蓟马对新烟碱类农药的抗药性近 10 年内上升了 20 倍,对有机磷农药抗性也较高,目前化防农药成本已增加到 80～150 元/亩。在防蚜用药上应尽量避免使用单一农药、合理复配,慎用有机磷农药。

2. 新疆棉田检疫性病虫害如何防治

新疆棉田检疫性病虫害有棉花曲叶病和扶桑绵粉蚧。

防治方法:

(1)严格执行检疫措施　严禁从疫区进口棉花制品和寄主花卉,对来自可疑地区的棉花制品和相关花卉等进行熏蒸处理。加大对花卉市场、花卉集散地和繁殖地的监管力度。

(2)适时开展疫情监测及普查工作 强化交通站点的复检工作,杜绝无证调运花卉,防止疫情引入扩散。对直接来自广东、福建等省和乌鲁木齐花卉批发市场的花卉查清流向,在当地跟踪检查去向。

(3)重视烟粉虱防治工作 有效预防和控制棉花曲叶病,先要做好传毒媒介烟粉虱的防治。烟粉虱体被蜡质,世代重叠,繁殖速度快,抗药性产生快,所以防治烟粉虱不能滥用化学农药和单纯依赖化学农药,要提倡采取农业措施和生物防治措施。

3. 新疆棉田除草剂存在哪些问题

(1)适合使用的除草剂品种较少,现有土壤封闭除草剂杀草谱较窄。

(2)施药器械落后,跑、冒、滴、漏普遍,打药质量差,安全性差。

(3)用药品种单一,杂草抗性产生较快,除草效果下降,用药量上升很快。

(4)恶性杂草龙葵、田旋花、芦苇、三棱草难除。

(5)除草剂应用技术研究极其薄弱。

4. 药剂拌种时应注意哪些问题

(1)拌种所用的药剂浓度一般都比较高,用药量一定要准确。使用药剂拌种时,一定要认真阅读农药使用说明,严格按照说明书中的说明及当地植保部门的指导意见使用农药。药量不能过大,否则会抑制发芽。用药量过小则影响防治效果。

(2)保证药剂均匀附着于种子表面,并要求做种子发芽试验,以确保用药安全。

(3)堆闷应在阴凉处进行,如果在阳光下堆闷,则易引起烧种现象。

(4)拌种用水量要适中,依据所拌种子的吸水性确定适宜的用水量,用水量过大、过小时都容易造成拌种不均匀,影响防治效果。

(5)种衣剂为固定型号,除个别产品注明需加水稀释外,一般不需加水,更不能添加其他药肥,包衣的种子不可浸种。

(6)种衣剂是高毒农药,严禁作常规农药喷雾使用。

5. 将氟乐灵喷施到土面后,为什么要立即与土壤混合

氟乐灵蒸气压高,喷施到土面后容易挥发,见光容易分解,因此在田间施药时要立即进行混土翻土,把药液翻入土中以防止挥发和光解,以保证除草效果。

项目五　甜菜病虫害

我国甜菜主要分布于东北、华北和西北等地，近几年，年产甜菜糖 80 万～100 万 t，占全国食糖产量的 6%左右。在农业经济发展过程中，甜菜过去仅仅作为一种附带农业作物。但是，随着人们生活水平的逐步提高，甜菜种植面积正在逐年增加，平均每年以 5.8%的速度增长。

新疆是我国最大的甜菜糖生产基地，年种植面积 6.5 万～9 万 hm^2，年产糖 45 万～60 万 t，近几年生产的甜菜糖占全国的 37.59%～64.1%。新疆光热资源丰富，非常适合甜菜种植。目前，新疆地方种植甜菜 5.33 万 hm^2 左右，平均单产 52.5 t/hm^2；兵团种植 2.7 万 hm^2 左右，平均单产 67.5 t/hm^2。

甜菜病虫害彩色图谱

随着种植年限的增加，甜菜各种病虫草害发生日趋严重，威胁着各原料基地的稳定发展。据新疆农业调查数据显示，2016 年，新疆甜菜种植产业发展过程中，因菜农的防范措施不当，直接导致农业经济损失达 3 亿多元。由此可见，甜菜病虫害防治尤为重要。病虫草害的发生会增加甜菜种植成本，重则绝产绝收，降低甜菜种植效益。

目前，新疆甜菜病害主要是甜菜褐斑病、甜菜立枯病、甜菜白粉病、甜菜根腐病和甜菜丛根病；虫害以甜菜象甲、甘蓝夜蛾和三叶草夜蛾为主。杂草以稗草、狗尾草、芦苇、灰绿藜、龙葵为主。

在农业生产中，虫害防治首先要加强预测预警工作，其次是采取积极有效的防治措施，杜绝虫害发生成灾。病害的防治首先是选用抗病品种，丰富品种类型。对于根部病害的防治，主要是选取抗病品种，延长倒茬年限，杜绝重茬迎茬种植甜菜，其次是加强田间管理，有效清理杂草落叶，减少病原基数。草害的防治主要是及时喷施除草剂，重要的是根据杂草叶龄来决定喷施时间。菟丝子的防治主要采取人工定点清除，避免重茬、迎茬也是防治菟丝子的重要方法。总之，丰富品种类型、提高倒茬年限是防治病虫草害的重要方法，其次才是采取化学、物理防治方法。

一、甜菜褐斑病

1. 分布与为害

甜菜褐斑病俗称叶斑病、斑点病等，世界各地甜菜产区均有发生，严重危害甜菜产量、质量，一般可使甜菜块根减产 10%～20%，含糖降低 1°左右，在高温多雨地区发病严重。

我国东北甜菜产区褐斑病发病严重，新疆因气候干燥，发病一般较轻，但在石河子、伊犁部分地区发病较重，严重地块发病率可达 100%，到甜菜生长后期，叶片大多枯黄，对块根产量和含糖量均有较大影响。

2. 为害症状

甜菜褐斑病可发生于甜菜所有地上部位，以成长叶片为主。成长叶片在发病初期有许多小圆斑，以后扩大为直径 2～4 mm 的圆斑，病斑红色、褐色至紫色，中央灰褐色，边缘紫褐色。潮湿时病斑上产生大量灰白色霉状物（图 5-1）。

图 5-1　甜菜褐斑病为害症状

一般由外层叶先发病，渐向中层和内层叶扩展。重病地块的病株外叶平摊于地，大部趋于死亡，中层叶片布满褐斑，而内层叶片多保持鲜嫩健康状态。

3. 病原

甜菜褐斑病菌属半知菌亚门。菌丝橄榄绿色，有隔膜，生于寄主细胞间隙，并在寄主表皮细胞下集结成垫状菌丝，并由此丛生分生孢子梗。分生孢子梗基部暗褐色，顶端灰色或透明，多不分枝，数十根丛生，伸出寄主气孔外。分生孢子梗顶端着生分生孢子。分生孢子鞭状，无色透明，由基部向上渐细，顶部微弯。分生孢子幼小时无隔或1个分隔，成熟后一般有6～11个分隔。

4. 发病规律

在温度20 ℃左右、湿度70%以上、无风条件下甜菜褐斑病容易发生。在每年6月下旬到7月上旬开始发病，7～8月为盛期，9月中旬停止蔓延。

病害发生程度主要取决于温度与湿度条件的配合。连作和重茬种植，因田间有大量的病残体，病原菌数量大，所以发病早、病害重。要求实行5年以上轮作，以减少土壤中带菌量。黏性土、低洼地发病重，反之则轻。

此外，重茬和迎茬地由于土壤中残留大量的褐斑病菌，发病重；距离去年甜菜地或当年采种地近的甜菜发病重；重黏土地、下湿地、背阴地以及排水不良、湿度较高的地块发病重；浇水过多或植株过密、速效氮肥用量过大，导致叶丛过于繁茂和徒长，通风不良、光照不足、株行间湿度过高，发病也重。

5. 防治方法

(1)避免引种带病种子，做好种子消毒　方法如下：

①干热处理　即将充分干燥的种子在70 ℃恒温箱中处理72 h；

②温水浸种　即用50～52 ℃的温水处理20～30 min，能杀死大部分真菌和细菌。处理过程中应保持温度恒定。

③药剂浸种　即用1%的高锰酸钾液浸种10～15 min，可借助药液的氧化作用杀死种子表面病菌。

④药剂拌种　即用种子质量0.8%的敌克松或10%福尔马林闷种3 h后播种。

(2)做好病残体的清除工作　病原菌主要以菌丝团和分生孢子在甜菜病残体、块根根头和种子上越冬，甜菜采收后，及时清除田间的病残体，将茎叶、青头收集青贮，促使病残体分解而使病菌失去活力，也可实行秋季深翻，消灭病原。

(3)轮作换茬　病原菌随病残余物留在土壤中，成为第二年初侵染来源。因此要避免迎茬和重茬。一般实行4年以上的轮作。轮作田应远离上年的甜菜地和当年的采种地。

(4)选用抗病品种　不同品种对褐斑病抗病性有明显差异，目前尚无对褐斑病免疫品种，但内蒙5号、甜研303、吉丹单一及丹麦的HYB-13等比较抗病。

(5)提高植株抗病力　多施厩肥、堆肥或种植绿肥,增加土壤的腐殖质,保证土壤疏松,促进植株生长,延长老叶寿命。增施磷、钾肥,适当追施氮肥,以提高植株抗病能力。

(6)搞好药剂防治　发病前或发病初期用25%或50%多菌灵500～1 000倍液喷洒2次(或用0.5%代森锌加0.05%水胶喷雾效果更好)。在7～8月,田间出现病株时,可用1∶1∶100的波尔多液、75%甲基托布津1 000～1 500倍液、75%百菌清可湿性粉剂500倍液喷雾防治3～4次,每次间隔7～10 d。

二、甜菜立枯病

1. 分布与为害

甜菜立枯病也叫黑脚病、猝倒病、苗腐病等,是苗期的主要病害,在我国各甜菜产区均有发生,一般发病率为20%～40%,严重的地块常造成缺苗断垄,甚至毁种。

除为害甜菜外,还可为害烟草、棉花及禾本科、豆科、茄科、十字花科等多种植物。

2. 为害症状

甜菜立枯病是由多种真菌引起的甜菜苗期病害的总称(图5-2)。

图5-2　甜菜立枯病为害症状

(1)立枯丝核菌引致苗病　多在幼苗出土后显症,初病部为柠檬色,病斑褐色,呈凹陷斑痕,子叶下胚轴至根部逐渐变细,幼苗生长慢、矮化。

(2)黄色镰孢引致根病　病菌由主根下部或侧根侵入,初呈浅褐色至浅灰色,后整个根系呈丝线状黑褐干腐,引致幼苗萎蔫或猝倒。

(3)甜菜猝倒菌引起的黑脚病　多发生在幼苗近土表或土表以下部位,造成幼苗出土前腐烂或出土后猝倒,病组织呈暗褐色或黑色干腐。

3. 病原

立枯丝核菌以菌丝体繁殖。初长出的菌丝体无色,后期呈黄褐色,菌丝宽

14 μm，肥大，分枝处稍细，呈直角分枝，离稍细处不远有一横隔，为识别丝核菌主要特征。由于丝核菌发育和蔓延较迟缓，大部分在出土后才有症状，发病部位在子叶下轴到根部，呈淡褐色，逐渐变细。病菌在土壤里繁殖，当遇到适宜的寄主时，便侵入为害；没有适当寄主时，可在土壤中营腐生生活 2～3 年。

镰刀菌属，菌丝无色，多分枝。分生孢子有大孢子和小孢子两种，大孢子呈镰刀形，3～5 个横隔，小孢子椭圆形，两端稍尖，无分隔。镰刀菌能引起幼苗出土后猝倒。

猝倒病病原菌，病菌生成分生孢子及卵孢子。分生孢子有两种，均为单胞，一种在孢子囊中，萌发生出游动孢子，以后失去鞭毛，生出芽管；另一种裸伸出，直接生出芽管，后者类似孢子囊，无色、球形，直径 20～2 μm。藏卵器淡黄色，球形，直径 15～20 μm，内藏一个卵孢子。卵孢子无色、单胞、球形，大小为 15～18 μm。

4. 发病规律

甜菜立枯病常在甜菜种子发芽出土到 2～3 对真叶期发病，一般 1～2 对真叶时发病重，4 对真叶时基本停止。丝核菌、镰刀菌为主的东北甜菜产区病原菌主要以菌核、菌丝体在土壤及病残体中越冬。甜菜茎点霉为主的内蒙古甜菜区病原菌主要以分生孢子器和菌丝体附着在种球表面越冬，翌年种球上的病菌在条件适宜时释放出器孢子或直接以菌丝体侵染。

5. 防治方法

(1)农业防治　合理轮作，选地选茬。一般要安排禾本科作物如小麦、玉米等，尽量不用、豆科作物作前茬。实行 4 年以上的轮作，禁止重茬。

做好整地保墒工作。在小麦、玉米收获后，应及时进行伏翻或秋翻，精细整地，保持土壤墒情，创造良好的土壤结构。

增施磷肥作种肥。甜菜是需磷较多的作物，播种时增施磷肥，能促进幼苗生长苗壮，增强抗病力。

掌握播种时期和耕种深度。应因地制宜适时播种，掌握适宜的播种深度，不宜播得过深，促使幼苗出土快，减少病原菌侵染机会。

甜菜幼苗出土后及时松土，破除板结层，特别是降雨后松土，能保持土壤疏松，增强土壤透水透气性，提高地温，促进幼苗生长健旺，也可减轻甜菜立枯病的发生。

(2)药剂防治　每 50 kg 甜菜种子,用 50%福美双可湿性粉剂 250 g 加 50%多菌灵可湿性粉剂 125 g,或加 70%敌可松可湿性粉剂 250 g 混合配制拌种,为兼治甜菜象甲等地下害虫,拌杀菌剂前可先用 20%甲基异柳磷乳油 750 mL,或 50%辛硫磷乳油 300 mL,加水 25 kg,进行喷洒,搅拌均匀后,闷种 24 h,稍晾干后再用杀菌剂处理。

三、甜菜白粉病

1. 分布与为害

甜菜白粉病是新疆甜菜生产上一种普遍发生且为害严重的病害,发病株率一般为 40%～82%,最高可达 100%。块根一般减产 10%～20%,含糖下降 1°～1.2°,种子减产 12%～15%。在新疆 7～8 月末是甜菜白粉病流行高峰期,是甜菜生育后期的重要病害。

2. 为害症状

甜菜白粉病多发生于叶片及叶柄上,在采种株的茎和种球上也易发生。病部形成白粉状霉层,为菌丝体、分生孢子梗及分生孢子,后期产生小黑点,为病菌的闭囊壳(图 5-3)。病害先在叶背出现,以后蔓延至叶面和叶柄。病部逐渐萎缩、干枯、甚至死亡。病害严重干扰甜菜的光合作用,从而影响甜菜的产量和质量。

图 5-3　甜菜白粉病为害症状

3. 病原

甜菜白粉病菌属子囊菌亚门核菌纲白粉菌属。为外寄生菌。菌丝有隔,以吸器从寄主表皮细胞内吸收养分。以后形成分生孢子梗,在其顶端串生分生孢子。后期产生闭囊壳，闭囊壳球形，初为黄褐色，后为黑色，表面不光滑，生有不分枝的菌丝状附属丝。

4. 发病规律

甜菜白粉病菌以闭囊壳、菌丝在病残物、母根、种球上越冬。春季闭囊壳破裂放出子囊孢子借助风雨、昆虫传播，进行初侵染。以菌丝越冬者，春季可直接产生分生孢子进行初侵染。在甜菜整个生育期内，以分生孢子进行多次再侵染。

5. 防治方法

(1)选用抗病品种。

(2)进行 4 年以上轮作。

(3)加强田间管理。

(4)种株或原料甜菜发病后及时喷洒 75%十三吗啉乳油 5 000 倍液或 20%粉锈宁乳油 1 000 倍液、50%多菌灵可湿性粉剂 900 倍液、50%甲基硫菌灵悬浮剂 1 000 倍液，每 667 m^2 喷兑好的药液 60 L。也可用硫黄粉每 667 m^2 1～2 kg 或石灰硫黄粉(1∶1)2 kg 喷施。此外，还可选用 0.3～0.5 波美度。石硫合剂，于发病初子囊壳未形成前喷洒，持效期 16～20 d。一般防治 2 次即可。

四、甜菜根腐病

1. 分布与为害

甜菜根腐病是引起甜菜根部腐烂的病害的总称，我国各甜菜产区都有发生，以新疆、吉林、黑龙江等地发生较重。南疆发生盛期在 7 月中下旬，北疆在 8 月上中旬，一般减产 10%～30%，个别地区个别年份可达 60%及以上，带病块根还可引起贮藏期烂窖和采种株发病，是新疆甜菜生产上急待解决的病害之一。

2. 为害症状

甜菜根腐病(图 5-4)由多种真菌和细菌分别侵染或混合侵染引起。

(1)镰刀菌根腐　又称干腐病。幼苗受害后引起苗立枯，即幼根导管变褐，幼苗萎蔫干枯死亡。8～9 月份，病菌从块根伤口侵入，病部变为黑褐色至红褐色，因水分输送受阻，最后块根发干呈干腐状，病根内部形成空腔，腔穴处充满

图 5-4　甜菜根腐病为害症状

白色至淡红色菌丝体。

(2)丝核菌根腐　又称根茎腐烂病。幼苗及幼株期均有发生,8～9 月份才显现症状。发病部位先在根尾,逐渐向上蔓延到根头和叶柄基部。病部初生褐色病斑,迅速扩大后出现组织腐烂和下陷(深度 0.5～1 cm),呈黑褐色,有裂痕,表面密生浅褐色菌丝体(图 5-5)。高温高湿下,病斑可扩展到整个块根和叶柄,引起烂根和叶片枯萎。后期病根易被细菌感染,使块根腐败并有恶臭。

(3)细菌性根腐　又称尾腐病。病部先从块根尾部开始发生,然后向下蔓延,造成块根腐烂,病部组织黑褐色,严重时,除根茎部外,块根全部腐烂,变软,呈水渍状,并有黏液溢出,发出酸臭味。最后根尾仅残留纤维状的导管。

3. 病原

本病由半知菌亚门真菌的镰刀菌、丝核菌和多种病原细菌寄生所致(图 5-6)。主要病原为黄色镰孢,属半知菌亚门真菌。分生孢子镰刀形,无色,具隔膜 3～5 个,厚垣孢子间生或顶生。该菌出现频率最多。此外茄镰孢、尖镰孢,也能引起甜菜根腐病。丝核菌根腐病病原为立枯丝核菌,属半知菌亚门真菌。

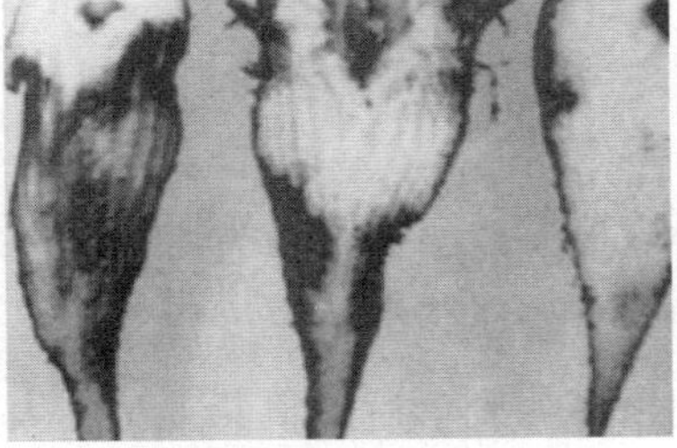

图 5-5　甜菜丝核菌根腐病

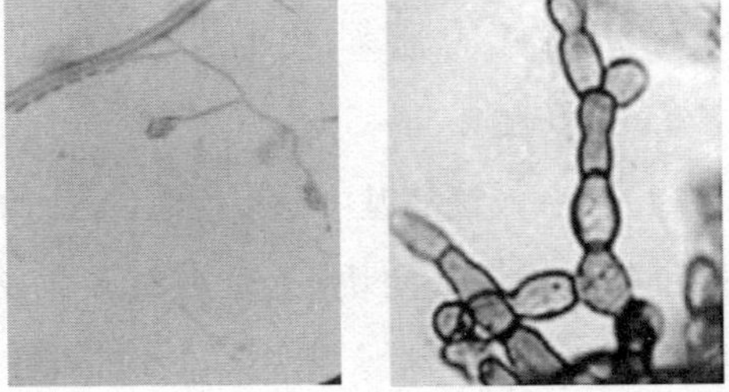

图 5-6　甜菜根腐病病原

4. 发病规律

(1)侵染循环　上述病原菌都是土壤习居菌,腐生性很强。病菌都能在种根、病组织内及随病残体在土壤中越冬,成为来年初侵染源,主要从伤口侵入。

(2)发病时期　甜菜根腐病,在一般年份中,大多在6～7月幼根形成期出现病株,南疆7月中下旬为发病盛期,北疆则8月上中旬为发病盛期。

(3)发病条件　病原菌侵染是在根系发生生理性病变的基础上形成的。土壤湿度与根腐病发生关系很密切,影响最大。

5. 防治方法

(1)选用、培育抗根腐病的甜菜品种。

(2)改进耕作栽培方法,改善栽培环境,选择土壤肥沃、轮作时间长的平地或地下水位低的田块,避免重茬和迎茬,注意深耕、深松土,做到及时中耕,破除土壤板结层。

(3)化学防治　育苗移栽时用敌克松和五氯硝基苯进行土壤消毒;防治细菌引起根腐病从注意选择地块、防治地下害虫、减少伤口入手,加强肥水管理,必要时喷洒或浇灌14%络氨铜水剂300倍液、47%加瑞农可湿性粉剂800倍液、12%绿乳铜乳油600倍液、95%绿亨1号(恶霉灵)精品4 000倍液。

五、甜菜丛根病

1. 分布与为害

甜菜丛根病是世界范围分布的一种毁灭性病害。新疆于1981年发现后,现南、北疆甜菜产区均有不同程度的发生。病害从点片发生到大面积发生,严重发病的地块几乎绝收。该病侵染甜菜后,可造成块根损失30%～60%,含糖降低2%～4%,品质差,失去加工价值。

2. 为害症状

(1)根系　该病基本症状为主根生育不良,尖端变细,细根异常增加,丛生并在细根周围形成团块,丛生细根多数变褐色坏死,根部维管束变浅褐色。后期主根由下往上腐烂。未腐烂的块根,在其侧根坏死脱落后的根茬上丛生大量的次生侧根,状如胡须(图5-7)。

(2)叶丛　叶丛有3种类型症状。

①黄脉坏死型 叶片侧脉首先褪绿变黄，后扩展到全叶，植株矮缩枯死。这是甜菜丛根病的叶丛典型症状。

②褪绿黄化型 叶片褪绿黄化，有时呈波状皱缩，稍变狭长。少数植株叶片出现白色至淡褐色小斑点，叶片变薄，植株矮化。

③焦枯坏死型 叶片出现同心轮纹状褐色斑点，迅速连成黄色或黑色斑块。枯叶直立内卷，最后变褐变黑枯死。根部症状出现较早，主根发育不良，侧根变细变褐，逐渐坏死脱落，最后丛生大量次生侧根，严重时状似"胡子"。根的横切面维管束变褐变细，木质化，随病情加重由黄褐色变成褐色至黑褐色。

图 5-7 甜菜丛根病为害症状

3. 病原

甜菜黄脉坏死病毒，病毒粒体直杆状，直径 16～25 nm，粒子长度分长、中、短 3 种类型，长粒子 360～420 nm，中粒子 215～320 nm，短粒子 60～167 nm。为害甜菜、番杏、菠菜、厚皮菜，以及藜麦、苋色藜、头状藜等藜科植物。

4. 发病规律

甜菜丛根病是土壤传染性病毒病害。可通过土壤、农家肥、浇水、风等多种途径传播。甜菜丛根病发生、扩展、蔓延与气象条件、土壤环境和病原的寄主等有密切关系。土壤湿度 60%以上、10 cm 温度在 22～26 ℃时发病迅速。

一般在高温、多雨或灌溉质量不良的条件下，甜菜丛根病发生面积大，危害也重。重茬是引起发生和致病的主要因素，瘠薄的沙土地、沙壤地以及排水不畅、有效磷含量低、硝态氮含量高的地块发病比较严重。

5. 防治方法

合理利用抗病品种；与禾本科作物小麦、玉米进行轮作；土壤深翻、及时中耕。

六、甜菜象甲

1. 分布与为害

甜菜象甲属鞘翅目象甲科。新疆为害甜菜的象甲主要有普通甜菜象甲和黑甜菜象甲。前者为北疆优势种，后者为南疆优势种。

甜菜象甲以成虫咬食刚出土的甜菜幼苗，有的从子叶下咬断嫩茎，造成缺苗断垄，严重时毁种重播。甜菜象甲幼虫可为害甜菜主根和侧根，造成块根畸形，地上叶丛生，绿色减退，外叶凋萎，内叶发黄，边缘卷曲（图 5-8）。甜菜象甲还可为害玉米、烟草、向日葵、菠菜及藜科、苋科杂草。

图 5-8　甜菜象甲为害症状

2. 形态特征

普通甜菜象甲和黑甜菜象甲的比较见表 5-1。

表 5-1　普通甜菜象甲和黑甜菜象甲的比较

种类	普通甜菜象甲	黑甜菜象甲
成虫	体长 12～14 mm，长椭圆形，黑色，喙长而直，端部略下弯。小盾片三角形。鞘翅前、中、后部各有向后斜行的黑色条纹，翅后端黑纹前有 1 个白瘤点	体长约 14.5 mm，长椭圆形，黑色喙短于前胸，端部微膨大。小盾片略三角形
卵	长 1.3～1.5 mm，长椭圆形，米黄色	长 1.46～1.7 mm，椭圆形，乳白色
幼虫	长 10～15 mm，宽 5～6 mm，无足、肥胖，乳白色，肛孔两侧各有刚毛 1 根	基本同左，但肛孔四裂，左右二裂片上各生有刚毛 5 对
蛹	长 11～14.5 mm，乳白色至黄色，各节后缘有横裂背刺	长 12～18 mm，腹部 3～7 节，背面各有背刺 6～7 对

3. 发生规律

(1)生活史　甜菜象甲均为1年1代，多以成虫在地下15～30 cm处越冬。北疆地区越冬成虫一般从4月上旬出土。出土成虫先在杂草上取食，甜菜出苗后，大量迁入为害，5月上旬是为害盛期。2片真叶前是甜菜受害的敏感期。成虫取食后8～9 d开始产卵，此时约为4月下旬至5月上旬。1头雌虫产卵70～200个，多产土中1～4 cm深处或附着在枯枝落叶上。5月上旬开始孵化。随着块根的生长，高龄幼虫一般多在20～30 cm处化蛹。当年秋季大部分羽化为成虫留在土室中越冬。

(2)生活习性　因其越冬深度不同，故出土参差不齐，有延至7月下出土者；出土成虫喜取食刚出土的甜菜幼苗。初孵幼虫常潜伏于表土层为害接触地面的叶片，咬成圆形小孔。低龄幼虫常取食为害幼根。

七、甘蓝夜蛾

1. 分布与为害

新疆天山南北均有分布。为多食性害虫，主要为害甜菜、甘蓝，还有禾本科、茄科、豆科、十字花科等作物。以幼虫取食甜菜、蔬菜等的叶片，大发生时能将田间作物吃成光秆，以致毁种。甜菜受害后，产量一般下降10%～20%．含糖量下降0.8%～1%。

2. 形态特征

(1)成虫　体长18～20 mm，翅展40～50 mm，通体灰褐色，而略呈微红，肾状纹外缘白并有小白点，各横线均较明显。前翅前缘在外缘线及缘线区，有3个互为等距的小白点(图5-9)。

图5-9　甘蓝夜蛾形态特征

(2)卵　半球形，直径为0.6 mm，卵纵脊之间，有短小横脊12～14条，初产的卵为黄白色，2～3 d后变灰黑色，顶端深红色，在卵的中上部显出一红褐色圆圈，至孵化前卵全部变为紫黑色。

(3)幼虫　老熟幼虫体长45～50 mm，体色及腹足随龄期的增大而发生变化，初孵化时体色微黑，取食后逐渐变为棕色，此后背部体色逐渐加深，至老熟时，背面灰黑色，甚至有变为黑褐色。但腹面仍为黄褐色。有少数幼虫长大以后腹、背体色基本一致。一般背面有 3 条淡色纹，3 龄以前两对腹足不发达。

(4)蛹　纺锤形，体长 20～24 mm，初化蛹时为淡黄色，然后转为鲜褐色，最后变为深棕色。末端有臀棘刺 2 根，其末端膨大。

3. 发生规律

新疆 1 年 2～3 代，一般年份发生 2 代。越冬代成虫出现的时间为 5 月中下旬，一般气温 15～16 ℃越冬蛹开始羽化出土。成虫昼伏夜出，晚上 9～11 时活动最盛，具强趋光性和趋化性。初孵幼虫集中在叶背取食，2 龄开始分散，3 龄以前，幼虫均不隐蔽取食，3 龄以后，昼伏夜出，白天多隐伏在心叶、叶背或寄主根部附近表土中，夜间出来取食。6 龄食量最大，为害最烈，常致成灾。食物缺乏时，可成群迁移。甘蓝夜蛾是一种间歇性和局部大发生的害虫。

4. 防治方法

(1)做好预测预报　根据历史数据，做好预测预报工作，特别是春季预报。

(2)农业防治　包括秋季发生地块的后处理，即认真耕翻土地，消灭部分越冬蛹，及时清除杂草和老叶，创造通风透光良好的环境，以减少卵量。

(3)糖醋液诱杀　利用成虫喜糖醋的习性，抓住良机进行诱杀。鉴于雌成虫产卵量大，诱杀成虫的意义特别重要，可采用糖∶醋∶水＝6∶3∶1 的比例，再加入少量甜而微毒的敌百虫原药配成毒饵，诱杀成虫。

(4)生物防治　赤眼蜂、松毛虫、寄生蝇、草蛉等都是有效的天敌，应充分利用。

(5)药剂防治　可选用 4 000 倍液的杀灭菊酯或 2 000 倍液的二氯苯酸菊酯或 1 000 倍液的辛硫磷，根据预测预报，及时进行防治。

八、三叶草夜蛾

1. 分布与为害

三叶草夜蛾在国内主要分布在新疆、内蒙古、宁夏、山西等地，在南、北疆均有分布。寄主范围广泛，喜食藜科的甜菜、菠菜等，还为害棉花、甘蓝、白菜、大豆、豌豆和胡麻等作物。

野生寄主植物主要为田旋花、灰藜和独行菜等。幼虫蚕食寄主植物叶片，多在叶片背面取食，初龄幼虫常取食叶片背面的叶肉，仅留下上表皮，呈窗膜状,1～3 龄幼虫常将棉叶片咬成缺刻,4～6 龄幼虫可将植株叶片咬成大型孔洞或食尽整个叶片,仅剩叶柄和茎。

2. 形态特征

(1)卵 直径约 0.6 mm,半球形,卵面具有放射状纵脊 15 条,两长脊间有一条短脊,初产时为乳白色,后渐变深,临孵前为灰黑色。

(2)幼虫 初孵幼虫 2 mm,头大体细,黄绿色,1～2 龄幼虫,只有两对腹足和一对臀足,3 龄以后,才拥有夜蛾科常有的 4 对腹足,幼虫体表刚毛稀疏,无肉瘤,有光泽。腹足为单序缺环。幼虫体色多变。雄性幼虫进入 4 龄后,有些个体体背有排列整齐的倒“八”字形黑纹。老熟幼虫体长 30～35 mm。

(3)蛹 蛹长 15～8 mm,蛹末两根臀刺较短,相距较远,呈括号形,并有 6 根短刺。

(4)成虫 成虫体长 12～18 mm,翅展 30～34 mm,身体和前翅呈暗灰色。前翅外缘线有 7 个近三角形的黑斑,肾形斑较大,深灰色,楔形斑为灰黑色。后翅淡灰色,外缘有较宽的暗褐色条带(图 5-10)。

图 5-10 三叶草夜蛾形态特征

3. 发生规律

(1)生活史 三叶草夜蛾在喀什地区一年发生三代。以蛹在土壤中(做土室)越冬。越冬代成虫出现在 4 月下旬,5 月上中旬为羽化高峰。第一代蛾出现在 6 月初,6 月下旬至 7 月上旬是其羽化高峰。第二代蛾出现在 7 月中旬,8 月上中旬为第二代羽化高峰。卵期 3 d,幼虫各龄历期 2～4 d,蛹期 7～19 d。雌成虫产卵数量一般在 500～1 000 粒。

(2)生活习性 幼虫多从卵顶孵出,不食卵壳;3 龄前幼虫行走似弓形(同春尺蠖),食量少;3 龄后行走平稳,食量骤增。低龄幼虫有吐丝下垂和假死习性。幼虫多暴露取食。幼虫最喜欢食藜科杂草的叶片,其次为苘麻、棉花;幼虫多在叶背取食;成虫具有趋黑光灯、糖醋液和杨枝把的习性。成虫卵散产,在棉田以灰藜上的卵最多,次为苘麻、棉花。卵多产在植物叶背,可占 65%～70%;叶正面 15%～20%;茎上 10%～15%。

九、甜菜病虫害综合防治

（一）甜菜病害综合防治

1. 选育抗病品种

选育抗病品种是防治甜菜病害较经济、有效的措施，品种内杂交可使品种提纯复壮，也可增强抗病性。

2. 轮作倒茬

避免重茬、迎茬，苜蓿、草木樨不能为前作和邻作。与禾本科或豆科作物进行 4 年以上的轮作，避免连作。

3. 加强栽培管理

选择土壤肥沃、土地平整和地下水位低的地块种植甜菜。注意深耕，及时中耕，铲除野生寄主，减少初侵染源。适时浇水，防止甜菜受旱，避免偏施氮肥，防止甜菜生长过旺，增强植株抗性。

4. 清洁田园

收获后切下的青头、病叶等必须及时带出田间，可作饲料或沤肥。进行秋翻冬灌，把病叶残体翻入土里。

5. 药剂防治

（1）甜菜根腐病、立枯病防治　做好药剂拌种，用 50%福美双可湿性粉剂 400 g 拌 50 kg 种子。也可用 50%福美双可湿性粉剂 200～400 g+70%恶霉灵可湿性粉剂 200～350 g 混合拌 50 kg 种子，可有效预防根腐病和苗期立枯病的发生。

（2）甜菜褐斑病防治　当田间发病时，可喷施 50%多菌灵可湿性粉剂 1 000 倍液、70%甲基托布津可湿性粉剂 1 000 倍液和 1%波尔多液，10～15 d 喷 1 次，连喷 3 次。

（3）甜菜白粉病防治　自 6 月下旬起，当连续 5 d 平均气温在 20 ℃以上时，病害即可能发生，7～8 月气温在 20～25 ℃、相对湿度 65%以下，月降雨量不足 65 mm 时，病害将迅速蔓延。每 667 m^2 用硫黄粉 1～2 kg 叶面喷洒，有效期 10～20 d。也可用 50%甲基托布津可湿性粉剂 1 000～1 500 倍液、25%粉锈宁可湿性粉剂 1 000～1 500 倍液、50%多菌灵可湿性粉剂 1 000 倍液等喷雾，8～10 d 喷 1 次，对白粉病均有较好的防治效果。

(二)甜菜虫害综合防治措施

1. 农业防治

做好秋翻冬灌工作,压低虫口基数,减轻来年为害。甜菜采收后,秋耕冬灌,把土壤中的一部分蛹翻到地面上晒死,并冻死一部分虫蛹,这样可减少第二年害虫的发生。

(1)适期早播　种植甜菜要尽量适期早播,并加强田间管理,中耕除草,保证壮苗,促进根系生长,减轻幼虫的为害。

(2)清洁田园　铲除田地及地边、田埂和路边的杂草。实行秋耕冬灌、春耕耙地、结合整地人工铲埂方法,可杀灭虫卵、幼虫和蛹。不施未腐熟的有机肥料,以防止成虫来产卵。

(3)实行轮作倒茬　甜菜种植一年后,一定要实行轮作倒茬,不仅有利于培肥地力,改善土壤环境,还可减少病虫害的发生基数。

2. 采用糖醋液或杀虫灯诱杀成虫

根据害虫不同阶段发生时期,在田间设置诱蛾器(盆)和杀虫灯诱杀成虫。

3. 及时做好药剂防治

(1)地下害虫(地老虎)　地老虎幼虫多在3龄后开始取食,每667 m^2 用2.5%敌百虫粉剂0.5 kg或90%敌百虫晶体1 000倍液均匀拌在切碎的鲜草上,或用90%敌百虫晶体加水2.5～5 kg均匀拌在50 kg炒香的麦麸或碾碎的棉籽饼(油渣)上,或用50%辛硫磷乳油50 g拌5 kg棉籽饼制成毒饵,于傍晚在田间每隔一定距离撒成小堆。也可在幼虫3龄前,用50%辛硫磷乳油800倍液、2.5%溴氰菊酯乳油3 000倍液喷雾。当地老虎发生严重时,每667 m^2 可滴施50%辛硫磷乳油200 g,可有效防治地老虎。

(2)甜菜象甲　在虫害发生期,每667 m^2 用80%锐劲特水分散粒剂1.5 g+4.5%高效氯氰菊酯乳油40 mL;或每667 m^2 用40%毒死蜱乳油40 mL+4.5%高效氯氰菊酯乳油30 mL喷雾防治。也可用20%氯虫苯甲酰胺悬浮剂1 000～2 000倍液喷雾,10 d喷1次,连喷2～3次。

(3)甜菜潜叶蝇　幼虫孵化初期,喷洒90%敌百虫晶体800～900倍液或48%毒死蜱乳油1 500倍液、1.8%爱福丁乳油2 000倍液、10%烟碱乳油1 000倍液。应在上午8～10时露水干后幼虫开始到叶面活动且老熟幼虫从虫道中钻出时施药。虫口密度大时，7～10 d 后再喷药防治 1 次。

(4)甘蓝夜蛾　田间 90%以上的卵孵化、幼虫多数为 2～3 龄时是喷药的适宜时期。可采用 2.5%溴氰菊酯可湿性粉剂、20%除虫菊酯乳油或 20%杀灭菊酯乳油 2 000～4 000 倍液、20%氰戊菊酯乳油 2 000～3 000 倍液喷雾防治。

项目六　向日葵病虫害

我国在 20 世纪 70 年代初期，向日葵播种面积为 122 万亩(8.1 万 hm^2)，占世界向日葵总播种面积的 0.97%；80 年代初期播种面积占世界向日葵播种面积的 4.9%～5.3%；到 80 年代中期播种面积占世界向日葵播种面积的 5.3%～6.9%。农村实行土地承包后，部分生产者为增加收入，不断扩大向日葵种植面积，由于播种面积上升较快，致使部分地区无法实行合理的轮作与倒茬，80 年代中后期病虫害发生严重，以致部分地区不得不放弃向日葵种植，因此进入 90 年代后，播种面积有所减少；进入 21 世纪后，我国向日葵播种面积又稳步上升，占世界总播种面积的 5.2%，居世界第五位。

向日葵是一种新兴的油料作物，具有很高的食用价值和广泛的用途。除食用外，可用于生产半干性油，在工业上有广泛的用途，可制作油漆、制革用油、印刷油、肥皂、蜡烛，还可以提取酒精等化学原料，制造纤维板等。另外，它含有丰富的营养元素，可提取维生素 A、B 族维生素、维生素 D、维生素 E，还可以制作酱油、味精等，并且是畜禽的良好饲料。葵花花期较长，花内含有蜜腺，是优质的蜜源；茎秆中含有氧化钾，可作钾肥原料，也可造纸。总之，向日葵经济价值较高，用途广泛，向日葵种植业发展很快。

向日葵病害种类较多，为害较重。特别是近几年来随着向日葵种植面积不断扩大、连作年限延长，病害发生越来越重。初步调查表明，在新疆向日葵病害主要有向日葵菌核病、向日葵霜霉病、向日葵锈病、向日葵黑斑病、向日葵白粉病和向日葵褐斑病等。常见的虫害为向日葵螟。

向日葵病虫害
彩色图谱

绿色是农业的底色，绿色防控是推进农业绿色发展的应有之义。近年来，新疆向日葵生产以绿色发展理念为引领，在推进向日葵病虫害防控水平提升、推动向日葵绿色高质量发展方面取得长足发展，但同时也存在围绕绿色防控的集成配套技术推广力度不够强、专业化统防统治队伍融合不够深等问题，需要进一步深挖向日葵绿色防控技术潜力，持续提升绿色防控应用效能。

一、向日葵菌核病

1. 分布与为害

向日葵菌核病，又叫白腐病，俗称烂盘病。北疆油葵种植区菌核病以立枯型为主。近几年来，这种病害在向日葵主产区里每年都有程度不同的发生，发病率一般在 50%左右，严重时可达 80%以上，对向日葵的产量和品质都有很大影响。

2. 为害症状

(1)根腐型　从苗期至收获期均可发生。苗期染病，幼芽和胚根生水浸状褐色斑，扩展后腐烂，幼苗不能出土，或虽能出土，但随病斑扩展萎蔫而死。成株期染病，根或茎基部产生褐色病斑，逐渐扩展到根的其他部位和茎，后向上或向左右扩展，长可达 1 m，有同心轮纹，潮湿时病部长出白色菌丝和鼠粪状菌核，重病株萎蔫枯死，组织腐朽易断，内部有黑色菌核(图 6-1)。

(2)茎腐型　主要发生在茎的中上部，初为椭圆形褐色斑，后扩展，病斑中央浅褐色具同心轮纹，病部以上叶片萎蔫，病斑表面很少形成菌核(图 6-2)。

图 6-1　根腐型

图 6-2　茎腐型

(3)叶腐型　病斑褐色椭圆形，稍有同心轮纹，湿度大时迅速蔓延至全叶，天气干燥时病斑从中间裂开穿孔或脱落(图 6-3)。

3. 病原

病原为称核盘菌，子囊菌亚门真菌。菌丝体绒毛状，白色，菌核初期为白色，渐变为浅灰绿色或灰黑色，形状各异(图 6-4)。菌核萌发形成子囊盘，子囊盘褐色，圆形。盘内列生子囊和侧丝。子囊棍棒形，无色，内生子囊孢子 8 个。子囊孢子单胞，无色，椭圆形。

图 6-3　叶腐型

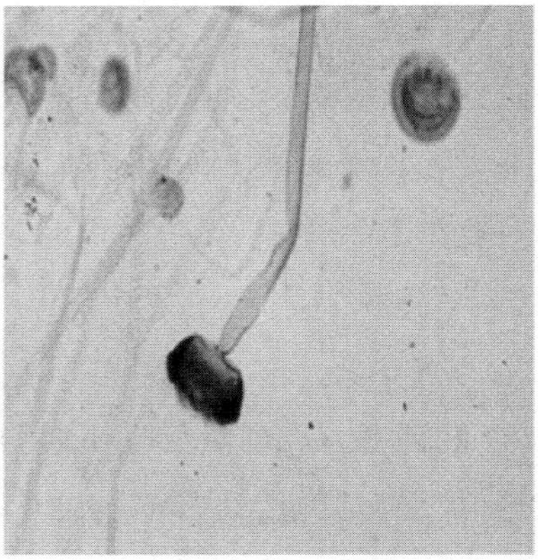

图 6-4　向日葵菌核病病原

4. 发病规律

病菌以菌核状态在土壤、病残组织及种子中越冬，在土壤中一般可生活 2～5 年。其侵染方式有以下两种。

(1)菌核萌发后产生一种菌丝，当它与寄主相接触后即直接侵入，引起苗期和成株期发病的就是这种侵染方式。

(2)菌核可产生子囊盘，子囊孢子成熟后由子囊内弹射出去，经过风雨或昆虫传播到寄主作物上，子囊孢子发芽后即侵入寄主内，向日葵烂盘就是子囊孢子侵染后引起的。一般当气温在 20 ℃、相对湿度达 80%时，最适于菌核的萌发，也是花盘发病最严重的时期。尤其是在多雨之年，在一些低洼排水不畅、通风透光不良和连年重茬或迎茬的地块上发病率较高。7～8 月份如果遇到多雨低温天气，发病率也高。

二、向日葵褐斑病

1. 分布与为害

向日葵褐斑病是世界广泛分布的重要病害之一。以前，该病主要发生在我国的东北地区和内蒙古。近10年来，随着新疆向日葵种植面积的不断扩大，菌核病的发生呈明显上升的趋势。2007年昌吉州奇台县油葵的褐斑病发病率平均在70%以上。

2. 为害症状

向日葵褐斑病又称斑枯病，苗期、成株期均可发病。子叶和幼苗叶片上病斑近圆形(图6-5)，褐色，外围有黄色晕圈，病斑背面灰白色。成株叶片病斑多角形，褐色，有黄色晕圈，后期在病斑上长有许多小黑点，即病菌的分生孢子器。多雨潮湿时病斑可脱落穿孔。严重时病斑可融合，整个叶片枯死。

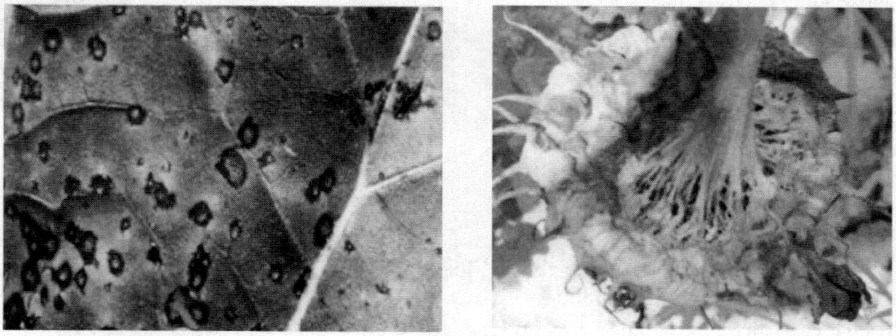

图6-5　向日葵褐斑为害症状

3. 病原

为半知菌亚门真菌向日葵壳针孢。分生孢子器球形或近球形，暗褐色，分生孢子鞭状，无色透明，微弯，基部钝圆至圆锥形，顶端略尖，2～5个隔膜。

4. 发病规律

病菌主要以菌丝和分生孢子器在病残体上越冬，翌春温湿度条件适宜，分生孢子从分生孢子器中逸出，借风雨传播蔓延进行初侵染和再侵染，扩大为害。

病害发生与降雨密切相关，7月至8月上旬，平均温度21～23 ℃，降雨量大，夜间露水大，叶面较长时间保持有水滴，病害发展快，为害重。重茬地、低洼地发病重。

三、向日葵白锈病

1. 分布与为害

向日葵白锈病于1992年首先在美国被发现和报道。现已分布在美国、阿根廷、澳大利亚及地中海部分国家和地区。国内目前只在新疆伊犁州、博州和昌吉州的奇台县有分布，是新疆油葵生产的一种新的严重病害。

2. 为害症状

向日葵白锈病主要为害叶片和茎，叶部病害症状比较明显（图6-6），多发生在中下部叶片上，严重时可蔓延至上部叶片。叶正面病斑呈淡黄色斑点，叶背面产生白色疱状突起，后期渐变为微淡黄色，内有白色粉末状的孢子囊和孢囊梗。病斑多时可连接成片，造成叶片发黄而枯死，对产量影响很大。茎部被害后形成肿大，并在病茎肿大部分产生白色粉末状孢子囊。

图6-6 向日葵白锈病为害症状

3. 病原

向日葵白锈病病原属鞭毛菌亚门卵菌纲霜霉目白锈菌属。孢子堆0.5～1 mm，孢子囊椭圆形或近球形，无色。孢囊梗25～53 μm，短棍棒形，不分枝，单层排列。卵孢子14～23 μm，深褐色，有网状棱纹。

4. 发病规律

向日葵白锈病病原以卵孢子在病株残体上、土壤中和种子上越冬，卵孢子萌发后，菌丝从气孔入侵，寄生于寄主细胞间，以吸器穿透寄主的细胞壁，在寄主表皮下形成孢子堆，穿破表皮而外露，病斑上产生孢子囊，又随雨水传播再侵染。病斑上的孢子囊借风、雨传播而反复再侵染。病害流行与降雨量、温度有关。低温、湿度大是其发病条件，发病适宜温度11～26 ℃。同时该病可由种子带菌，造成远距离传播。

一般向日葵白锈病在6月初开始发病，6～7月为发病高峰期，8月以后由于雨量减少发病轻。田间再侵染频繁，借气流和雨水传播。低温多雨和湿度大的地区，发病重。

四、向日葵霜霉病

1. 分布与为害

分布在我国东北、西北、华北和西南局部地区，是重要的检疫性病害。向日葵苗期、成株期均可发生向日葵霜霉病，造成植株矮化，不能结盘或死亡。南、北疆向日葵种植区都有发病，但以伊犁州发病较重。

2. 为害症状

苗期染病，2～3 片真叶时开始显症，叶片受害后叶面沿叶脉开始出现褪绿斑块，叶背可见白色绒状霉层（图 6-7），即病菌的孢囊梗和孢子囊。

病株生长缓慢或不长。成株染病初近叶柄处生淡绿色褪色斑，沿叶脉向两侧扩展，后变黄色并向叶尖蔓延，出现褪绿黄斑，湿度大时叶背面沿叶脉间或整个叶背出现白色绒层，绒层厚密。

图 6-7 向日葵霜霉病为害症状

后期叶片变褐焦枯，茎顶端呈玫瑰花状，病株较健株矮，节间缩短，茎变粗，叶柄缩短，随病情扩展，花盘畸形，失去向阳性，开花时间较健株延长，结实失常或空秆。

3. 病原

霍尔斯轴霜霉或向日葵单轴霉。孢子囊梗，单梗，近直角分枝，上部小梗顶端钝圆，无色，梗基部膨大。孢子囊近椭圆形，顶端有乳突。游动孢子单细胞，球形，双鞭毛。卵孢子球形，黄褐色，外壁有皱褶或网状突起。

4. 发病规律

病菌以卵孢子在病株上越冬和种子带菌越冬。第二年春季温湿度合适时卵孢子萌发形成孢子囊，带菌种子也可形成孢子囊，再产生游动孢子，可以侵染幼苗根部或下胚轴而向上延伸，直接产生病苗，菌丝在向日葵组织内发育到达各部分，形成系统发病症状，并直接破坏输导系统，使全株发育不良，最终死亡。部分再侵染植株在叶片上产生大量孢子囊，反复再侵染直到秋末，形成卵孢子越冬。发病最适温度为16～26 ℃，一般早播发病轻，旱地发病轻。向日葵播种后遇有低温高湿条件，容易引起幼苗发病；气候温暖潮湿地区发病重；半干旱、干旱地区如果密植、浇水多，土壤湿度大，发病也重。连作、施氮肥过多、晚播、播种过深均加重发病。向日葵进入成株期以后抗病性明显增强。

五、向日葵锈病

1. 分布与为害

世界各地普遍发生，是向日葵重要病害。叶片、叶柄、茎秆、葵盘等部位染病后都可形成铁锈色孢子堆。2007年昌吉州奇台县向日葵锈病大流行，造成向日葵减产70％～80％，油葵减产20％～30％。

2. 为害症状

叶片染病，初在叶片背面出现褐色小疱，为病菌夏孢子堆，表面破裂后散出褐色粉末，即病原菌的夏孢子，后病部生出许多黑褐色的小疱，即病菌冬孢子堆，散出黑色粉末，即冬孢子，发生严重的致叶片早期干枯(图6-8)。

图6-8　向日葵锈病为害症状

3. 病原

向日葵锈病病原为向日葵柄锈菌，属担子菌亚门担子菌纲锈菌目柄锈菌科柄锈菌属。性孢子器生在叶正面或背面，聚生或散生，96～112 μm。锈子腔生在叶片背面，聚生，杯形，黄色，边缘微微裂开。锈孢子球形或多角形，表面具微疣，橙黄色，大小为(16～24) μm×(16～21) μm。夏孢子近球形或卵形，黄褐色，表面有小刺，基部稍厚，大小为(19～30) μm×(16～20) μm，壁厚1.5～2 μm，在赤道上有2个发芽孔。冬孢子堆散生或聚生于叶的两面，但主要在叶背面，近圆形，黑褐色，裸生(图6-9)。

4. 发病规律

向日葵柄锈菌无转主寄生现象，各种类型孢子均在向日葵叶上产生。锈菌以冬孢子在病残体上越冬，次年 5 月，向日葵刚出苗，冬孢子便可萌发产生担孢子，侵染幼苗(子叶及真叶)经 7～10 d，产生性孢子器和锈孢子器，锈孢子随气流传播，发芽侵入向日葵叶片，经 7～10 d 形成夏孢子堆，夏孢子飞散传播蔓延，在适宜条件下经 5～7 d 可再形成夏孢子，反复再侵染，造成 7、8 月份的锈病流行。8 月末开始形成冬孢子堆越冬。降水量是锈病流行的主导因素，特别是向日葵开花期(7 月下旬到 8 月)雨量多、雨日多、湿度大，有利于锈病流行。

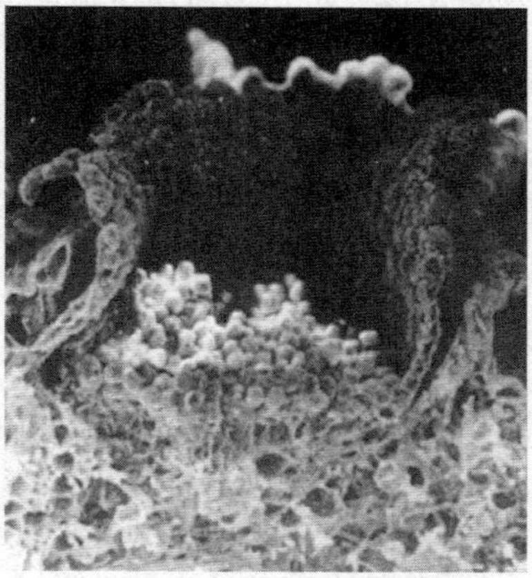
图 6-9　向日葵锈病病原

六、向日葵白粉病

1. 分布与为害

该病在全国各地均有发生，新疆发生也比较普遍，但一般为害不重。

2. 为害症状

叶片被害后，初期在叶面上产生零星散布的白色粉状霉层，扩展后叶片布满白色或灰白色霉层(图 6-10)，即病菌的菌丝和分生孢子梗，最后病叶变褐焦枯，引起叶片早期凋落。叶柄也能受害，症状与叶片相似。植株发病多从下部叶片开始，渐次向上蔓延。茎秆上病斑灰褐色至黑褐色，不规则形，病斑边缘不整齐，后期病部长出黑色小粒点，即病菌的闭囊壳。

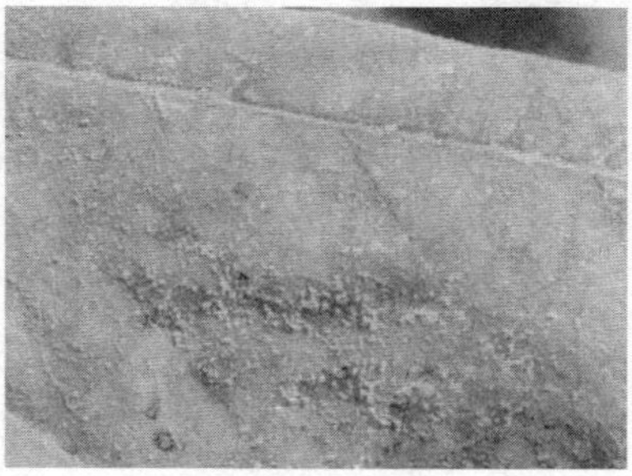
图 6-10　向日葵白粉病为害症状

3. 病原

在新疆有 3 种白粉菌可引起向日葵的白粉病。

4. 发病规律

(1)侵染循环　病菌主要以闭囊壳在植物病残体上越冬，翌年形成子囊孢子进行初侵染，生长期则以分生孢子进行多次再侵染，子囊孢子和分生孢子均借气流传播。生长后期形成闭囊壳，以此在植物病残体上越冬。

(2)发病条件　连作病重，干旱年份发病重。对该病详细发病条件缺乏专门研究。

七、向日葵螟

1. 分布与为害

向日葵螟主要为害向日葵和野生菊科植物的花盘和种子。向日葵螟以1～2龄幼虫啃食筒状花，3龄后幼虫蛀食种子，吃掉种仁，形成空壳，在花盘上蛀成隧道，并吐丝结网。被害葵盘多因粪便、残渣等污染而腐烂发霉，严重影响向日葵的产量和品质。向日葵的花盘被害率一般在20%～50%，重者达100%；籽实的被害率，轻者一般在10%以下，重者可达80%以上，造成严重减产，甚至绝收。

2. 形态特征

(1)成虫　灰褐色，体长8～12 mm，前翅狭长，近中央处有4个黑斑，灰褐色，后翅浅灰褐色，具有暗色脉纹和边缘，成虫静止时，前后翅紧贴体两侧，与向日葵种子很相似(图6-11)。

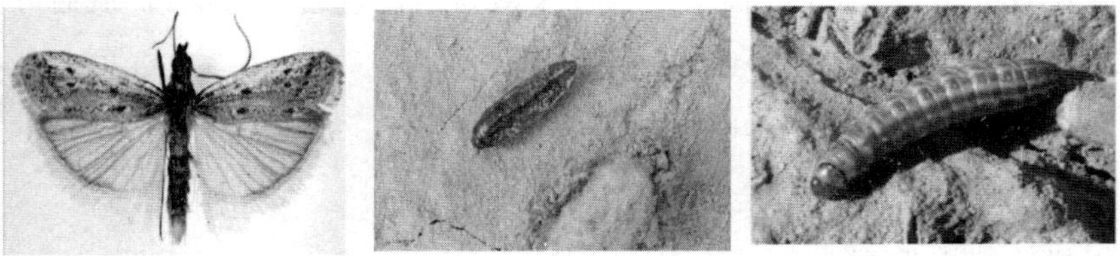

图6-11　向日葵螟形态特征

(2)卵　乳白色，椭圆形，长0.8 mm，宽0.4 mm左右，卵壳有光泽，具有不规则的浅网纹，有的卵粒在一端尚有1圈立起的褐色胶膜圈。

(3)幼虫　体长约18 mm，淡黄灰色，腹面浅黄绿色，背面有3条暗色或淡棕色纵带，头部淡褐色，前胸盾板淡黄色，气门黑色，腹足趾钩为双序整环，易与桃蛀螟和玉米螟相区别。

(4)蛹　长10～12 mm，黄褐色，羽化前呈暗褐色，腹部背面1～10节都有圆刻点。

3. 发生规律

(1)生活史 一年发生1～2代,为害向日葵的主要是第1代。以老熟幼虫做茧在土中15～25 cm处或种子内滞育越冬。石河子地区5月上中旬越冬代成虫开始羽化,6月下旬至7月上旬为羽化盛期,卵期5～7 d,7月上中旬为幼虫为害盛期,幼虫期20 d左右,共4龄。8月上中旬大部分老熟幼虫脱盘落地潜土做茧越冬,少部分幼虫当年化蛹并羽化。在8～9月出现第1代成虫盛期。新羽化的成虫取食、产卵,产生第2代幼虫。

(2)生活习性 卵多散产在葵花花盘上的开花区内,在花药圈内壁最多,其次是花柱和花冠上。产卵盛期在8月上旬,卵期3～5 d。幼虫有4个龄期,1～2龄幼虫啃食筒状花,3龄后沿着葵花籽实的排列缝隙蛀食种子,将种仁局部或全部吃掉,形成空壳或深蛀花盅,把花盘咬出很多隧道。幼虫为害时,在花盘籽实上吐丝结网粘连虫粪及碎屑,状如丝毡,据此可识别向日葵螟为害。

八、向日葵列当

1. 分布与为害

检疫性杂草列当是油葵生产中的恶性杂草。向日葵列当又称毒根草,是一年生草本植物,属列当科。国内分布在河北、北京、新疆、山西、内蒙古、黑龙江、辽宁、吉林等省(自治区、直辖市)。主要为害向日葵、西瓜、甜瓜、豌豆、蚕豆、胡萝卜、芹菜、烟草、亚麻、番茄等。寄生在根部,致植株矮小、瘦弱,不能形成花盘,最后全株枯死。

2. 为害症状

植株如早期被寄生则植株矮小,逐渐枯死,花盘不能形成或形成后枯死。后期被寄生则籽粒不饱满,多空粒。在植株周围长出1根、几根以至几十根列当花茎,如刨开土层可见到列当的花茎都长在向日葵的根上(图6-12)。

3. 病原

病原是列当科的寄生植物。茎直立、单生、肉质、被有细毛,无叶绿素,呈浅黄至紫褐色,无真正的根,有吸根呈短须状,伸入寄主植物的根内吸取营养,叶退化成鳞片状,无叶柄,螺旋状排列在茎上,花穗浅紫色,为穗状花序。种子初为黄色,柔软,后为黑褐色,坚硬,种子表面凹凸不平,构成较规则的网纹。

图 6-12　向日葵列当为害症状

4. 发生规律

以种子在土壤中或混在向日葵种子中越冬。落入土中的种子接触寄主植物的根时，受根部分泌物的刺激而萌发，形成幼芽，下部形成吸盘，深入寄主根内吸取养分和水分。当列当种子落入土中后没有与寄主植物接触，在土中仍能保持发芽力 5～10 年。

列当发生期不整齐，7 月初至 9 月中旬，每天均有列当出土、开花、结实。列当在土内 5～10 cm 处最多，1～5 cm 次之，最深 10～12 cm。在向日葵 5～10 cm 处的侧根上寄生的列当多，受害重，主根或深根处寄生的幼芽、幼苗不易出土。

九、向日葵绿色防控技术

近年来，随着高大株型向日葵品种的大规模推广，加之种植行间距偏窄，不利于普通农户进行田间喷药操作，尤其是在向日葵生长后期遭遇病虫害，喷施化学药剂的操作难度更大。同时，蜜蜂等授粉昆虫对化学农药非常敏感，若操作不当，直接影响向日葵结实率。因此，采取绿色防控手段进行向日葵病虫害防治，显得尤为必要。例如，向日葵黄萎病采取选用抗（耐）病品种、适期晚播、抗重茬菌剂生物防控等“三结合”绿色防控技术，助力向日葵生产减药控害，助推向日葵产业提质增效，实现经济、社会、生态效益的多方共赢。

1. 强化监测预警，高效发布病虫情报

本着“早发现、早上报、早防治”的原则，对向日葵黄萎病、向日葵螟等病虫害进行多点系统性监测。及时发布向日葵病虫害发生动态，适时指导农民进行防治。同时,通过举办绿色防控技术培训班、开办农民田间学校、召开现场技术观摩会、制作病虫害防治科普视频等方式,提高农户绿色防控意识,为向日葵病虫害全程绿色防控提供科技和信息支撑。

2. 开展技术合作,引进抗性优良品种

加强抗性品种的选育,是向日葵绿色防控的基础途径。种植高产、多抗、优质品种,推动传统向日葵品种更新换代,助推向日葵产业的提质升级。

3. 加强源头管控,示范推广农业防治技术措施

(1)调整播期 在施用向日葵专用配方肥、控制种植密度的基础上,适当调整播期,使向日葵的开花期避开向日葵螟成虫产卵的高峰期,降低卵成活率,减少虫源基数。

(2)轮作倒茬 科学选择与玉米、小麦等禾本科作物进行3年左右轮作倒茬,综合运用秋浇压盐、深翻深松、中耕锄草等农艺措施缓解连作障碍,改变病原菌的生存条件,减轻向日葵黄萎病等土传病害发生,维持土壤生物菌群的平衡。在合理轮作倒茬、清除田间病残体的基础上,辅以适量浇水,还可以控制寄生性列当的为害。

4. 注重绿色生态,提倡引导生物防控

(1)施用抗重茬菌剂 在向日葵播种时,根据上年黄萎病和菌核病等病害的发生程度,按照3~6 kg/667 m^2 的用量,将抗重茬剂与种子混匀后施入土壤内,实现有效防治土传病害、解决向日葵连作障碍的目标。

(2)释放天敌赤眼蜂 在向日葵开花量达到20%、50%和80%时,各释放1次赤眼蜂,3次总释放量为6万~8万头/667 m^2。放蜂时,将蜂卡或蜂袋悬挂在靠近花盘的第1~2片叶片背面的主脉上,保持通风遮阳避雨,且均匀分布于田间,赤眼蜂孵化后将自主寻找向日葵螟、地老虎等害虫卵进行寄生,干扰害虫生长,减轻其为害。

5. 强调安全环保,主动应用理化诱控

(1)杀虫灯诱杀 在向日葵现蕾前,利用向日葵螟等害虫的趋光性,以每2 hm^2 安装1盏的密度在田间等距离挂置频振式杀虫灯或黑光灯来诱杀害虫,杀虫灯设置高度应超过向日葵的株高,底部距地面高度为1.5~2 m。

(2)性诱剂诱杀 在向日葵开花前,以1套/667 m^2 的密度在田间按棋盘式等距离放置带有性诱剂的诱捕器,诱杀雄性昆虫,进而减少害虫交尾,诱捕器可

选用水盆式诱捕器或干式诱捕器,水盆式诱捕器需每 2～3 d 补水 1 次,诱芯每月更换 1 次。

注意事项:根据油用向日葵病虫草害发生发展规律和综合防控技术要求,检查、指导种植者认真进行轮作倒茬等土地准备工作,正确选择药剂和方法进行种子处理和化学除草,保质保量做好病虫草害的预防工作。

(一)向日葵播前准备工作

向日葵播前准备工作程序与操作技术见表 6-1。

表 6-1　向日葵播前准备工作程序与操作技术

工作环节	工作程序与操作技术
信息收集	(1)主动请教当地县、乡农技部门的技术专家了解当地往年油葵生产中病虫草害的发生种类、为害情况以及综合防控技术经验。 (2)通过网络、查阅图书等了解、学习油葵病虫草害综合防控的相关内容,做好防治工作的前期准备。 (3)信息汇总整理,制订油葵病虫草害综合防控计划
土地准备	土壤是油葵菌核病、锈病等多种有害病原的栖息场所和侵染来源。防治油葵病虫草害,土壤处理是重要的环节之一。 (1)选择秋翻冬灌地为宜　对列当发生重的油葵地进行深翻,把列当种子深埋入 25 cm 以下,阻止其发芽,减轻为害程度。 (2)轮作倒茬　油葵前茬以小麦、玉米等禾谷类作物为最好,切忌选用向日葵重茬地种植油葵。豆类、油菜等易感染菌核病的作物,不宜作为油葵的前作。油葵轮作周期应在 4 年以上
化学除草	新疆油葵田杂草主要有灰藜、稗草、狗尾草等,可选用 48%氟乐灵乳油播种前做土壤混土处理。具体方法为:在阴天或傍晚每亩用药 100～120 mL,兑水 30 kg,均匀喷洒于土表,然后立即耙磨,使氟乐灵与表土混合,混土深度 2～5 cm,12 h 后即可播种。也可选用地乐胺(仲丁灵)、乙草胺、异丙甲草胺等进行播前土壤处理。 掌握好使用剂量,不能随意加大用量,以免造成药害

续表 6-1

工作环节	工作程序与操作技术
种子处理	(1)选择抗性品种。 (2)检查种子质量　对已购的种子进行检查,将其中的瘪籽和破损种子人工剔除,以保证出苗整齐,减少苗期病害的发生。另外,从向日葵列当发生重的地区调种,还应检查种子中是否带有列当种子。检查方法:取检疫样品 1 000 g,重复过筛,把筛下的杂质于双目显微镜下检查,若发现列当种子,则这批向日葵不得作种子用,杜绝列当种子从为害区传入。 (3)药剂拌种 ①苗期和地下害虫防治　播前每 100 kg 种子选用 50%辛硫磷乳油 300 g,兑水 5 kg 进行拌种,然后堆闷 4 h,晾干后再拌杀菌剂。 ②病害防治　油葵常见病害如菌核病、锈病、褐斑病、霜霉病等,种子带菌是病害的重要侵染来源,种子消毒处理是防治油葵病害的重要措施之一。针对这些病害,可选用种子质量 0.2%～0.3%的 50%多菌灵或 70%敌克松或 70%甲基硫菌灵可湿性粉剂(不同有效成分含量的杀菌剂,其使用量参看农药使用说明)等杀菌剂。 ③种子包衣　选择油葵专用种衣剂进行包衣。使用种衣剂包衣后,不能再使用杀虫剂或杀菌剂拌种,否则会因为药剂过量而产生药害。同样,按照①和②操作完成后,也不能再使用种衣剂包衣

(二)向日葵苗期病虫害综合防控(4 月下旬至 5 月下旬)

认真开展油用向日葵苗期田间调查,掌握病虫害发生的种类、始期和发展动态,根据病虫害的发生规律,制订综合防治计划,在病虫害的最薄弱环节开展防治工作并检查防治效果(表 6-2)。

表 6-2　向日葵苗期病虫害综合防控工作程序与操作

工作环节	工作程序与操作技术要求		
	病虫草害田间识别	病虫草害田间调查	防治技术
苗期害虫防控	黄地老虎、蟋蟀、烟蓟马等。幼苗出现缺刻、无头或近地茎被咬断等状	调查时间:出苗后即进行田间调查。 调查方法:见玉米田黄地老虎调查方法	(1)可用辛硫磷、溴氰菊酯等喷雾防治。 (2)用 35%甲基硫环磷或 50%辛硫磷乳油,兑水 30 倍与 300 倍沙土均匀混合制成毒土,撒在幼苗周围地面上

续表 6-2

工作环节	工作程序与操作技术要求		
	病虫草害田间识别	病虫草害田间调查	防治技术
向日葵霜霉病防控	苗期染病，2～3片真叶时开始显症，叶片受害后叶面沿叶脉开始出现褪绿斑块，叶背可见白色绒状霉层	调查时间：1对真叶期开始。 调查方法：随机5点取样。每点顺序调查50株，并计算发病株率	结合田间定苗，拔除、销毁病株。 出苗期开展药剂防治：发病初期可喷施甲霜灵锰锌、噁霜灵锰锌（杀毒矾）、霜脲锰锌（克露）等，隔7～10 d施1次，连续防治2～3次。防治方法、药剂与向日葵白锈病相同，因此防治霜霉病同时能兼治白锈病
向日葵褐斑病防控	苗期叶片上病斑近圆形，褐色，外围有黄色晕圈，病斑背面灰白色	与霜霉病同时进行调查	（1）叶面喷施磷酸二氢钾50～100 g/667 m^2。可与喷洒杀虫剂或杀菌剂同时进行。 （2）加强栽培管理，摘除底叶和病叶。 （3）发病初期喷施代森锰锌、氢氧化铜、异菌脲、多菌灵或甲基硫菌灵等杀菌剂，连喷2次，间隔10 d

（三）向日葵中后期病虫害综合防控（6月上旬至作物成熟）

针对油用向日葵中后期生长中病虫害的种类、认真开展田间调查，监控病虫害发生发展动态，根据病虫害的发生规律，确定适宜的防控技术措施，指导田间作业，检查记录作业质量，统计、分析防治效果。

表 6-3　向日葵中后期病虫害综合防控工作程序与操作技术

工作环节	工作程序与操作技术		
	病虫草害田间识别	病虫草害田间调查	防治技术
向日葵菌核病防控	叶片卷曲或干枯。茎基部褐色水渍状凹陷，潮湿时出现白色霉层。茎秆内有黑色颗粒状的菌核	调查时间：6月初至7月初。 调查方法：采用低头漫步踏查和蹲下细查（每个点细查不少于20株）相结合的方法进行	现蕾前和盛花期是防治的关键时期。 发病初期可用菌核净、腐霉利（速克灵）等，在油葵株高80 cm时喷雾，尽量使药液喷在茎秆上，每隔7～10 d喷施1次，连喷2～3次。 花盘期可喷施甲基托布津等，重点保护花盘背面

续表 6-3

工作环节	工作程序与操作技术		
	病虫草害田间识别	病虫草害田间调查	防治技术
向日葵白锈病防控	中下部叶片正面病斑呈淡黄色斑点，叶背面产生白色疱状突起，后期渐变为微淡黄色，内有白色粉末状物	调查时间：5月下旬开始。 调查方法：5点随机取样，每点顺行调查20～30株。先观察叶片正面是否有褪绿斑，然后再查看叶背的病斑	(1)加强田间管理，多施基肥，增施磷钾肥。 (2)及时摘除发病枝叶和重病植株；合理密植，保持田间通风透光，及时排水。 (3)发病初期可喷施甲霜灵锰锌、噁霜灵锰锌(杀毒矾)、霜脲锰锌(克露)等，隔7～10 d喷施1次，连续防治2～3次
向日葵褐斑病防控	叶片病斑多角形，后期在病斑上长有许多小黑点。潮湿时病斑可脱落穿孔。茎和叶柄染病病斑褐色、狭长、条状	调查时间：6月下旬开始。 调查方法：随机5点取样，每点顺行查20～30株。调查发病株率及病情指数	(1)增施磷肥　头水前开沟追肥时，适当增加磷肥。 (2)叶面每亩喷施磷酸二氢钾50～100 g。可与喷洒杀虫剂或杀菌剂同时进行。 (3)加强栽培管理，发病初期摘除底叶和病叶。 (4)发病初期喷施百菌清、代森锰锌、氢氧化铜、异菌脲或多菌灵等杀菌剂，连喷2次，间隔10 d
向日葵锈病防控	叶背出现褐色小疱状，表皮破裂后散出褐色粉末。后病部生出许多黑褐色的小疱，散出黑色粉末	与向日葵褐斑病同时进行调查	发病初期即开始用三唑酮、硫黄悬浮剂或甲基硫菌灵等农药进行防治。每隔10 d喷施1次，连喷2～3次。 轮换使用农药，避免抗药性产生
向日葵列当防控	寄生植物，无根、茎、叶分化，总状花序，管状唇形花，花色多为乳黄，假茎上有鳞片	调查时间：6月下旬开始。 调查方法：选取历年发生较重和一般的田块各1块，随即5点取样，每3～5 d调查1次，记录列当出土时间和每平方米的数量	(1)涂抹　在列当开花结实前人工铲除，并在茬口上滴涂石油或尿素饱和溶液，每株1 mL，一般5～7 d列当根部即可腐烂，但用量不可过大，否则易造成油葵根部损伤，影响正常生长。 (2)病菌诱集　可采用切断列当，劈伤断茎，把切除部分的碎花、残基放在列当的茬口上，用湿土覆盖4～5 cm，促使伤口感染，经5～10 d列当茎秆腐烂死亡，其腐烂物对油葵还有肥效。

续表 6-3

工作环节	工作程序与操作技术		
	病虫草害田间识别	病虫草害田间调查	防治技术
向日葵列当防控	寄生植物，无根、茎、叶分化，总状花序，管状唇形花，花色多为乳黄，假茎上有鳞片	调查时间：6月下旬开始。 调查方法：选取历年发生较重和一般的田块各1块，随即5点取样，每3～5 d调查1次，记录列当出土时间和每平方米的数量	(3)化学防治　对列当发生较重的地块，可用0.2%的二硝基邻甲酚水溶液喷雾或用15%的硝酸铵溶液灌根或用10%草甘膦水剂配制成1∶30的母液涂抹列当伤口，防效较好
向日葵螟防控	1～2龄幼虫啃食筒状花，3龄后幼虫蛀食种子，吃掉种仁，形成空壳，在花盘上蛀成隧道，并吐丝结网，被害葵盘多因粪便、残渣等污染而腐烂发霉	调查时间：6月下旬开始调查。 调查方法：于黑光灯诱测到成虫时起，在代表性田块内，5点取样，每点20株，每3 d调查1次，发现卵块后随即记载并做好标记。当70%的卵块开始孵化时，开始药剂防治	(1)秋翻冬灌　第1代幼虫老熟后从向日葵盘上吐丝落地，潜入15～20 cm深土层中越冬。实行秋翻冬灌，可消灭大部分越冬虫。 (2)选用抗虫品种　硬壳层形成快的品种受害轻或不受害，油用种(小粒)较食用种(大粒)受害轻。 (3)药剂防治　在幼虫3龄之前，用敌百虫或溴氰菊酯或Bt乳剂对花盘正面进行喷雾。隔5～7 d再喷1次效果较好。 在防治向日葵螟时应注意的问题：在喷洒农药前，要通知养蜂户管理好蜜蜂，以防蜜蜂农药中毒，造成不必要的损失
白星花金龟防控	成虫群集在花盘上取食向日葵籽粒。个体较大，便于直接辨认识别	调查时间：向日葵灌浆期。 调查方法：田间普查，每5 d调查1次，顺行慢慢行走，目视两侧花盘。发现成虫停下细查(不少于20株)	防治方法同玉米田白星花金龟甲

向日葵螟防治中应注意哪些事项

首先，要抓住幼虫尚未蛀入籽粒的关键时期进行防治。此时害虫龄期小，抗药性小，有利于防治效果的提高。要选择高效、低毒、低残留农药进行防治，避免葵花籽农药残留超标。其次，向日葵螟幼虫为害的时间正好与向日葵的开花时间相同，因此，尽量选用生物制剂防治，如白僵菌、苏云金杆菌(Bt)乳剂或在田间释放赤眼蜂等，以免伤害传粉昆虫；向日葵属于高秆作物，田间通风较差。用化学药剂喷雾防治时，避免在中午等气温较高时进行，并要做好自我保护。最后，在防治用药前务必要及时通知养蜂户管理好蜂群，以防中毒，造成不必要的损失。

项目七　枸杞病虫害

枸杞为茄科枸杞属多年生落叶灌木或小乔木，别名西枸杞、中宁枸杞、狗奶子，在中国已有两千多年的栽培历史。以果(枸杞子)和根皮(地骨皮)入药，为我国传统名贵中药材，同时又是国家公布的药食同源物质之一。枸杞是新疆“红色产业”的重要组成部分。新疆枸杞种植主要集中在精河县和八十三团场，素有“中国枸杞之乡”美誉的精河县枸杞生产能力很强，枸杞生产更是博州独具特色的优势支柱产业，栽培历史悠久，独特的地理、气候条件使这里生产的枸杞深受国内外客商的青睐，远销欧美、日本、东南亚，赢得了“精河枸杞甲天下”的美誉。目前全疆枸杞种植面积约 1.78 万 hm^2(26.8 万亩)，年产量约 4.95 万 t；博州精河县种植枸杞 0.91 万 hm^2(13.7 万亩)，约占全疆总面积的二分之一，干果总产量 2.5 万 t，产量约占全疆的 51%，产值超过 5 亿元，占当地农业总产值的 35%，农民纯收入中，枸杞种植收入 2 016 元，占 18%，枸杞已成为精河乃至博州林果业发展的重要支柱产业。目前，已建成新疆精河枸杞种质资源汇集中心，收集和保存了枸杞 8 923 株，包含枸杞种类 4 个，品种(系)45 个，新疆枸杞单产水平较高，明显高于宁夏。2010 年，新疆枸杞亩均产量达 114 kg，高于宁夏的亩均产量(100 kg)。精河枸杞亩均

枸杞病虫害
彩色图谱

产量更高，达 203 kg。同时，新疆枸杞亩均产值效益较高，高于当地棉花亩均产值，且远高于粮食种植效益，与新疆其他林果相比，枸杞亩均产值效益仅低于梨和葡萄，但高于红枣和核桃等干果，分别是红枣(910 元/亩)和核桃(948 元/亩)的 2.63 倍和 2.52 倍。精河枸杞亩均产值最高，达 3 873 元。此外，枸杞产业发展带动了农民增收，在精河县托里乡，农民种植枸杞获得的收入占人均收入(7 726 元)的 50%，成为当地农民收入的重要来源和支柱。

枸杞子药性甘、平，有养肝、补肾、润肺功能。主治肝肾亏虚、头昏目眩、目视不清、腰膝酸软、阳痿遗精、虚劳咳嗽、消渴等症。地骨皮药性甘、寒，有益阴凉血、清肺降火之功效。枸杞因枝叶繁茂，果实甘甜多汁，营养生长与生殖生长同时进行，易遭受多种病虫为害，据文献报道，为害枸杞的害虫有 30 多种，病害 6 种以上。常年对枸杞造成直接为害的主要病虫害有枸杞木虱、枸杞瘿螨、枸杞蚜虫、枸杞红瘿蚊、枸杞实蝇、枸杞蓟马、枸杞负泥虫、白粉病和炭疽病、根腐病等。枸杞病虫害种类多、发生重，加之当前枸杞生产中仍以化学防治为主，由于农药的使用次数多、用量大，盲目施药导致枸杞农残超标问题突出，近年来枸杞因农残问题出口受阻，已严重影响我国枸杞质量安全及出口信誉。

一、枸杞炭疽病

1. 分布与为害

枸杞炭疽病(图 7-1)，又称黑果病，是为害枸杞的主要病害之一，在国内各枸杞种植地区均有发生。

病害类型：真菌性病害。

病原：围小丛壳，子囊菌亚门小丛壳属；胶胞炭疽菌，半知菌亚门炭疽菌属。

图 7-1 枸杞炭疽病

2. 为害症状

该病害发病初期，多从叶尖或叶缘开始，形成半圆形或近圆形黄青褐色至黑色轮纹状坏死斑，空气潮湿病斑表面可产生粉红色至橘红色黏稠小点，即病菌的分生孢子堆，至后期时整个病叶变成黑褐色。花感病时，花瓣或花蕾出现小黑点或黑斑，造成花冠脱落，发病严重后花变成黑色花，子房干瘪，不能结果，花蕾变黑，不能开花。嫩枝染病，多出现小黑点或黑斑。果实染病后，初期多在果实表面出现小黑点或黑色网状纹，红果则多形成黑色小点，随病害发展黑色或轮纹状黑色病斑不断扩大，致病果部分或全部坏死变黑，最后干缩或湿腐，严重影响了枸杞产量和外观质量。

3. 发生规律

炭疽病菌以菌丝体或分生孢子，存活于树上残留或落于地面、土壤中的病果中越冬。5 月份随着气温上升，病菌主要从伤口和自然孔口（水孔、气孔）直接侵入，造成花瓣、病叶出现黑斑。6～7 月为害高峰期，被害花严重时为黑花，子房干瘪不能结实。果实出现数个小黑点或不规则褐斑或黑色网状纹，若遇连续阴天，病斑不断扩大，2～3 d 即可蔓延至全果，使果实变黑并出现橘红色孢子堆；晴天蔓延速度相对较慢，病斑处变黑失水，凹陷，果实未受害部分仍然可变红。

二、枸杞白粉病

1. 分布与为害

白粉病是枸杞主要病害之一（图 7-2），在国内枸杞种植区域常有发生。

病害类型：真菌性病害。

病原：穆氏节丝壳，为子囊菌门节丝壳属真菌。

图 7-2　枸杞白粉病

2. 为害症状

枸杞白粉病是一种专性寄生真菌引起的病害，主要为害枸杞枝梢和叶片。染病叶片表面覆盖一层白色粉状物，叶片变薄，皱缩，边缘向上反卷，逐渐干枯。染病树体光合作用下降，影响新梢及叶片的生长发育，导致树体的生长势下降，树体衰弱，影响当年枸杞的产量。

3. 发生规律

枸杞白粉病以菌丝在病芽内越冬或以闭囊壳在枯枝落叶中越冬，春季萌动后进行初侵染，4～6 月是发病高峰，9 月后病情缓和。该病的流行和气候条件密切相关，高温干燥有利于分生孢子繁殖和病情扩展，高湿则有利于孢子萌发和侵入，尤其当高温干旱与高湿条件交替出现，又有大量白粉病菌源及易感病寄主时，极易暴发成灾，导致病害流行。施氮肥过多或树势衰弱时易发病。

三、枸杞灰斑病

1. 分布与为害

枸杞灰斑病又称枸杞叶斑病，是枸杞种植区域的主要病害。

病害类型：真菌性病害。

病原：半知菌亚门尾孢属。

2. 为害症状

主要为害枸杞叶片，受害叶片表面产生圆形或椭圆形灰褐色病斑，叶背有淡褐色或淡黑色霉状物，是病菌营养体和分生孢子，可随气流和雨水传播，果实染病后，也出现淡褐色或淡黑色霉状物，严重造成大量落叶、落果，影响产量。

3. 发生规律

以菌丝体或分生孢子在枸杞的枝、残叶中越冬，或随病果落在土中越冬。次年分生孢子借风雨传播，进行初侵染和再侵染，扩大为害。高温多雨年份、土壤湿度大、空气潮湿、土壤缺肥、植株过密、植株衰弱时易发病。

4. 防治技术

(1)清洁田园，减少病原菌　秋季落叶后及时清洁枸杞园，清除病叶和病果，集中深埋或烧毁，以减少菌源。

(2)加强田间管理，增强抗病能力　加强栽培管理，提倡施用发酵菌沤制的堆肥,增施磷、钾肥,增强枸杞抗病能力。

(3)适时药剂防治 在雨水天气较多的情况下,雨后或发病初期喷施45%硫黄悬浮剂500倍液、0.5%香芹酚水剂800～1 000倍液或5%多抗霉素800倍液进行防治。

四、枸杞根腐病

1. 分布与为害

枸杞根腐病(图7-3)为一种土传的真菌性病害,分布于枸杞的种植区域,是为害枸杞根部的主要病害。

图7-3 枸杞根腐病

病害类型:真菌性病害。

病原:主要包括尖孢镰刀菌茄类镰孢,均为半知菌亚门真菌,其中以尖孢镰刀菌致病性强。病原菌产生大、小两种类型的分生孢子。大型分生孢子无色,镰刀状,多胞,具隔:小型分生孢子无色,卵圆形,单胞。此外有些地区立丝核菌也可引起枸杞发生类似的病症。

2. 为害症状

主要为害根茎部和根部。发病初期病部呈褐色甚至黑褐色,中期逐渐呈现腐烂状态,染病后期枸杞外皮脱落,仅留下木质部分,维管束出现褐变。湿度较大,枸杞的染病部位会出现白色、粉色的菌丝状物。地上部分则会出现叶片发黄现象,发病严重会导致枝条或者整株枸杞枯死。

3. 发生规律

以菌丝体和厚垣孢子在土壤中越冬,次年条件合适时,随时可侵入根部或根茎部引起发病，一般 4 月至 6 月中下旬始发生，7～8 月扩展。地势低洼积水、土壤黏重、耕作粗放的枸杞园易发病。多雨年份、光照不足、种植过密、修剪不当以及长期单一施用化肥则发病重。

五、枸杞流胶病

1. 分布与为害

流胶病是当前枸杞主要病害之一（图 7-4），在国内枸杞种植区域均有分布。

病害类型：细菌性病害。

图 7-4　枸杞流胶病

2. 为害症状

流胶病主要为害树皮，以主干、骨干枝的伤口部位发病较多。病斑初期为灰褐色，组织松软，水浸状，稍肿起。随着病斑不断扩大、斑块凹陷、病斑边缘流出白色黏液、有酒糟臭味，病斑纵向扩展较快、横向扩展较慢，当病斑绕枝1周时病部以上枝叶萎黄、逐渐枯死。

3. 发病规律

枸杞整个生长季节均能侵染和发病，4～5月和7～8月为害严重。病菌一般由伤口侵入，在老病斑或死树皮中越冬，病菌孢子主要靠雨水传播，从伤口侵染树体。

六、枸杞木虱

1. 分布与为害

枸杞木虱(图7-5)属半翅目木虱科，该虫广泛分布于宁夏、青海、甘肃、新

图7-5 枸杞木虱

疆、陕西、河北、内蒙古等枸杞产区。

2. 为害症状

主要为害幼嫩枝叶，导致新叶畸形及枸杞营养不良，严重影响产量和质量，是严重为害枸杞的四大害虫之一。

3. 形态特征

(1)成虫体长约 2.6 mm，翅展约 7.2 mm。体色变化较大，越冬时，雌性成虫灰褐色，雄性成虫体色较深，其他季节体色有翠绿色、橘黄色、褐黄色等；触角 10 节，基部两节和端部两节较粗，黑褐色，其余为黄褐色，端部有两根长刺；复眼大，黑褐色；前足两对相似，后足稍长，善跳跃；胸腹背面褐色，腹面黄褐色，腹背近后胸处有一明显白色横带；翅缘及翅脉褐色，由翅基中央伸出的翅脉在距翅基 1/3 处分出胫脉、中脉及肘脉后各分两叉，翅外缘及后缘间有 3 个褐斑，各向内伸出一短小脉刺。

(2)卵微小，约 0.3 mm，椭圆形，橘黄色，有柄，卵与柄的比例约 1∶3，卵散产，多分布在叶背面。

(3)若虫体长 0.5～2.0 mm。早期为橙黄色，后期多为黄绿色；椭圆形，扁平，呈盔盖状贴于叶片表面，各龄期形态稍有不同，背部具黑褐色斑纹，3 龄开始出现明显翅芽；复眼多为淡红色；触角粗短，顶端为黑褐色。

4. 发生规律

枸杞木虱以成虫在寄主树皮缝、周围土缝、枯枝、落叶及枝杈处越冬。当气温回升，枸杞发芽时，成虫开始活动，枸杞萌芽开花时，成虫在叶片大量产卵，卵期约 1 个月。若虫自 5 月上旬至 5 月中旬开始活动，初期为害常不明显，于 7 月上中旬开始出现第 2 代，大量的成虫聚集产卵，8～9 月为大量暴发时期。

七、枸杞瘿螨

1. 分布与为害

枸杞瘿螨又名白枸杞瘤瘿螨，属蛛形纲蜱螨目瘿螨科，主要分布于宁夏、青海、内蒙古、甘肃、新疆等枸杞种植区，是枸杞的成灾性害虫。

2. 为害症状

枸杞瘿螨为害枸杞的叶片、花蕾、幼果、嫩茎、花瓣及花柄，花蕾被害后不能

图 7-6 枸杞瘿螨

开花结果，叶面不平整，严重时整株长势衰弱，脱果落叶，造成减产，严重影响枸杞的产量和质量。

3. 形态特征

(1)成螨 体长约 0.3 m，橙黄色，长圆锥形，全身略向下弯曲作弓形，前端较粗，有足 2 对，这是瘿螨与其他科螨类不同之处，故又名四足螨科。头胸宽短，向前突出，有下颚须 1 对，由 3 节组成。足 5 节，末端有 1 羽状爪。腹部有环纹约 53 个，形成狭长环节，背面的环节与腹面的环节是一致的，连接成身体的一环，这是此属特点。

(2)卵 直径 3.9 μm，球形，浅白色透明。

(3)幼虫 若螨形如成螨，只是体长较成螨短，中部宽，后部短小，前端有 4 足及口器如花托，浅白色至浅黄色，半透明。

(4)若虫 较幼虫长，较成虫短，形状已接近成虫。

4. 发生规律

为害枸杞叶片、嫩叶、花瓣、花蕾及幼果，被害部位形成紫色或黄色痣状虫瘿。枸杞瘿螨以成螨在枸杞冬芽鳞片内或枝条皮层裂缝内越冬，第二年 4 月展叶时成螨迁到老枝新叶上产卵，孵化若虫侵入植物组织造成虫瘿。5 月中下旬瘿螨从虫瘿内爬到新梢上为害。一直到 6 月下旬，形成第一次繁殖盛期。到 8 月中旬，当秋梢生长时，瘿螨又转到新梢上为害，9 月为第二次繁殖盛期，11 月进入休眠，一年发生多代。

八、枸杞蚜虫

1. 分布与为害

枸杞蚜虫(图 7-7),属半翅目蚜总科。分布于全国枸杞种植区,是枸杞生产中重要成灾性害虫,对枸杞的产量和品质影响极大。

图 7-7　枸杞蚜虫

2. 为害症状

大量成蚜、若蚜群集为害枸杞嫩梢、叶背及叶基部,刺吸汁液,严重影响枸杞开花结果及生长发育。

3. 形态特征

成虫有翅胎生蚜体长 1.9 m,黄绿色。头部黑色,眼瘤不明显。触角 6 节,黄色,第 1、2 两节深褐色,第 6 节端部长于基部,全长较头、胸之和长。前胸狭长与头等宽,中后胸较宽,黑色。足浅黄褐色,腿节和胫节末端及跗节色深。腹部黄褐色,腹管黑色圆筒形,腹末尾片两侧各具 2 根刚毛,无翅胎生蚜体较有翅蚜肥大,色浅黄,尾片也呈浅黄色,两侧各具 2～3 根刚毛。

4. 发生规律

枸杞蚜虫一般每年发生13～15代，以卵在枸杞枝条及土壤缝隙中越冬，4月枸杞发芽后卵孵化，至5月中旬达到第一次为害高峰，严重时蚜虫数量过大，使叶片变形萎缩，树势衰弱。夏季高温抑制蚜虫种群度减少，至秋季气温下降、枸杞发新梢时蚜虫数量再度上升，至10月中下旬，雌蚜交尾后开始产卵越冬。

九、枸杞红瘿蚊

1. 分布与为害

枸杞红瘿蚊属于双翅目瘿蚊科，是枸杞的重要害虫。该虫主要以幼虫虫态为害枸杞花蕾，致使花蕾畸形膨大，形成灯笼状虫瘿，不能正常开花结果，花蕾被害率即为产量损失率。其为害隐蔽，防治难度极大，故被喻为“枸杞癌症”。自20世纪70年代首次在宁夏野生枸杞上发现枸杞红瘿蚊以来，其发生区域和为害面积逐年增加，至今已蔓延至宁夏、甘肃、内蒙古、新疆、青海等各大枸杞产区，成为我国枸杞生产中重发、频发的主要成灾害虫，造成的生产损失极大。

2. 为害症状

成虫产卵于枸杞幼嫩花蕾，卵孵化后幼虫取食子房，致花蕾畸形膨大呈灯笼形虫瘿(图7-8)，虫瘿内幼虫有数十头至百余头，不能正常开花结实，最后干枯早落。

3. 形态特征

(1)卵及幼虫　枸杞红瘿蚊卵长椭圆形，一端钝圆，一端稍尖，长0.3～0.5 mm，宽0.05～0.08 mm；无色，光滑，卵壳极薄，晶莹剔透；聚产，每个花蕾中有十几至几十粒卵。枸杞红瘿蚊初孵幼虫乳白色，体细长，体壁柔软，体长0.4～0.6 mm；随着生长发育，幼虫体色逐渐变为橘黄色；老熟幼虫体色为橘红色，体肥多皱，纺锤形，体壁变硬，体长2.0～3.0 mm，体宽0.5～1.0 mm；头部细小，常收缩于前胸内，胸部腹面有1个“Y”形的剑骨片，此器官有助于幼虫弹跳；腹部10节，每个体节两侧均有1～2根短刚毛。

(2)蛹　枸杞红瘿蚊被蛹，椭圆形，体长1.8～2.8 mm，体宽1.0～1.5 mm；触角、翅芽和足紧贴在蛹体腹面，不能活动，腹部各节不能扭动；头部触角基部略微膨大，在基部着生有1对圆锥形突起的小角；额顶端两侧着生有1对刚毛；

前胸背部两侧着生有1对气孔，较额顶端的刚毛粗，基部粗，近端部较细且略弯曲；翅芽深至蛹体长的1/2处，足深至蛹体长的约3/4处；腹部背面各体节基部着生有1横排刺突。枸杞红瘿蚊初期蛹的蛹体淡黄白色，头、胸部为黄色，腹部为白色。中期蛹的蛹体橘红色，头、胸部颜色明显深于腹部，触角、复眼、翅芽和足为橘红色。后期蛹的蛹体为棕红色，复眼为黑色，翅芽为棕黑色，足部颜色稍淡，胸背部棕红色，腹部颜色较浅。蛹期可辨识雌雄，枸杞红瘿蚊雄虫蛹体腹部末端明显可见1对棒状抱握器；雌虫蛹体腹部末端钝圆，解剖蛹可见卵。茧为老熟幼虫所吐丝质与土壤颗粒缀成。

(3)成虫　枸杞红瘿蚊成虫(图7-9)头部小，呈椭圆形，复眼黑色，大而突出，占头部面积1/2，两复眼相连，为接眼式，无单眼，下颚须4节。雌成虫体长2.9～3.3 mm，体形粗胖，初羽化时虫体为淡黄色，随后变为棕色；雄成虫体长2.0～2.3 mm，体形细长，初羽化时虫体为淡黄色，随后变成棕褐色。触角念珠状，雌雄异形。雌成虫触角短，各鞭小节呈圆柱状，中间微凹，无节间，各鞭小节着生有各种类型的感受器和缠绕的环丝；雄成虫触角长，各鞭小节球形，其上具有刚毛状感受器及环丝，各鞭节中间有细而长的节间。前翅膜质透明，翅脉和翅面上有稀疏的黑色绒毛，翅脉简单。雌成虫翅长1.32～1.49 mm，翅宽0.65～0.76 mm；雄成虫翅长1.10～1.37 mm，翅宽0.59～0.64 mm。后翅退化为平衡棒。胸部发达，深褐色，背板向上突起并着生有黑色绒毛。胸足长而纤细，跗节5节，第二跗节最长，前跗节有2爪。腹部背板棕褐色，每个体节上着生有黑色绒毛。雌成虫腹部末端膨大似囊，为深褐色，具产卵器，针状，可伸缩。雄成虫腹部末端有1对棒状抱握器，阳具藏于生殖腔内，两侧有阳基侧叶。

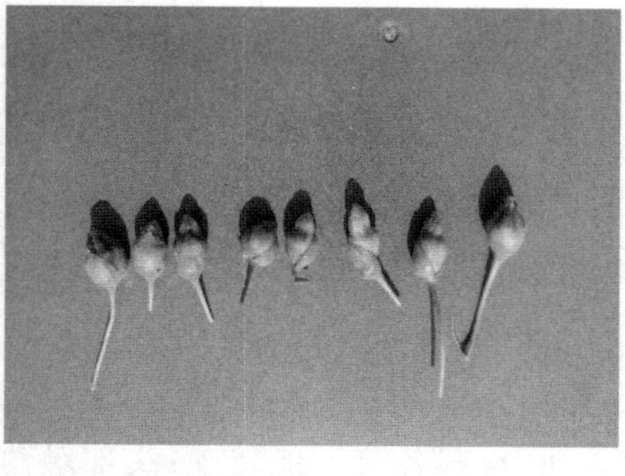

图7-8　枸杞红瘿蚊为害枸杞花蕾

图7-9　枸杞红瘿蚊成虫

4. 发生规律

枸杞红瘿蚊每年发生 6 代，4 月中旬至 9 月下旬为枸杞红瘿蚊为害期。从 4 月枸杞红瘿蚊越冬代成虫陆续羽化开始，其成虫数量不断增长，6 月达到第 1 个高峰，随后 7～8 月，枸杞生长处于休眠期，枸杞红瘿蚊成虫数量减少，对枸杞的为害减轻，随着枸杞秋枝萌发，9 月枸杞红瘿蚊成虫数量又明显增多，达到第 2 个高峰，对枸杞的为害也随之加重。9 月底至 10 月枸杞秋果陆续收获，枸杞红瘿蚊成虫数量急剧减少，对枸杞的为害也逐渐消退。从第 2 代开始世代重叠，其中第 1 代、第 2 代和第 6 代幼虫为害严重。枸杞红瘿蚊越冬幼虫于翌年 4 月上旬至中旬开始化蛹，4 月中旬越冬成虫陆续羽化，并开始产卵，此时为越冬代成虫的羽化盛期，可持续到 5 月上旬；4 月下旬第 1 代幼虫开始孵化，5 月上旬为第 1 代幼虫盛期，5 月中旬第 1 代老熟幼虫开始入土化蛹，5 月下旬至 6 月上旬是第 1 代成虫的羽化高峰，羽化后的成虫随即开始产卵；第 2 代幼虫于 6 月上旬开始为害，6 月中旬幼虫达到盛期，6 月下旬第 2 代成虫羽化并开始产卵；7 月上旬第 3 代幼虫达到盛期，7 月下旬第 3 代成虫羽化并产卵；第 4 代幼虫于 7 月下旬开始为害；8 月中下旬为第 5 代幼虫盛期，8 月下旬至 9 月上旬第 5 代成虫羽化并开始产卵；9 月上旬第 6 代幼虫开始为害，9 月中旬幼虫达到盛期并持续到 9 月下旬，此后老熟幼虫开始陆续在枸杞主根周围距地表约 3 cm 的土层中结茧越冬。

十、枸杞蓟马

1. 分布与为害

枸杞蓟马属缨翅目蓟马科，是枸杞生产中危害最重、防治最难的害虫之一(图 7-10)，分布于全国枸杞种植区域。

2. 为害特征

枸杞蓟马主要为害枸杞叶片及果实，枸杞蓟马的成、若虫均可吸食枸杞叶片、果实。叶片受害时，可出现微小的白色斑点，被害叶略呈现反卷，形成落叶，严重影响了树势；果实被害时，失去光泽，果形萎蔫，并造成落果。

3. 形态特征

成虫体长 1.5 mm，黄褐色。头前尖突，集眼黄绿色，单眼区圆形，单眼暗

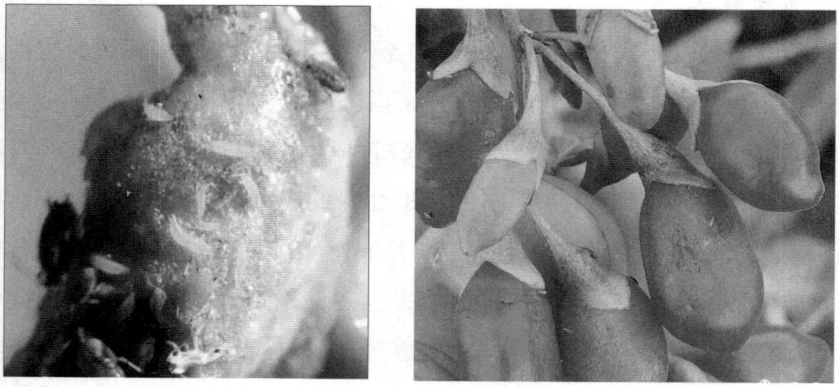

图 7-10　枸杞蓟马

色;触角 8 节,黄色,第 2 节膨大而色深,第 6 节最长,7、8 节微小,3～7 节有角状和叉状感觉器,各节有微毛和稀疏长毛;前胸横方形,近后侧角区有大小各 1 个灰绿色圆点;翅黄白色,中间有 2 条纵脉,上有稀疏短刺毛,前缘有较长的刺毛,均匀排列,后缘毛深色颇长,两相交错排列,翅近内方有一隐约可见的深色横纹;腹部黄褐色,背中央淡绿色,腹端尖,雌虫第 6 腹节腹面有下弯而色深的产卵管,到达第 10 节的下方。若虫:深黄色,背线淡色,体长约 1 mm。复眼红色;前胸背面两侧各有一群褐色小点,中胸两侧、后胸前侧角和中间两侧各有 1 个小褐点;第 2 腹节前缘左右各有 1 个褐斑,第 3 节两侧、第 5～6 节和第 8 节两侧各 1 个红斑,第 7 节两侧各 2 个红斑。卵肾形,长约 0.2 mm,宽约 0.1 mm,对光透视,产卵叶片上可见针状半透明点。

4. 发生规律

枸杞蓟马每年发生 10～18 世代,成虫在枯叶下、树皮缝等隐蔽处越冬,次年春季展叶后即活动为害,6～7 月成虫和若虫群集于叶片、花冠筒内和果实上为害,喜食枸杞果实,常数十只爬行在果实背光的一侧表面,也藏匿于开放的花朵中,有时蛰伏在嫩叶背面为害。蓟马在叶上为害形成微细的白色斑驳,并排泄类似粪便,呈黑色污点密布叶背,被害叶略呈纵向反卷,早期落叶;因害虫在花冠筒中以花蜜为食,从而造成落花;同时,在果实上有纵向不规则斑纹,使鲜果颜色暗淡、无光泽、不易保存,干果颜色发黑。

十一、枸杞负泥虫

1. 分布与为害

枸杞负泥虫属鞘翅目叶甲科，别名十点负泥虫、背粪虫、稀屎蜜。幼虫肛门开口向上，粪便排出后堆积在虫体背上，故称负泥虫，是我国西北干旱和半干旱地区为害枸杞的重要食叶性害虫。

2. 为害症状

该虫主要为害枸杞叶片，食性单一，具有暴食性。成虫、幼虫均嚼食叶片，幼虫为害比成虫严重，以3龄以上幼虫为害最重。幼虫取食叶片造成不规则缺刻或孔洞(图7-11)，严重时叶片全部被吃光，仅剩主脉。早春越冬代成虫大量聚集在嫩芽上为害，致使枸杞不能正常抽枝发叶。其幼虫移动性差，多以虫源寄主为中心呈辐射状向四周扩散蔓延。该虫具有群集为害的特点，为害株率局部达80%以上。

3. 形态特征

(1)成虫　枸杞负泥虫(图7-12)体长5～6 mm。它的触角共计11节，呈黑色棒状，触角的第二节为球形，从第三节开始逐渐变粗，长度略大于宽度；枸杞负泥虫具有复眼，复眼相当大，突出于两侧；枸杞负泥虫的头部呈黑色，刻点粗密，头顶较平坦，中部有纵沟，中央有凹窝；枸杞负泥虫的前胸背板及小盾片呈现具有金属光泽的蓝黑色，前胸背板近长圆筒形、两侧中央缢入，背面中央近后

图7-11　负泥虫幼虫为害症状

图7-12　负泥虫的成虫

缘处有凹陷,小盾片呈舌形,它的末端比较直;枸杞负泥虫的足呈现黄褐或红褐色,而它的基节、腿节端部及胫节基部都呈现黑色,胫端、跗节及爪则呈现黑褐色;枸杞负泥虫的鞘翅呈现红褐色或黄褐色,近鞘端呈圆形,基部则稍宽,刻点粗大并呈纵向排列,每个鞘翅有 5 个近圆形的黑斑,一般近鞘缝的 2 个斑都比较大,外缘内侧的 3 个斑均较小,每个枸杞负泥虫的变化比较大,有的甚至没有斑纹。

(2)卵　枸杞负泥虫的卵呈长圆形,长约 1 mm,呈现橙黄色,通常十余粒呈“人”字形排列于叶面,孵化前呈黄褐色(图 7-13)。

幼虫:枸杞负泥虫的幼虫体长 1～7 mm,呈现灰绿或者灰黄色,一般会背负自己的排泄物于体背,因此,枸杞负泥虫的身体一直处于黏湿的状态。枸杞负泥虫的幼虫头呈黑色,具有强烈的反光性,前胸背板均黑色,中间分离,具有 3 对胸足,腹部各节的腹面有 1 对吸盘,以使身体能够紧贴于叶面。

图 7-13　负泥虫的卵

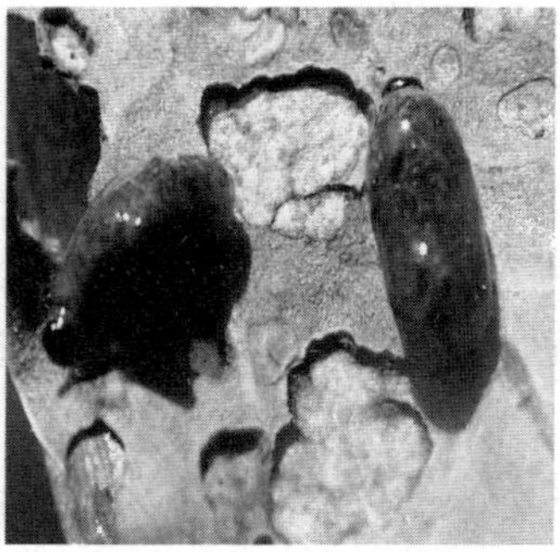

图 7-14　负泥虫的幼虫

蛹:枸杞负泥虫的蛹长 5 mm,呈淡黄色,腹端有 2 根尾刺,在树根周围土内结茧化蛹。

茧:枸杞负泥虫的茧长 5～5.5 mm。长筒形,外银灰色、内淡灰色。

发生规律:在枸杞种植区,每年发生 3～4 代,以成虫在枸杞枯枝、枯叶下、土缝等隐蔽处越冬。以 6～8 月为害最重,9 月之后末代成虫羽化,于 10 月底进入越冬期,成虫具有假死性。卵的历期及各虫态历期都因世代而异,第 1 代 12～15 d,第 2 代 7～8 d,其余各代 5～6 d,幼虫期 7～10 d,蛹历期 8～12 d,成虫寿命因个体而异,平均达 91 d。一般从 5 月上旬幼虫就开始活动,但此时的为害并不严重,所以不明显,7 月上旬第 2 代开始出现,导致大量的成虫聚集产卵，8～9 月则为枸杞负泥虫暴发时期，也是为害最严重的时期。幼虫老熟后会下树，在树的根基入土 3～5 cm 处吐白丝和土粒结成棉絮状茧，并在其中化蛹；越冬藏于枯枝、枯叶下或土缝等隐蔽处。

十二、枸杞锈螨

1. 分布与为害

枸杞锈螨，属瘿螨科锈螨亚科，别名枸杞刺皮瘿螨，主要分布于宁夏(银川、中宁)、甘肃等枸杞产区，主要为害枸杞叶片。

2. 为害症状

该螨只在叶面游离生活，使叶面密布螨体，呈锈粉状(图 7-15)，影响叶片光合。被害叶片变厚质脆，呈锈褐色，严重时于 7 月中旬而早落。

图 7-15 枸杞锈螨为害症状

3. 形态特征

(1)成螨 体长约 0.17 mm，体色有褐色、橙色、黄色的变化。头胸宽短，腹部渐次狭细呈胡萝卜形；口向下垂直，胸盾前缘正中有 1 前伸突瓣，盖于口器上方，瓣下每侧有 1 根长毛；足 2 对，膝节长毛 1 根，跗节长毛 2 根，胫节纤细，下方短毛 1 根，爪钩每侧有 4 分支，第 1、2 支为 3 钩，第 3 支 2 钩，第 4 支 1 钩，各钩端部呈锄头状；爪上方有 1 根弯形附毛，其端部宽粗，呈蹄形；胸部腹面长毛 1

对;腹部由环纹组成,背面环纹较粗,约 33 环,环上有粒突,腹面环纹密细,其数目约 2 倍背面环纹;胸背后缘长毛 1 对,腹侧长毛 4 对,腹端长短毛各 1 对。雄螨腹面近前方有 1 脐状突起(外生殖器)。

(2)卵　圆形,无色透明。

(3)幼螨　初孵幼螨体形粗短,无色透明,成长后与成螨形似,但前端不明显膨大,体形较匀称,半透明或近于无色。

4. 发生规律

该虫 1 年发生 17 代,以成螨在枝条皮缝、芽眼、叶痕等隐蔽处越冬,个别锈螨还可于枸杞瘿螨在枝条上形成的虫瘿内越冬,常数虫至更多的虫体挤在一起。4 月中下旬枸杞发芽后即爬到新芽上为害并产卵繁殖。6～7 月是为害盛期秋叶上螨体虽多,但叶色仍呈绿色,为害至 10 月底后越冬。该螨一个世代有 5 个虫期:卵、幼螨、第 1 龄若螨、第 2 龄若螨、成螨。干旱年份易猖獗流行。

十三、枸杞病虫害绿色防控技术

(一)防控目标

重点防控枸杞白粉病和枸杞木虱、枸杞瘿螨、枸杞蚜虫等。防治处置率达到 90%以上,专业化统防统治比例达 50%以上,防治效果达 80%以上,总体虫害损失率控制在 5%以内。

(二)防控策略

枸杞病虫害防治以“预防为主,绿色综合防治”为原则,把农业、物理、生物、化学等防治方法有机结合起来。同时,严格掌握用药时间、浓度、次数及统防统治,采取助剂＋药剂尽量减少化学农药的用药量,将病虫危害控制在经济损失允许范围之内。

(三)防控措施

1. 生物防治

(1)选地选苗　枸杞建园最好选择土壤深厚、地势高燥、通透性良好的沙壤、轻壤或中壤土田块。选择无病虫、抗逆性和抗病(虫)性强的枸杞枝条扦插育苗。在育苗圃中选择茎节粗短、根系发达、无徒长且均匀一致的枸杞苗栽植。

对异地调运的种苗，要经过当地检疫部门产地检疫和调运检疫，检疫合格后方可调进，苗木调入后需再进行一次复检，以减少远距离传播危险性病虫的概率。

(2)清洁田园　做好枸杞田块的洁园除草工作。枸杞生长期间随时清除田园病残体，及时拔除受害严重的病株，摘除被病虫为害严重的叶片、果实。枸杞果实最后一次采摘后，要清除田边、路边的杂草。

(3)农事操作　枸杞苗在拉运、移植时要防止剧烈的机械震动和强烈的接触摩擦，减少伤口。修剪时注意剪子不要划伤主干皮层。先剪无病株，再剪发病较轻的植株，最后剪发病较重的枝条，并注意剪子消毒。人工除草时注意锄头不要刮伤根茎。灌水应小水勤浇，防止大水漫灌和灌后积水。

2. 物理防治

(1)色板诱杀　可用黄板诱杀枸杞蚜虫、木虱等害虫，用蓝板诱杀枸杞蓟马等害虫。整块地以对角线、长边和宽边组成“米”字形，按“米”字走向等距排列粘虫板，悬挂时先将竹竿或细木棍插入土壤中，再挂上粘虫板并用细铁丝固定，粘虫板下沿高出枸杞植株顶端 20 cm，粘虫板规格为 25 cm×20 cm，板面朝向东西方向。每 20～30 m 悬挂黄板，诱杀时间从 5 月下旬开始，9 月下旬结束。

(2)灯光诱杀　利用频振式杀虫灯或太阳能杀虫灯诱杀负泥虫、木虱等害虫。在枸杞宽行间安装佳多频振式杀虫灯 PS-15Ⅱ型，每 100 m 安装一盏灯；太阳能杀虫灯，安装使用时间为 5 月上旬到 9 月下旬。

3. 化学防治

(1)无机矿物质药物防治　在最后一次采摘枸杞果实后，用 45％石硫合剂结晶粉 400 倍液涂抹树干，涂抹到地面以上 3 cm 至第一个结果枝下 3 cm 处。

(2)生物农药防治　蚜虫可用 1％苦参碱可溶液剂 400 倍液或 2.8％阿维菌素乳油 5 500 倍液喷施防治。瘿螨可用 1％苦参碱可溶液剂 400 倍液喷施防治。白粉病可用 2％武夷菌素水剂 100 倍液喷施防治。不同生物农药应交替使用，于每次采摘后喷施，用药 4～5 次。

(3)低毒药剂应急防治　对于前期预防不力，中后期发病较重，防治效果低且控制进程缓慢的田块，应补施低毒高效药剂进行应急防治。采摘后立即喷药，以最大限度地拉长施药与下次采摘的间隔期。枸杞生长期可用 10％吡虫啉乳油 2 000 倍液或 3％啶虫脒乳油 1 500 倍液、25％噻虫嗪水分散粒剂 4 000 倍液喷施防治蚜虫。

模块三

瓜菜病虫害

项目八　瓜类病虫害

新疆的西瓜和甜瓜以清脆爽口、汁多味甘著称。随着生态环境和生产条件的不断变化，瓜类病虫害也发生了很大的变化。首先，瓜类病虫害种类比过去多了，以往国内从未见过的病虫也出现了，如美洲斑潜蝇、果实腐斑病等。这些病虫通过进口鲜果、鲜花植株或种子传入，而今已成为危害瓜类生产的重要病虫。其次，由于大面积使用小拱棚、大棚、温室等保护地生产技术，致使一些病虫的发生季节提前了，每年害虫的繁殖代数增加了，为害的时间延长了，同时大量商品瓜的流通也加快了一些病虫的传播，扩大了为害区域。总之，与传统农业相比，有些病虫的发生规律起了显著变化。最后，我国的瓜类生产的面积大，地域广，新区多，病虫多，新农药多，在病虫防治上不仅要重视直接防治效果，还应考虑到防止环境污染、减少农药残毒和保护自然天敌等问题。所以，病虫的防治难度也比过去增加了。病虫侵害轻则减产、品质变劣，重则绝收，因此，提高病虫害防治技术是当前瓜类生产的迫切要求。瓜类作物的病虫种类很多，主要包括传染性病害、生理性病害以及害虫的为害。

瓜类病虫害
彩色图谱

传染性病害的病原有真菌、细菌、病毒、线虫、寄生性种子植物等，瓜类作物

80%以上的传染性病害是由真菌引起的。瓜类作物较易感病，传染性病害种类繁多，各种病害的发生地区与为害程度各不相同，有的病害仅在局部地区个别年份发生。目前发生普遍，危害较大，造成经济损失较多的有枯萎病、疫霉病、蔓枯病等根部病害；白粉病、霜霉病、炭疽病、细菌性角斑病等叶部病害。由于传播速度快、来势猛，稍有不慎就会造成巨大损失。病毒病、根结线虫病等虽然在局部地区、地块和特定气候、年份下发生，其防治难度较大，一旦失控也会导致严重减产。西瓜最突出的病害有枯萎病与炭疽病，甜瓜有疫霉病、蔓枯病、白粉病、角斑病和霜霉病等。对传染性病害的防治，必须十分重视对发病条件的控制。在防治方法上，对土传病害应以实行合理轮作、推广抗病品种、普及嫁接换根等农业措施为主。对叶部病害则常用化学防治。

生理性病害无病原，不传染，主要是环境条件（空气、土壤及温、光、水、气等因素）不良和栽培措施不当所引起的生理失调。有些生理性病害的识别比较困难，如一些营养缺素症与病毒病症状十分相似，易于混淆。

瓜类的害虫种类很多，各种害虫的种群分布和为害情况各不相同，有的害虫仅在局部地区、个别年份发生。目前发生范围广、为害比较严重的害虫有瓜蚜、叶螨和种蝇等。几种刺吸式口器的昆虫，如瓜蚜、叶螨、白粉虱、蓟马等，由于其一年中发生世代多，生活周期短，在环境条件适宜时，短期内虫口可急剧增多，而酿成大害。其中尤以瓜蚜为害最重，不仅直接影响植株生长，还会传播病毒病。斑潜蝇是为害瓜类作物的新传入害虫。

大棚、温室等瓜类保护地生产，病虫害的发生和为害情况与露地生产不同。由于保护地瓜类栽培的技术性很强，一旦管理不当，调控失误，极易发生传染性病害和生理性病害。温室白粉虱主要在保护地内发生为害；斑潜蝇对保护地瓜类生产威胁很大。保护地内的病虫害防治，除了一般露地生产上常用的方法外，还可根据保护设施的特定条件，采用土壤消毒、熏烟法、粉尘法、加设防虫网等防治措施。

瓜类作物的病虫害防治，应全面贯彻“预防为主，综合防治”的植保方针，紧密结合瓜类作物的生物学特性，采用以农业防治为基础，从加强栽培管理入手，协调好各种措施（栽培措施、人工防治、物理防治、化学防治、生物防治等）。对主要病虫害的发生情况应做好预测预报，在关键时期合理采用化学防治，保证防治质量，做到用药少、防效高、尽可能不杀伤天敌、尽可能减少对环境的污染。

特别是在历来使用农药较少、害虫天敌较多的新疆地区,更应充分保护利用自然天敌,进行生物防治。

一、猝倒病

1. 分布与为害

猝倒病是瓜类苗期病害,保护地育苗期最为常见,育苗栽培年限越长的温室里发病越重,特别是在气温低、土壤湿度大时发病严重,可造成烂种、烂芽及幼苗猝倒,该病约占幼苗死亡率的 80%。

2. 为害症状

西瓜苗期和生长后期均可发病,是苗期毁灭性病害。种子萌芽后至幼苗未出土前受害,造成烂种、烂芽。出土幼苗受害,茎基部呈现水渍状黄色病斑(图 8-1)。后为黄褐色,缢缩成线状,倒伏。幼苗一拔就断,病害发展很快,子叶尚未凋萎,幼苗即突然猝倒死亡。湿度大时,病株附近长出一层白色絮状菌丝。生长后期,果实受害,瓜面呈水渍状大斑,严重时果实腐烂,表面长出白色絮状菌丝。

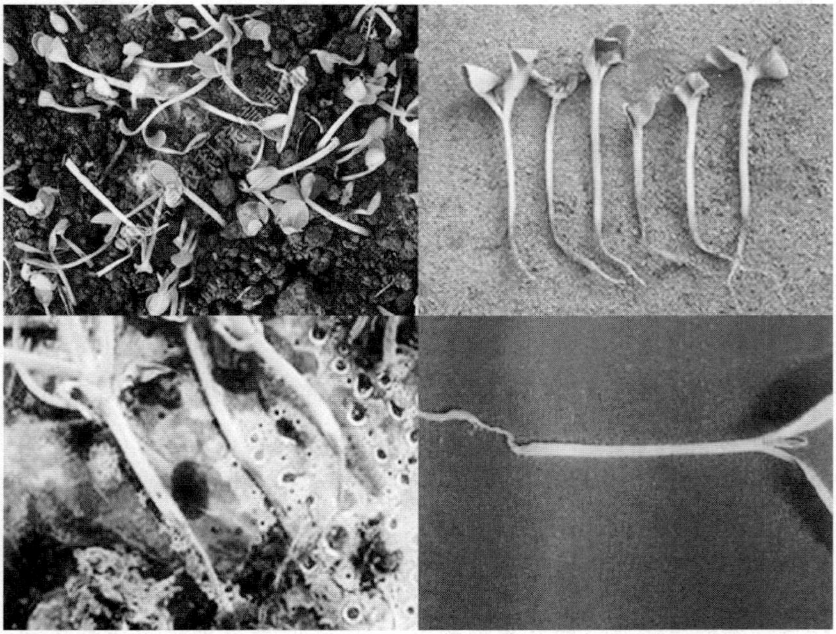

图 8-1 猝倒病为害症状

3. 病原

瓜果腐霉菌,属真菌鞭毛菌亚门腐霉属。菌丝无色,无隔膜。老熟菌丝顶端着生不规则的圆筒状或手指状分枝的孢子囊。游动孢子肾形,凹面有两根鞭毛;卵孢子球形,光滑,悬于藏卵器内。

4. 发病规律

该病原菌的腐生性很强,可在土壤中长期存活,以菌丝体和卵孢子在病株残体及土壤中越冬。第二年,条件适宜时卵孢子萌发,先产生芽管,然后在芽管顶端膨大形成孢子囊及游动孢子。在土中营腐生生活的菌丝体也可产生游动孢子囊。以游动孢子侵染瓜苗引起猝倒病。病菌靠灌水或雨水冲溅传播。低温、高湿、施用未腐熟的粪肥等,均有利于发病。苗床通风不良,光照不足,湿度偏大、不利于幼苗根系的生长和发育,易诱导猝倒病发生。在瓜生长成熟期,田间应严格控水,浇水时要绝对避免水淹瓜的果实,否则瓜果腐烂,易发生绵腐病。

二、立枯病

1. 分布与为害

立枯病是幼苗期主要病害之一。在春季露地栽培及温室育苗期常与猝倒病相伴发生,该病害约占幼苗死亡率的10%。

2. 为害症状

播种后到出苗前感病受害,可出现烂种和烂芽;幼苗出土后,染病株在根茎基部出现黄褐色长条形或椭圆形的病斑(图8-2),发病初期病苗白天萎蔫,夜晚恢复,病斑凹陷,逐渐环绕幼茎,缢缩成细腰状,病苗很快萎蔫、枯死,但病株不易倒伏,呈立枯状。有时在病部及周围土面可见淡褐色蛛丝网状霉,但不显著。病部不长明显的白色棉絮状物,就此可与猝倒病区分。

3. 病原

立枯丝核菌,属半知菌亚门无孢目丝核菌属。初生菌丝无色,较纤细,老熟菌丝黄褐色,较粗壮,略呈直角分枝,分枝基部缢缩,分枝附近有一隔膜。菌核成熟时呈棕褐色,形状不规则。

4. 发病规律

立枯丝核菌是土壤习居菌,腐生性较强,病菌主要以菌丝体或菌核在土壤

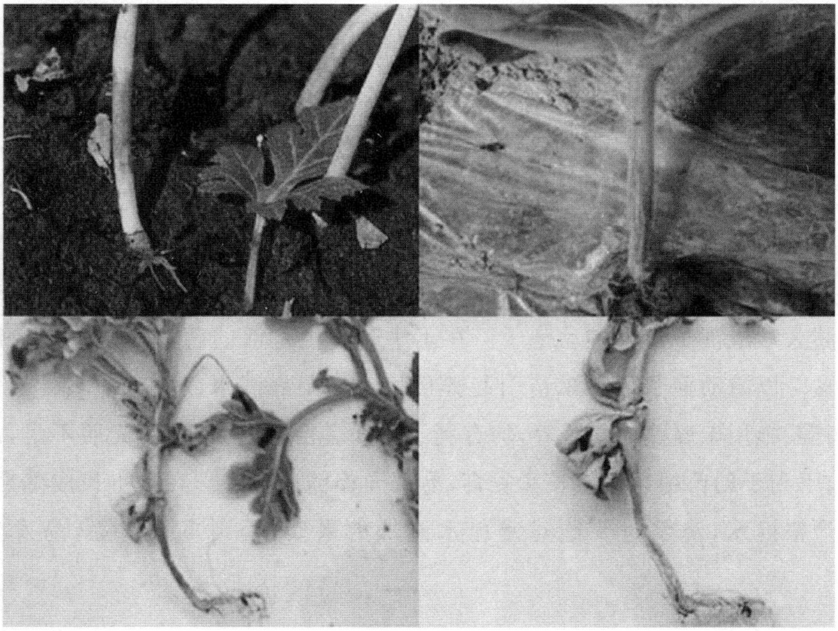

图 8-2　立枯病为害症状

内的病残体及土壤中长期存活，也能混在没有完全腐熟的堆肥中生存越冬。极少数以菌丝体潜伏在种子内越冬。此病初侵染来源主要是土壤、病株残体、农家肥料。在适宜的环境条件下，直接侵入寄主内为害。病菌在田间通过风雨、耕作、流水、人、畜、地下害虫等进行传播。

立枯病的发生与气候条件、耕作栽培技术、土壤、种子质量等密切相关。

(1)种子播入土壤中后，若遇低温多雨，特别是遇寒流，常诱发烂根。

(2)瓜种籽粒饱满，则生活力强，播种后出苗迅速，整齐而苗壮，不易遭受病菌侵染，发病轻；反之，则发病重。

(3)多年连作的瓜田，或施入未腐熟的厩肥，土壤中病菌积累多，瓜苗发病率高，病害重。

(4)播种期过早或播得过深(6 cm 以上)，均使小苗延迟出土，病菌易于侵染，引起发病。

(5)地势低洼，排水不良，土壤黏重，通气性差，植株长势弱者，发病严重。

(6)覆盖地膜栽培，湿度过大时可加重立枯病。

三、枯萎病

1. 分布与为害

瓜类枯萎病又称萎蔫病、蔓割病。自1894年在美国发现该病以来，已分布于世界各产瓜区，是一种世界性瓜类土传病害。1899年我国东北就有报道，目前，在我国南北方产瓜区都有发生，以西瓜发病最重，甜瓜次之。尤其是连作地发病严重，常可造成全田毁灭。枯萎病是瓜类生产上急需解决的重要问题。

2. 为害症状

本病于苗期、伸蔓期至结果期都可发生，以开花坐果期和果实膨大期为发病高峰。果实开始成熟时病害又趋于稳定。其典型症状是萎蔫（图8-3）。幼苗发病，子叶萎蔫或全株枯萎，呈猝倒状。开花结果后发病，病株叶片逐渐萎蔫，似缺水状，中午更为明显，早晚尚能恢复，数日后整株叶片呈褐色，枯萎下垂，不能再恢复正常，叶片干枯，全株死亡。患病根部褐色腐烂，稍缢缩，茎基部纵裂，裂口处有时溢出琥珀色胶状物，将病茎纵剖，可见维管束呈黄褐色。在潮湿环境下，病部表面常产生白色及粉红色霉状物，即病菌分生孢子。

图8-3 枯萎病为害症状

3. 病原

瓜类枯萎病由半知菌亚门镰孢霉属尖镰孢菌侵染所致。已形成为害瓜类的许多不同专化型，在各种瓜类之间的侵染能力表现出明显的差异。

据新疆农业大学对西瓜和甜瓜根际镰孢霉种类及其消长规律的研究，茄病镰孢霉菌和尖孢镰霉菌是西瓜、甜瓜根际镰孢霉中比例较大的两种。其中茄病镰孢霉出现比例最大，主要集中在生长前期和后期，而在枯萎病发病高峰期以尖孢镰霉菌为主。

病菌发育和侵染适温为24～28 ℃，最高为35 ℃，最低温度4 ℃，生长适宜pH为2.3～9，最适pH为4.5～6。

4. 发病规律

病菌主要以菌丝体、厚垣孢子和菌核在土壤和未充分腐熟的带菌厩肥中越冬及附着在种子表面的分生孢子越冬，成为第二年发病的初次侵染源。病菌在土壤中离开寄主仍能存活3年以上。厚垣孢子和菌核能存活10～15年，通过牲畜的消化道仍能保持其生活力。病菌主要经过根部伤口或由根毛顶端细胞间隙直接侵入，先在寄主薄壁细胞间和细胞内，然后进入维管束，在导管内生长发育。病菌分泌果胶酶、纤维素酶和毒素，在导管内积累，堵塞导管，阻碍水分的运输。当植株蒸发量大时，供水不足造成萎蔫；蒸发量小时，叶片又可恢复正常，几天之后病株渐渐整株萎蔫死亡，或因病菌分泌的毒素干扰寄主新陈代谢，积累许多醌类化合物，使寄主中毒死亡。病菌还可从病蔓经由果梗侵入果实而发病，或从果皮伤口处侵入，引起瓜腐烂，有苦味。

枯萎病传播途径较多，分生孢子可通过种子、土壤、农具、未腐熟肥料和灌溉水等传播。发病的轻重主要决定于当年土壤中及未腐熟的厩肥中初次侵染的菌量，而地下害虫和土壤线虫为害造成的伤口，为枯萎病菌侵染创造了条件。地上部植株因人为整枝或绑架形成伤口，再次为病菌入侵，并造成局部枝蔓萎蔫创造了条件。

枯萎病发生与以下因素有关。

(1)连作田块发病重。

(2)土质黏重、地势低洼、排水不良、耕作粗放等，对瓜根系生长发育不利，发病都较重。

(3)天气时雨时晴，或久旱后下雨，或灌水量过大、次数过多，田间有积水或高温高湿，根系透气性差，西瓜极易发生枯萎病。

四、疫霉病

1. 分布与为害

瓜类疫霉病，简称疫病，俗称“死秧病”，发病后病株很快萎蔫死亡，是近十多年来为害瓜类的重要病害，在新疆全区普遍发生，对西瓜、甜瓜、黄瓜、西葫芦、南瓜等的生产威胁很大。田间高温高湿时易发病，尤其是大雨或暴雨后，或浇水过量，或排水不良，易引发本病，并会带来惨重的损失，甚至绝收。

2. 为害症状

疫霉病菌以侵害瓜根茎部为主，还可侵染叶、蔓和果实。根茎部发病初期产生暗绿色水渍状病斑，病斑迅速扩展，茎基呈软腐状，有时长达 10 cm 以上，植株萎蔫青枯死亡，维管束不变色。有时在主根中下部发病，产生类似症状，病部软腐，地上部青枯，叶片染病时则生暗绿色水渍状斑点，扩展为近圆形或不规则大型黄褐色病斑（图 8-4），天气潮湿时全叶腐烂，干燥时病斑极易破裂。严重时，叶柄、瓜蔓也可受害，症状与根茎部相似。果实染病后产生暗绿色近圆形水渍状病斑，潮湿时病斑凹陷腐烂长出一层稀疏的白色霉状物。

图 8-4 疫霉病为害症状

3. 病原

瓜类疫霉病病原为真菌中鞭毛菌亚门霜霉目疫霉属的疫霉菌。疫霉病主要由 3 种疫霉菌引起，即辣椒疫霉菌、掘氏疫霉菌和寄生疫霉菌。

4. 发病规律

病原菌主要以菌丝体、卵孢子和厚垣孢子在病残体、土壤和未腐熟的粪肥中越冬。第二年卵孢子和厚垣孢子萌发产生孢子囊，在高湿条件下释放出游动孢子，通过雨水、灌溉水传播到寄主上，孢子萌发产生芽管，芽管与寄主表皮接触后产生附着器，再由附着器产生侵入丝，直接穿过表皮进入寄主体内。植株生病后，遇潮湿的气候病部又产生孢子囊，孢子囊及其释放出的游动孢子又借风、雨、灌溉水传播，进行重复侵染，使病害迅速蔓延。瓜的整个生育期都可被病菌侵染，6 月下旬至 8 月中旬为发病盛期。

病菌发育的适宜温度范围为 5～38 ℃，最适为 28～30 ℃，旬平均气温在

23 ℃时田间瓜蔓开始发病，高湿（相对湿度 85%以上）是病害流行的决定性因素。6～7 月有雷阵雨，雨后疫病大流行。新疆地区 6 月下旬气温升高，瓜生长需水量大，若以大水漫灌、串灌，瓜田畦面被水淹，疫病就会大发生；若浇水次数多，低洼处有积水不能及时排出，不仅对瓜的生长不利，而且有利于病原菌的传播和侵染。用渠水灌溉比用井水灌溉发病重。

瓜地连作，或施用未充分腐熟的土杂肥作基肥，或是追施化肥时伤根严重，常会导致疫病发生。而合理轮作，选择砂壤土种瓜，发病就轻。

五、蔓枯病

1. 分布与为害

蔓枯病也叫黑腐病、黑斑病、褐斑病，是西瓜、甜瓜和黄瓜的常见病害，因引起蔓枯而得名。此病在我国各西瓜、甜瓜产区发生普遍，发病严重者，可出现瓜秧成片死亡。一般病田可减产 20%～30%，严重的达 50%以上，有的甚至绝收。

2. 为害症状

在瓜的整个生育期，地上各部位均可受害。病株幼苗初现水渍状小斑，病斑迅速向上、下扩展，呈环状黑色或棕黄色病痕，不久全株软腐死亡。叶片受害后，最初为浅褐色水渍状小点，后逐渐扩大成直径为 1～2 cm 的圆形、近圆形或不规则形的黑褐色大斑，常见叶缘受害，形成黑褐色弧形、楔形大斑，病部干枯，表面散生有黑色小粒点，即病菌的分生孢子器及子囊壳。蔓茎受害，早期多发生在茎基部的分杈处，呈水渍状灰绿色斑，渐渐沿茎扩展到各节，病斑呈短条状褐色凹陷斑、环状黑色斑，密生黑色小粒点。在龟裂处不断分泌黄色胶汁，干涸后凝结成深红色至黑红色的颗粒状胶质物，附着在病部表面，蔓叶枯萎。横切病茎，可见病茎表皮一圈变褐，其维管束不变色，仍维持绿色，这一点与枯萎病有明显不同；受害果实先呈现水渍状的小斑，后扩大成圆形、暗褐色的凹陷斑，病斑表面常呈星状开裂，产生黑色溃疡，病斑上有许多分散的黑色小点（图 8-5）。

3. 病原

瓜类蔓枯病菌有性世代属子囊菌亚门座囊菌目球腔菌属。子囊壳半埋生于寄主表皮下，壁膜质，黑褐色，孔口周缘的壁深黑色，呈细颈瓶状、球形或扁

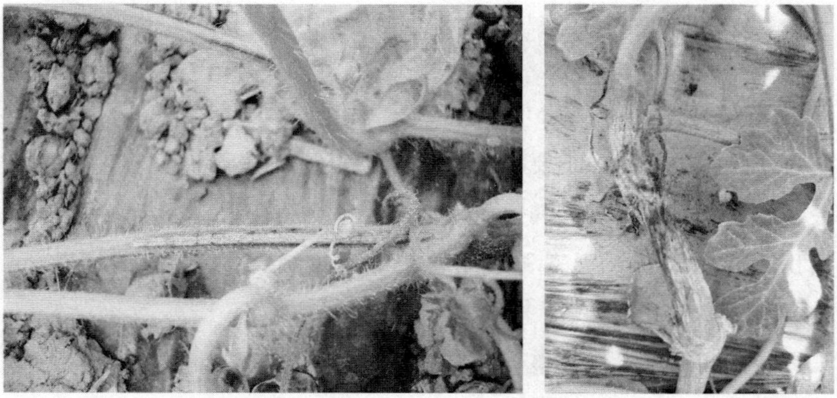

图 8-5 蔓枯病为害症状

球形。

蔓枯病菌主要侵害甜瓜、黄瓜、西瓜，还可不同程度地侵染冬瓜、西葫芦、南瓜、丝瓜等葫芦科作物。

4. 发病规律

病原菌主要以分生孢子器和子囊壳随病残体落在土壤中和未充分腐熟的粪肥中越冬，种子也可以带菌。据浙江省的报道，种子带菌率一般为 5%～30%，病原菌可存活 18 个月以上。病残体上病菌的存活期，因越冬场所不同而有差异，在水中、潮湿土壤中可存活 3 个月，在旱地病残体上存活 8 个月以上。第二年春天，释放分生孢子和子囊孢子进行初次侵染。种子带菌引起子叶发病；病残体上形成的分生孢子借风、雨、灌溉水传播，从气孔、水孔或伤口侵入，反复侵染蔓延。

病害的发生与温度、湿度及农业措施关系密切。菌丝在 5～35 ℃均能生长，最适温度为 25 ℃；分生孢子在 5～40 ℃均可萌发，最适温度为 26～30 ℃。降雨量和降雨次数是此病害发生的主导因素。气温在 30 ℃以上，降雨次数多，雨量大，是发病的高峰期。凡瓜田植株长势旺，密度过大，灌水量过多，排水不良，湿度大者根、茎、蔓、叶易发生蔓枯病。随着连作年限增加，病害会逐年加重。施氮肥过多也可加重病害。保护地种植的瓜类，在冬、春两季光照弱，通风不良，湿度大的环境条件下，更易发生蔓枯病。

六、炭疽病

1. 分布与为害

炭疽病是瓜类作物的重要病害之一，在我国南北方分布比较广泛。西瓜和甜瓜最易感病，黄瓜、南瓜等其他葫芦科植物也受其侵害。近年来，随着保护地栽培面积的扩大，北方的温室和塑料大棚内，瓜类炭疽病有上升的趋势。

2. 为害症状

瓜类炭疽病在瓜类作物整个生长期内均可发生，但以植株生长中后期发生最重，造成茎叶枯死，果实开裂腐烂。炭疽病也是西瓜、甜瓜收获后运输中和贮藏期的重要病害。幼苗发病后子叶边缘出现褐色半圆形或圆形病斑，茎基部受害后病部缢缩、变色，幼苗猝倒。成株期叶部病斑初为水渍状圆形淡黄色小斑，后变褐色，边缘紫褐色，中间淡褐色，有同心轮纹和黑色小点，病斑扩大后互相融合，易引起穿孔，叶片早枯。茎蔓和叶柄受害后病斑长圆形，微凹陷，呈黄褐色水浸状，后变黑色，病斑若发展至绕茎蔓或叶柄一圈，即引起茎蔓或叶枯死。果实受害后先呈暗绿色水渍状小斑点，后迅速扩大为圆形或椭圆形。凹陷呈暗褐色至黑褐色溃疡斑，凹陷处常龟裂，上生许多黑色小粒点，即分生孢子盘。潮湿环境下在溃疡斑上产生粉红色黏状物，即病菌的分生孢子堆。严重时病斑连片，果实腐烂(图 8-6)。

3. 病原

瓜类炭疽病菌无性世代属半知菌亚门黑盘孢目炭疽菌属。有性世代为子囊菌，在自然情况下很少出现。

病斑上散生的黑色小点即病菌的分生孢子盘，产生在寄主表皮下，成熟后突破寄主表皮外露。分生孢子与黏胶物质相混呈粉红色。病菌存在生理专化现象，至少有 3 个不同小种对西瓜、甜瓜和黄瓜具有不同程度的毒力。

孢子萌发最适温为 22～27 ℃，4 ℃以下不能萌发。在空气相对湿度 60％～100％时分生孢子均可萌发。直射光对病菌发育有抑制作用，故病害在遮阴处发生较多。

4. 发病规律

病菌主要以菌丝体和拟菌核(未发育成熟的分生孢子盘)在病残体上或在

图 8-6 炭疽病为害症状

土壤里越冬。种子也能带菌传病，病菌在种子上 2 年后即可死亡。在温室、塑料大棚内的旧木桩上，病菌也可营一定时期的腐生生活。

越冬后的菌丝体和拟菌核发育成分生孢子盘，产生大量分生孢子，是田间病害的主要初次侵染来源，潜伏在种子上的菌丝体，可以直接侵入子叶引起幼苗发病。

分生孢子主要通过流水、雨水、甲虫和人、畜活动进行传播。摘瓜时，瓜果表面常有大量分生孢子，在贮藏运输中也能侵入致病。

孢子萌发最适温度为 22～27 ℃，4 ℃以下不能萌发。在空气相对湿度 60％～100％时分生孢子均可萌发。直射光对病菌发育有抑制作用，故病害在遮阴处发生较多。湿度是诱发本病的主要因素。病害的潜育期，一般为 3～6 d。湿度降至 54％以下，病害就不能发生。发病要求温度范围较宽，在 10～30 ℃均可发生，而以 24 ℃为最适宜。因此在低温高湿（多雨）的环境下发病最盛。连作地发病重；过多地施用氮肥，通风不好，植株衰弱者，发病均较重；灌水多，降雨多，田间排水不良者发病重。

七、白粉病

1. 分布与为害

瓜类白粉病，俗称白毛病、粉霉病，是一种分布广泛、为害较重的病害。可为害西瓜、甜瓜、黄瓜等。我国南方和北方不论温室、大棚及露地栽培的瓜田均有发生，多发生在结瓜期及成熟期。病害一旦发生，常发展迅速，若不及时防治，会导致瓜叶枯焦，致使果实早期生长缓慢，植株早衰，严重影响瓜的品质和产量。

2. 为害症状

此病主要侵染叶片、叶柄，茎蔓也常受害，果实受害较少。发病初期，叶片的正面或背面长出小圆形白色粉状霉点，不久逐渐扩大成较大的白色粉状霉斑(病菌菌丝体、分生孢子梗及分生孢子)，以后蔓延到叶柄和茎蔓甚至嫩果实上。严重时整个植株叶片被白色粉状霉层所覆盖，叶发黄变褐、质地变脆。后期有时白粉层中出现散生或堆生的有性世代的闭囊壳，先为黄色后变成黑褐色的小粒点(图 8-7)。

图 8-7　白粉病为害症状

3. 病原

瓜类白粉病病原的有性世代为子囊菌亚门白粉菌目的菊二孢白粉菌、单丝壳白粉菌和鞑靼内丝白粉菌。

4. 发病规律

以有性世代的闭囊壳随病株残体在田间越冬；冬季病菌在花房、温室、塑料大棚里以菌丝体在寄主植物上越冬，或产生分生孢子继续传播和侵染。翌年春天，以分生孢子随气流和雨水传播，造成初次侵染。白粉菌是专性寄生菌，只能在活寄主上生活，吸收营养。

(1)发病与温、湿度的关系　该菌对湿度要求并不严格，其分生孢子在相对湿度 25%～100%时都可萌发，以 80%～90%最适宜。而夏季晚上有露水或小雨则有利于发病。

(2)发病与栽培管理的关系　栽培管理粗放，偏施氮肥，植株徒长，枝叶过于茂盛，通风不良，光照不足，株间湿度大，植株长势弱，均有利于发病。

八、霜霉病

1. 分布与为害

瓜类霜霉病是甜瓜和黄瓜的毁灭性病害，也为害西瓜、丝瓜等葫芦科植物。在我国各瓜产区均有发生，无论是露地或保护地栽培的甜瓜、黄瓜，常因此病而遭受惨重的损失。在适宜条件下，病害发展迅速，1～2 周内可使瓜秧枯黄，瓜果不能成熟，流行年份常减产 30%～50%，甚至绝收。

2. 为害症状

瓜类霜霉病在整个生育期均可发病，主要为害叶片。苗期发病，叶片正面出现不均匀的褪绿黄化，子叶失绿干枯，并逐渐向真叶发展，使幼苗枯死。成株期发病，多在开花结果后开始发病，一般下部叶片先发病。初期叶片上呈水渍状淡黄色小斑点，后病斑逐渐扩大，受叶脉限制呈多角形，黄绿或淡褐色。当田间湿度大时，叶背面长出灰黑色霉层。病情由植株下部逐渐向上蔓延发展。当环境条件适宜时，病斑迅速扩展增多，连成一片，除心叶外全株叶片干枯卷缩。该病病斑为多角形黄褐色，不穿孔，叶背有一层黑色或紫黑色霉层，易与其他病害加以区别。

3. 病原

瓜类霜霉病为鞭毛菌亚门古巴假霜霉菌，是一种活体寄生真菌。孢囊梗自气孔中伸出，形成霜霉层。

图 8-8　霜霉病为害症状

4. 发病规律

病菌主要以卵孢子在土壤中的病残体越冬，也以菌丝体和孢子囊在温室受害株上越冬。病菌孢子主要靠气流、雨水和昆虫等进行传播。该病与温度、湿度关系很大。在 15～25 ℃条件下，空气湿度为 80%以上，病菌自侵入到发病只需 3～5 d。昼夜温差大，降雨次数多，空气湿度大的条件下，病害易流行。保护地栽培，若灌水后放风不及时，或放风量过小，造成棚内湿度大，叶面结露易诱导该病的发生。保护地内还易从塑料棚破裂处发病，继而向四周扩大蔓延。此外，重茬地、低洼地、黏土地及通风不良的地块均易发病。

九、细菌性角斑病

1. 分布与为害

瓜类细菌性角斑病在北疆发生比较普遍，以黄瓜受害最重，其次为甜瓜、西葫芦。

2. 为害症状

瓜类细菌性角斑病主要侵染叶片，也能危及果实和茎蔓。叶片发病，产生水浸状小点，淡绿色，后变为淡黄色，病斑逐渐扩大，因为受叶脉限制而呈多角形的黄褐色病斑(图 8-9)。后期病斑中央组织干枯形成穿孔。空气湿度大时，叶背病斑上有白色黏液。果实与茎蔓受害的症状与叶片症状相似，但果实上的病斑常形成溃疡和裂口，潮湿时分泌白色细菌黏液。果实上的病斑向内扩展，一直蔓延到种子。

图 8-9　黄瓜细菌性角斑病为害症状

幼苗被害，子叶初呈水渍状圆斑，稍凹陷，后变褐干枯，茎部染病可引起幼苗猝倒。

3. 病原

瓜类细菌性角斑病的病原是丁香假单胞杆菌，其是一种细菌，菌体很小，短杆状，有 1～5 根端生鞭毛。革兰氏染色阴性。细菌生长的最适温度为 25～28 ℃，最适 pH 为 6.8。

4. 发生规律

瓜类细菌性角斑病菌在病残物和种子上越冬。通过风雨、昆虫传播。病菌从寄主伤口和自然孔口入侵。病原菌的菌脓又随风雨、昆虫、田间操作传播，引起再侵染。

当温度在22～24 ℃、相对湿度在70%以上时，病害易于发生和流行。一般在栽培密度大、土壤潮湿的地块先发病，在连阴雨后，天气闷热时病害容易滋生蔓延。低洼下潮地，排水不良及整枝、绑蔓不及时的地块易发病。连茬地、通风透光差的地发病都比较重。另外，定植时护根措施不好，或地下害虫多，造成根系断裂，给病菌以可乘之机，也易于发病。

十、美洲斑潜蝇

1. 分布与为害

美洲斑潜蝇属世界性害虫，已传入我国，是全国植物检疫对象，在新疆发生为害也很严重。美洲斑潜蝇的寄主范围较广，可为害26科300多种植物。其中瓜类作物、芥菜、豆类作物、番茄、茄子、辣椒、马铃薯、苜蓿、蓖麻等植物受害较为严重。其幼虫生活方式隐蔽，潜食叶肉，形成先细后宽的蛇形弯曲或蛇形盘绕虫道，其内有交错排列整齐的黑色虫粪。虫道呈不规则线性伸展，虫道端部明显变宽，老虫道后期呈棕色的干枯斑块。一般一虫一道，1头老熟幼虫1 d可潜食3 cm。以老熟幼虫在叶片正面潜道末端1 cm处咬一半圆形小孔爬出，多数从叶面滚落土中化蛹，少数在叶片或叶柄上化蛹。破坏叶肉细胞、降低植物的光合作用，为害严重时导致落叶。同时，其为害也为病菌提供了侵入途径和滋生场所。在植株幼苗期，幼虫为害可使植株发育推迟，严重时使植株枯死。对花卉和蔬菜等经济作物也构成较大威胁。

2. 形态特征

美洲斑潜蝇(图8-10)属双翅目潜蝇科。

(1)成虫　体长1.3～2.3 mm，翅长1.3～2.3 mm，体淡灰黑色，足淡黄褐色，复眼酱红色。

(2)卵　椭圆形，乳白色，大小为(0.2～0.3) mm×(0.1～0.15) mm。

(3)幼虫　蛆形，老熟幼虫体长约3 mm。幼虫有3龄，1龄虫体较透明，近乎无色，2、3龄为鲜黄或浅橙黄色。

(4)蛹　为围蛹，椭圆形，腹面稍扁平，大小为(1.7～2.3) mm×(0.5～0.75) mm，橙黄色至金黄色。

3. 发生规律

美洲斑潜蝇一年发生15代以上，条件适宜时，12～16 d完成一个世代。幼

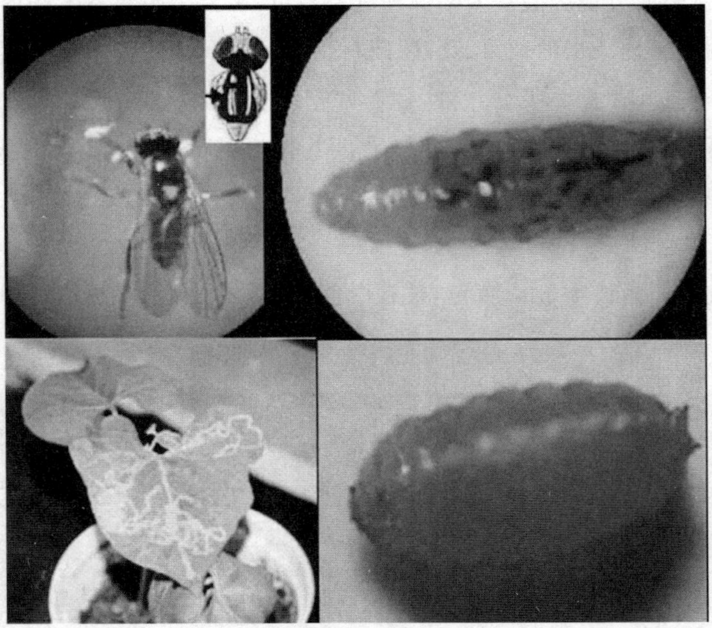

图 8-10 美洲斑潜蝇

虫潜食叶肉，成虫羽化后在田间取食花蜜，具有趋黄性。交尾后雌虫以产卵器在叶片上刺孔产卵，导致大量叶片组织细胞死亡，肉眼可见点状白斑。雄虫虽不能刺伤叶片，但可在雌虫造成的伤口上取食。

美洲斑潜蝇成虫有飞翔能力，但飞行距离仅 100 m 左右，自然扩散能力不强。远距离传播以随寄主植物调运为主要途径。其中以带虫叶片做远距离传播为主，茎和蔓等植物残体夹带传播次之。鲜、切花可能是一种更危险的传播途径。

此虫生长发育的适温在 24 ℃左右，30 ℃以上对幼虫有抑制作用。

十一、白粉虱

1. 分布与为害

白粉虱属同翅亚目粉虱科，包括温室白粉虱和烟粉虱。前者广泛发生于新疆各地，后者近几年传入新疆，已在吐鲁番等地严重发生，并有逐渐蔓延和加重为害的趋势。

白粉虱是北方地区温室大棚一种重要害虫，主要为害温室大棚内的蔬菜和花卉，也为害露地栽培的蔬菜、花卉、药材、棉花、粮食作物和果树。其成虫和若虫群集于寄主叶片背面吸食汁液，使叶片褪绿变黄，甚至枯死。成虫和若虫还分泌大量蜜露，堆积于叶片和果实上，严重影响叶片的光合作用和呼吸作用，造成叶片萎蔫，甚至植株枯死。

2. 形态特征

（1）成虫　体长 1 mm，黄色，被有白色蜡粉。翅白色，不透明，翅脉简单（图 8-11）。

图 8-11　白粉虱

（2）卵　枣核形，下有短柄，表面光滑，有光泽。初产时淡黄色，后变为灰褐色。

（3）若虫　椭圆形，扁平，黄白色半透明，体表有长短不一的蜡刺。初孵若虫有触角和足，能爬行。脱皮后，触角和足消失，用口针固定在寄主叶背。

（4）蛹　长 0.7～0.8 mm。蛹壳背面有长短不等的刚毛状蜡刺。

3. 发生规律

温室白粉虱在温室内1年发生10～12代，世代重叠，以各种虫态在温室蔬菜上越冬。在自然条件下，一般以卵和成虫在杂草上越冬。春季成虫和若虫在温室内蔓延为害，入夏后气候转暖，白粉虱便转入露地寄主上为害。前期虫口增加缓慢，7月以后增长迅速，8～9月份，露地蔬菜受害严重。10月份以后气温下降，又向温室转移为害。

成虫活泼，可近距离飞翔，雌雄成双栖息于植株上部嫩叶背面，并在其上产卵取食。卵散产，也有呈半圆或圆形排列的。1头雌虫产卵200～300粒。成虫产卵时将卵柄扎进叶肉里，卵粒直立于叶背上。除进行有性生殖外，还可孤雌生殖。成虫对黄色有强烈的趋性，且有选择嫩叶群居、产卵的习性。

若虫4龄，初孵若虫善爬行，找到适宜场所后，用口针刺入叶片组织内吸食，2龄若虫以后，触角和足退化，营固定生活，直至化蛹。

白粉虱各虫态在寄主上呈有规律的垂直分布，上层是成虫及初产的卵，中层是即将孵化的卵和若虫，下层是布满蜡刺的老熟若虫和蛹。

十二、瓜类病虫害综合防治

（一）播前准备

根据西瓜生产、西瓜制种管理技术要求和西瓜病虫害发生发展规律，检查、指导种植者认真进行轮作倒茬等土地准备工作，正确选择药剂和方法进行种子处理，记录工作质量，认真做好病虫草害的预防工作（表8-1）。

1. 氟乐灵能不能在西瓜、甜瓜苗前使用

氟乐灵是一种广泛应用的旱田除草剂。但在保护地西瓜、甜瓜、打瓜上使用时应严格进行试验，以防产生药害。据调查，部分瓜农在种植西瓜、甜瓜、打瓜时为防治杂草，先喷40％氟乐灵乳油，每667 m^2 用100 mL，然后覆地膜、打眼，再定植西瓜、甜瓜，定植后外扣小拱棚以增温，这样做极易造成西瓜、甜瓜药害。受害症状为西瓜、甜瓜植株生长迟缓，新生叶片严重皱缩，叶腋处新生叶芽皱缩，不易伸长，茎部与地面接触处肿大，地下部根比正常植株少，根部肿大，产生“鹅头根”，严重影响西瓜、甜瓜正常生长。用同种方法施药，甜瓜药害重于西瓜。甜瓜不同品种间抗药性有较大差异。

表 8-1　西瓜播前准备工作程序与操作技术

工作环节	工作程序与操作技术
信息收集	(1)主动请教当地县、乡农技部门的技术专家和科技示范户，了解当地西瓜病虫草害的发生种类、为害情况以及综合防控技术经验。 (2)通过网络、查阅图书等学习西瓜病虫草害综合防控的相关内容。 (3)将收集的信息进行汇总整理，做好防治工作的前期准备
土地选择与准备	(1)选择秋翻冬灌、地势平坦、排灌方便、土壤肥力高，通透性好的砂壤土种植。 (2)轮作倒茬　西瓜生长过程中的多种病虫草害都是土壤传播的，因此，西瓜种植严禁重茬、迎茬。宜选择小麦、玉米等禾本科作物作前茬，不宜选择瓜类、茄果类及豆类作前茬。轮作周期应在 4～5 年及以上。 (3)土壤消毒　如果采用育苗移栽，播种前 15 d 翻松床土，用 40%福尔马林 30 mL/m^2，兑水 2～4 kg 喷施后覆盖薄膜，4～5 d 后揭膜透气；或用 50%多菌灵，或 55%敌克松 8～10 g/m^2 与 20～30 kg 细土混匀，取 1/3 药土铺底，播种后将另外 2/3 药土盖在种子上
种子处理	(1)选择优良抗病品种。 (2)温汤浸种　播种前晒种 2～3 d，然后将西瓜种放入 55 ℃的水中，并不断搅拌，水温降到 30 ℃时停止搅拌。常温下再浸泡 8～10 h。 (3)药剂浸种、拌种 ①预防病害　可用 40%福尔马林 150～200 倍液，浸种 30 min，将种子洗净后再用卫福、福美双、敌磺钠、多菌灵或甲基硫菌灵等拌种，用药量为种子质量的 0.3%。或使用西瓜种衣剂包衣。 ②预防苗期害虫　可用 35%丁硫克百威，按种子质量的 0.6%拌种，堆闷 12 h，于阴凉处晾干后播种

2. 案例分析

2006 年 6 月，新疆塔城地区额敏县消费者协会接到农民辛某、王某的投诉，称其种植的打瓜使用了某品牌除草剂后生长缓慢，并有死苗现象，相比同期播种的打瓜出现严重减产。额敏县消费者协会接到投诉迅速会同经销商和农业技术人员进行实地勘察，认为农民投诉属实。之后，该县其他农民也陆续投诉使用该除草剂造成药害。

通过地、县调查，造成打瓜减产(绝收)的主要原因是用药量不当，而用药量不当的原因是农民根据经销商的“除草剂在新疆的使用技术”宣传单中提示的使用方法，按 80 g/667 m^2 以上的用量使用了该除草剂。

说明书中推荐的用量，是指在 667 m^2 均匀喷施的用量，而种植西瓜、甜瓜、打瓜等作物时，若只在瓜沟及两侧铺膜处施药，瓜塘中不施药，如果仍然按说明书中推荐的用量施药，相应的用药浓度自然就增加了，这样就会造成药害。

因此，在使用除草剂时，必须严格按照农药登记证中登记的使用范围、使用方法进行操作，不得擅自扩大适用范围，以免造成不必要的损失。

(二)西瓜苗期病虫害综合防控

根据苗期病虫草害的发生发展规律，及时开展病虫害田间识别和调查，掌握发生动态，制订防治方案，检查、指导病虫害防治技术措施实施。调查记载作业质量，分析总结防控效果(表 8-2)。

表 8-2 西瓜苗期病虫害综合防控工作程序与操作技术

工作环节	工作程序与操作技术		
	病虫草害田间识别	病虫草害田间调查	防治技术
猝倒病防控	烂种、烂芽；幼苗茎基部呈现水渍状黄色病斑，缢缩、倒伏。湿度大时有白色絮状物	调查时间：播种后 5 d 开始。 调查方法：出苗前，拨土调查烂种、烂芽情况。出苗后，先于晴天中午在田间低头踏查，发现萎蔫或猝倒苗后，随机 5 点取样，开展全田调查	(1)加强田间管理，避免土壤湿度过大。 (2)在苗床或直播田间发现个别猝倒病苗而气温又较低时，应立即进行药剂防治。 ①喷施 可选用甲霜灵锰锌、霜脲氰锰锌或敌克松喷雾。喷雾时使药液能够顺叶片流到茎基部为宜。 ②灌根 可选用上述药剂稀释成 500 倍液灌根，每株用 0.15～0.25 L 药液

续表 8-2

工作环节	工作程序与操作技术		
	病虫草害田间识别	病虫草害田间调查	防治技术
立枯病防控	烂种、烂芽；幼苗病株茎基部出现黄褐色长条形或椭圆形的病斑，发病初期病苗白天萎蔫，夜晚恢复，后枯死但不倒伏；病部无白色絮状物，可与猝倒病区分	调查时间：西瓜1～2对真叶期进行。 调查方法：出苗后，先于晴天中午在田间低头踏查，发现萎蔫或猝倒苗后，随机5点取样，开展全田调查	(1)加强田间管理，土壤湿度大时，及时在幼苗周围松土，保持表土干燥。 (2)发病初期，可选用氢氧化铜、多菌灵、甲基硫菌灵或恶霉灵等喷雾防治。 (3)猝倒病、立枯病混合发生时，可用72.2%霜霉威丙酰胺(普力克)水剂800倍液和50%福美双可湿性粉剂800倍液混合喷施。隔7～10 d喷1次，连续喷洒2～3次
炭疽病防控	叶片有水浸状斑点和黄褐色晕圈，病斑中部稍凹陷，后变黑褐色，有时出现同心轮纹。干燥时容易破碎。果实呈水浸状凹陷褐斑，有时凹陷处有龟裂	调查时间：子叶至1对真叶期查病苗；坐瓜后查病蔓和病瓜。 调查方法：对角线5点取样法，每5 d调查1次。苗期每点顺序查20株；伸蔓和坐瓜期每点顺序查10株	(1)加强田间管理，保持通风透光。严禁大水漫灌。 (2)在发病初期及时喷药。可选用代森锰锌、甲基硫菌灵、百菌清、咪鲜胺、抗霉菌素(农抗120)等杀菌剂。每隔7 d喷药1次，连喷2～3次
蟋蟀防控	虫体较大，黑色或黑褐色幼苗基部被咬断，心叶被咬掉或嫩叶出现缺刻	调查时间：幼苗出土后开始调查。 调查方法：发现被害幼苗后，翻动田间土块及杂草调查蟋蟀。确定后5点取样，每点查0.5 m^2，统计害虫数量	(1)铲除田埂杂草。 (2)用麦麸、棉籽饼等作饵料或用青草、菜叶等与农药混拌制成毒饵，于傍晚分小堆在田间撒施，2～3 kg/667 m^2。药与饵料之比为90%晶体敌百虫1份、水10份、饵料100份。同时可兼治地老虎。 (3)在田埂、渠边、地头、林带、枯枝、落叶等蟋蟀聚集场所喷施辛硫磷乳油等药剂防治。同时可兼治地老虎
苗期害虫防控	地老虎、跳甲、烟蓟马、象甲等	调查方法见其他项目	防治方法见其他项目

怎么防治西瓜病虫害

西瓜的病害主要有猝倒病、立枯病、枯萎病、白粉病、炭疽病等。如果患猝倒病和立枯病，可用多菌灵进行苗床消毒；如果患枯萎病，可用37%多菌灵草酸盐兑水800倍喷施或15%的西瓜重茬剂一号300～350倍液灌根。每株0.5 kg，在定植后3～4片真叶时用药，防治效果较好；如果是白粉病和炭疽病，可用百菌清，甲基硫菌灵（托布津），三唑酮（粉锈宁）等药防治效果较好，可交替使用。

西瓜的虫害主要有蚜虫、红蜘蛛等。防治药剂可选用阿维菌素、敌敌畏、敌杀死等交替防治。根蛆可用毒死蜱、敌百虫灌根。

（三）西瓜中后期病虫害综合防控

根据西瓜生长中后期病虫草害的发生发展规律，及时开展病虫害田间识别和调查，掌握发生动态，制订防治方案，检查、指导病虫害防治技术措施实施。调查记载作业质量，分析总结防控效果（表8-3）。

表8-3 西瓜中后期病虫害综合防控工作程序与操作技术

工作环节	工作程序与操作技术		
	病虫草害田间识别	病虫草害田间调查	防治技术
白粉病防控	叶柄、叶片、茎蔓初期呈开水烫伤状软腐，后产生白色粉状小霉点，逐渐扩大成粉霉斑，其间散生或堆生黄色至黑褐色小粒点。严重时整蔓枯死	调查时间：6月中旬至7月下旬。 调查方法：全田随机踏查西甜瓜的底叶和茎蔓，发现白粉病后，开始5点取样调查，每点顺序查20株。每5 d调查1次	（1）增施磷钾肥和微量元素肥，促进西瓜健康生长。 （2）适期预防　调查到白粉病在田间零星发生时，或直接于6月下旬在全田喷洒保护剂。可选用硫黄粉、硫黄悬浮剂、百菌清（达科宁）等。 （3）田间普发时，使用治疗性药剂进行防治。可选用三唑酮、甲基硫菌灵、腈菌唑、氟硅唑等药剂轮流均匀喷施。每7～10 d喷1次，连喷2～3次即可

续表 8-3

工作环节	工作程序与操作技术		
	病虫草害田间识别	病虫草害田间调查	防治技术
枯萎病防控	发病初期叶片中午萎蔫，早晚恢复，数日后整天萎蔫，根尾腐烂。纵剖根茎部和根部，可见中心维管束发黄变褐。茎基部纵裂，裂口处有时溢出琥珀色胶状物。潮湿环境下，病部表面常产生白色及粉红色霉状物	调查时间：伸蔓期开始至果实膨大期。 调查方法：于晴天中午，全田踏查，发现萎蔫病株后，刨出根茎检查。确诊后，5 点取样调查，每点顺行调查 20 株，统计发病株率	(1)预防为主　加强田间管理，培育壮苗。要小水勤灌，避免大水漫灌，灌水应在早、晚进行。 (2)发现中心病株后，应立即拔除，并对拔出后的空穴撒施石灰和对周围健株进行灌根处理。 (3)发病初期，可选用多菌灵胶悬剂、络氨铜锌水剂(抗枯灵)、敌磺钠、甲基硫菌灵或百菌清等药剂灌根，每穴药液 500 mL，每隔 7～10 d 喷 1 次，连灌 2～3 次。可兼治蔓枯病。 (4)或用 75%敌磺钠可湿性粉剂 1～1.5 kg/667 m^2，于浇水时放入上水口处，随灌水施入瓜沟内
疫霉病防控	植株枝叶萎蔫，根茎部水浸状病斑，病斑扩大后呈软腐状，植株萎蔫青枯死亡，维管束不变色。叶柄、瓜蔓受害，症状与根茎部相似。果实在贴地处初呈暗绿色水渍状近圆形病斑，逐渐扩散至整瓜软腐，表生白色绒毛状霉层	调查时间：6 月底至 8 月初。 调查方法：采用棋盘式取样法，每 5 d 调查 1 次，每田定点 20 个，每点定株 5 株，共取样 100 株，调查株发病率与病情指数	高温高湿和灌水不当是该病发生和传播蔓延的主要条件。 (1)加强灌水管理，防止瓜塘进水；尽量避免串沟灌水；灌水时水位线不宜到达茎部；避免热天中午灌水。 (2)发病前和发病初期灌根预防和治疗。可选用甲霜灵锰锌、三乙膦酸铝(疫霉灵)、噁霜灵锰锌(杀毒矾)、霜脲氰锰锌(杜邦克露)等药剂 400～500 倍液灌根。每株灌药液 300 mL。视病情，连续喷洒或灌根 2～3 次。病情严重时可隔 5 d 灌 1 次。交替轮换用药，以防产生抗性
蔓枯病防控	根茎地下部分不发病。横切地上病茎，可见病茎表皮一圈变褐，其维管束不变色，仍维持绿色，这一点与枯萎病有明显不同	调查时间：坐瓜初期开始。 调查方法：于晴天中午在田间慢步踏查瓜的叶和蔓，发现蔓枯后，开始 5 点取样系统调查。并统计株发病率和病情指数	(1)保持田间通风透光。 (2)药剂喷施防治　发现中心病株应立即喷药防治。咪鲜胺、百菌清、甲基托布津、多菌灵等药剂交替喷雾，每隔 5～7 d 喷 1 次，连喷 2～3 次，重点喷施植株中下部。 (3)整蔓后及时对伤口及蔓部喷药。 (4)病害严重时，可用上述药剂使用量加倍后涂抹病茎的流胶处，可促进伤口愈合

续表 8-3

工作环节	工作程序与操作技术		
	病虫草害田间识别	病虫草害田间调查	防治技术
病毒病防控	新叶最先表现出明显的褪绿斑驳形花叶或皱缩叶，节间缩短，植株矮化。或新叶狭长，皱缩扭曲	调查时间：6月中旬至7月中旬。 调查方法：5点取样，每点查50株，观察叶片变化。同时进行蚜虫、白粉虱等刺吸式口器昆虫的调查	(1)发病初期及时拔除病株。 (2)在整枝、压蔓、授粉等田间作业时，先进行健株后进行病株。 (3)蚜虫是病毒病的主要传播者，应以治蚜防病为主。田间出现蚜虫中心株后应立即采用涂茎、滴心或点片喷雾进行防控，一般不提倡全田喷药，以保护利用天敌。可选用吡虫啉、啶虫脒等具有内吸性的药剂。 (4)喷施盐酸吗啉胍防治病毒病。 (5)喷施磷酸二氢钾增强抵抗力
霜霉病防控	发病初期叶片正面出现水浸状淡黄色小斑点，后受叶脉限制呈多角形黄绿斑，但不穿孔。病叶向上卷缩。湿度大时，叶背有黑色霉层	调查时间：6月上旬开始调查。 调查方法：初花期前5 d开始，每5 d调查1次。根瓜形成后，每3 d调查1次。先观察叶片正面，当发现淡黄色多角形病斑时，再检查叶背是否有霉层出现。确诊后，5点取样开展全田调查	(1)加强田间管理，保持通风透光。 (2)以预防为主，6月份有阴雨来临之前喷药预防，雨后及时补喷。 (3)发现中心病株后要及时摘除病叶，并立即喷药防治。 可选用代森锰锌、波尔多液、甲霜灵锰锌、百菌清、霜霉威盐酸盐等喷雾防治。注意喷施到叶片的正反两面
细菌性角斑病防控	初期叶片症状与霜霉病相似，但是细菌性角斑病病斑易开裂，形成穿孔；潮湿时叶背病斑无黑色霉层，而是有黄、白黏液，干燥时形成白色薄膜或白色粉末	调查时间：6月上旬开始调查。 调查方法：与霜霉病调查同时进行	(1)加强田间管理，保持通风透光，减低田间湿度。 (2)发病初期，人工摘除病叶。 (3)药剂防治 ①定植前苗床内喷1次1∶2∶(300～400)的波尔多液或代森锰锌(大生)600～800倍液进行预防。 ②发病初期可用硫酸链霉素250万U/667 m^2，或用琥胶肥酸铜或氢氧化铜等进行防治

续表 8-3

工作环节	工作程序与操作技术		
	病虫草害田间识别	病虫草害田间调查	防治技术
美洲斑潜蝇	雌成虫把叶片刺伤，吸食汁液和产卵，幼虫在叶片内潜食叶肉，形成先细后宽的不规则蛇形白色虫道	调查时间：5月下旬开始调查。 调查方法：于早晚低头踏查叶片正面，调查成虫出现时间。或叶片上出现白色虫道时，采用5点取样，每点查20株，每株查3～5片叶，统计有虫株率。当田间有虫株率达10%～15%时，应及时进行化学防治	(1)在温室内或斑潜蝇发生较少的地区，定期清除有虫叶，可减少虫源。 (2)采用黄板或粘虫纸诱杀成虫。也可采用灯光诱杀，具体做法是，定植后，每1 hm^2 的棚，悬挂75盏灯，距灯下20 cm处挂一脸盆，盆内放适量清水，及时清除诱到的成虫。 (3)保护利用天敌。 (4)药剂防治：该虫卵期短，高龄幼虫抗药性强。所以要选择成虫高峰期至卵孵化期或初龄幼虫高峰期用药。可用毒死蜱、氯氰菊酯、阿维菌素、氟虫脲等药剂喷雾防治。 施药时间一般在上午8～11时较好，应从作物顶部均匀向下喷洒
白粉虱	成虫体白色。以成虫和若虫群集于瓜的嫩叶背面吸食汁液，被害叶片褪绿变黄。其分泌的蜜露，使叶片和果实形成煤污斑	调查时间：7月中旬开始调查。 调查方法：采用5点取样，于早晚，每点查10～20株，每株查3～5片叶，统计虫口数。当每片叶片上有虫2.5头时，应及时进行化学防治	(1)生物防治　利用粉虱丽蚜小蜂在温棚内释放。 (2)黄板诱杀。 (3)药剂防治　在早晨或傍晚，成虫栖息少动时喷药为好，先喷正面后喷背面。可选用噻嗪酮(扑虱灵)、吡虫啉等药剂喷雾防治
瓜叶螨	叶片背面出现黄白斑点，严重时形成细密的丝网，叶面失绿枯黄。用放大镜观察可见黄色或红色虫体	调查时间：5月下旬开始。 调查方法：采用"Z"形取样法，每5 d调查1次，每田定点25个，每点定2株，共取样50株，调查有虫株率、成虫数	防治方法与棉田叶螨防治相同

1. 瓜类霜霉病和瓜类细菌性角斑病如何区别

瓜类霜霉病和瓜类细菌性角斑病的区别可参照表8-4中的内容。

表8-4　瓜类霜霉病和瓜类细菌性角斑病的区别

项目	瓜类角斑病	瓜类霜霉病
病斑形状和大小	病斑成多角形,病斑较小	病斑成多角形,病斑较大
病斑颜色和穿孔	病斑灰白色,后期易穿孔	病斑黄褐色,后期不穿孔
叶背面病斑	潮湿时呈水浸状,产生白色菌脓状物	潮湿时呈水浸状,病斑上产生黑色霉层
病叶透光性	有透光感觉	无透光感觉

2. 使用硫黄粉防治瓜类白粉病时应注意哪些事项

硫黄粉是非金属元素硫的粉末,对防治白粉病有很好的效果。在西瓜、打瓜等大面积种植的田块白粉病发生之前和发病初期,喷洒硫黄粉非常普遍,防治效果也较好。但是在使用中要注意:

(1)在气温超过30 ℃时,最好不要使用,以免产生药害。

(2)选择无风的傍晚施药,有利于硫黄粉在作物表面黏着。如果有风或风较大,则容易使药粉随气流飘移而降低药效,同时还会对环境造成污染。

(3)最好选择用机动喷粉机施药。

项目九　加工番茄病虫害

新疆农业属于典型的"绿洲"农业,具有气候干燥,降雨少,日照长,作物生长期热量丰富等得天独厚的自然条件,非常适宜加工番茄的生产。新疆加工番茄以红色素、可溶性固形物等营养成分含量高,而在国内外同行业中具有明显的竞争优势。

目前,新疆加工番茄产业带分布在新疆天山以南的焉耆盆地和天山以北的吉木萨尔—博乐天山北坡沿线,种植面积超过70 km^2,番茄酱产量占全国的90%以上,已成为我国最大的加工番茄种植和加工基地。

加工番茄的栽培种植方式相对于一般番茄而言比较粗放。加工番茄种植中不搭架，不整枝，种植密度较大，植株密闭，通风透光性较差。同时，由于新疆一直沿用传统的平铺直播模式，行距小、开沟浅和习惯性的大水漫灌，导致植株和果实容易感病。再加上加工番茄产业的迅速发展，加工番茄的种植面积也逐年扩大，无法进行很好的轮作倒茬，连作和重茬现象时有发生，造成加工番茄病虫害日趋严重。

加工番茄病虫害彩色图谱

在新疆加工番茄的生产中病害有50余种，其中为害严重，造成损失较大的主要有苗期的立枯病、猝倒病、黑茎根腐病、早疫病等及中后期的果腐疫病、番茄疮痂病、细菌性斑点病、叶霉病、病毒病、白粉病及脐腐病等。加工番茄害虫种类有10余种，主要有马铃薯甲虫、夜蛾类(棉铃虫和烟夜蛾)、黑蟋蟀、地老虎类(黄地老虎、显纹地老虎和警纹地老虎等)、叶螨类以及传播病毒病的蚜虫等。另外还有芦苇、稗草、灰藜、马齿苋等多种杂草，在个别地区列当等也有不同程度的发生为害。

应该依照“预防为主、综合防治”的植保方针，掌握本地区加工番茄病虫草害种类及其发生、消长、为害规律，以对主要病虫进行准确的预测预报为防治前提，以农业防治为基础，强化农业技术措施，合理运用化学防治、生物防治、物理防治等诸项技术措施，达到经济、安全、有效地防治加工番茄病虫草害和减少农药残留量的综合防治目标。

一、番茄早疫病

1. 分布与为害

番茄早疫病又名轮纹病，是番茄上常见的一种病害。新疆各地普遍发生，常年发病率在50%以上，为害番茄植株的叶片、茎和果实，造成番茄植株早衰，产量下降，果实染病后，造成果实霉烂。

除为害番茄外，还可为害茄子、辣椒、马铃薯。

2. 为害症状

主要为害叶片，茎和果实受害较少。叶部受害，初生暗褐色水浸状小斑点，以后扩大成圆形或椭圆形病斑，边缘深褐色，中央灰褐色，有同心轮纹，潮湿时上生黑色绒毛状霉。严重时早期造成落叶。

茎上病斑多在分枝处发生，灰褐色，椭圆形，稍凹陷，轮纹不明显，影响侧枝结果，并易折断。

果实上病斑多在蒂部和裂逢处发生，圆形，褐色，稍凹陷，上生黑色绒毛状霉。病果常提早脱落或受杂菌侵染而腐烂(图 9-1)。

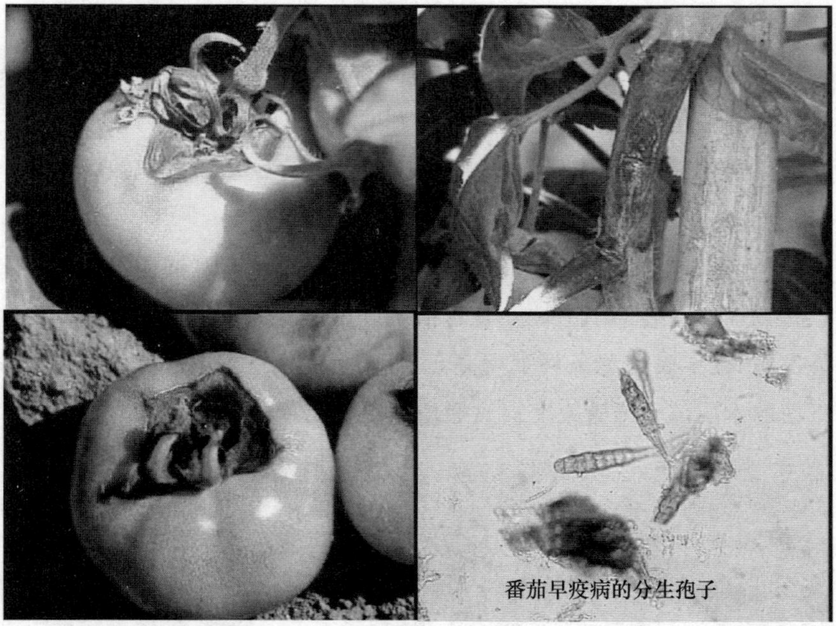

图 9-1 番茄早疫病为害症状

3. 病原

番茄早疫病菌属半知菌亚门丝孢纲交链孢属。分生孢子梗丛生或单生，多直立，少分枝，深褐色，有隔膜 1～8 个，顶端着生分生孢子。分生孢子棍棒状，淡黄色，有纵、横隔膜，顶端有细长嘴胞。

4. 发病规律

番茄早疫病菌以菌丝和分生孢子在病残物、种子上越冬。春季借助风雨、昆虫传播，由气孔、伤口或表皮入侵。病斑上的分生孢子依靠风雨再转播。

高温高湿有利于发病，发病适温为 26～28 ℃，相对湿度在 80%以上。因此，夏季发病重。风雨可加快病害扩大蔓延。连作、矮架、栽植过密、生长不良以及温室栽培，发病都较重。

二、根腐疫病

1. 分布与为害

番茄根腐疫病，俗称“烂脖根死棵病”。近几年此病发生为害有逐年加重趋势。结果初期发病严重，死秧多，甚至毁秧绝产。此病发生期与辣椒疫病发生期基本相同。新疆各加工番茄产区均有发生。在博湖、昌吉、玛纳斯等地平均发病率在3.2%，重茬发病率为6.8%，沟栽发病率可达11.3%，重茬沟栽大水浇灌发病率达到21%。对产量影响很大。

2. 为害症状

以根部、茎基部或淹水的果枝发病较多，病斑环绕茎基或果枝，呈黄褐或灰褐色，腐烂后干枯，病部以上枝叶萎蔫枯死。在灌溉为主的地区，作物侧根或主根最易发病，在土表高湿条件下可蔓延到茎的基部。此外也可引起果枝发病，病斑下面的木质部和维管束变褐腐烂植株逐渐萎蔫枯死（图9-2）。

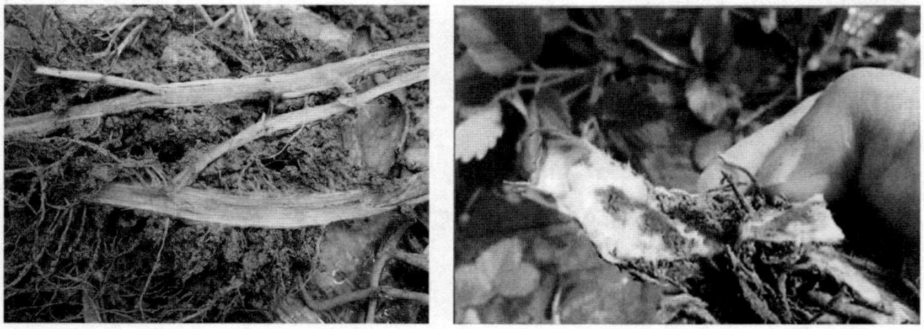

图9-2　番茄根腐疫病

3. 病原

番茄根腐病的病原菌为寄生疫霉和辣椒疫霉。

4. 发生规律

该病多发生在灌溉地区，在灌溉过量、淹水和低洼积水的田块尤为严重。低温高湿是引起发病的主要原因，在降水较多的情况下，茎、枝、叶、果也容易发病。在5月下旬即可调查到发病株。连作地，平畦或沟栽、大水漫灌、地势不平，低洼积水处病重，浇水过多的地发病重，地下害虫严重或农事操作造成伤根的发病也重。

7月初先在淹水的近地面果枝上发现，大量烂果发生在7月中下旬。7～8月降雨量较大有利于病害的发生。灌溉过量积水、雨前浇水、植株倒伏均可造成严重烂果。

三、果腐疫病

1. 分布与为害

番茄果腐疫病是番茄生产中为害非常严重的一种病害。每到番茄挂果后，果腐疫病便开始严重发生，导致加工番茄大量减产减收，许多番茄地块的产量甚至减少50%～60%。尤其是在成熟期多雨的年份，发病更加严重，甚至造成绝收。

2. 为害症状

该病多发生在长成的绿果、刚开始着色或接近成熟的果实上。发病初期病部呈褐色，有同心轮纹，1～2 d后病斑迅速扩大，形成2～3 cm水浸状浅灰色大斑，3～4 d后全果变软腐烂。在潮湿条件下，果面有灰白色粉状霉层，后干缩变黑形成僵果(图9-3)。

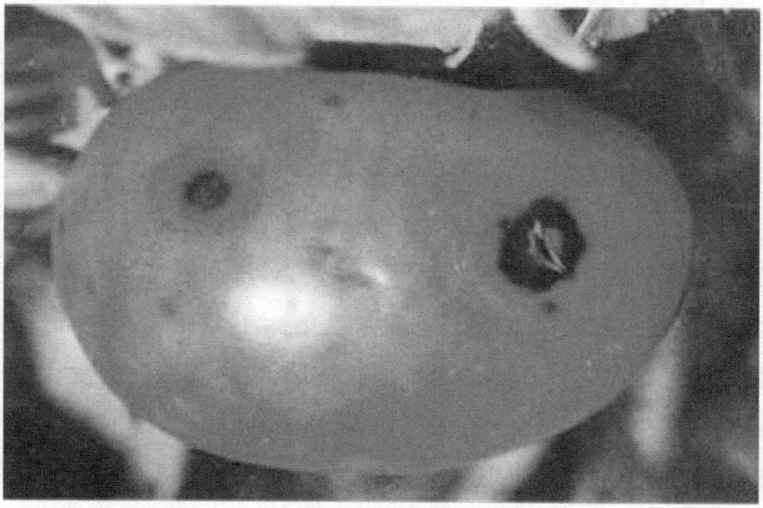

图 9-3 番茄果腐疫病

3. 病原

番茄果腐疫病的病原菌为辣椒疫霉。

4. 发病规律

病菌随病残体在土壤中越冬。病原借助雨水或灌溉水溅到果实上，从果皮侵入引发病害。病部的病原菌通过雨水及灌溉水传播。最适发病温度为28～30 ℃，但需95%以上的相对湿度，并要有水滴存在。一般温度高、湿度大、土壤黏重、偏施氮肥的地块发病重。

7月初先在淹水的近地面植株上发现，大量烂果发生在7月中下旬。7～8月降雨量较大有利于病害的发生。灌溉过量积水、雨前浇水、植株倒伏均可造成严重烂果。病菌随病残体在土壤里越冬，通过雨水传播成为第二年的发病中心。

四、番茄疮痂病

1. 分布与为害

该病作为检疫对象，1991年我国才报道在部分地区大面积发生。传入新疆后，在北疆加工番茄生产上迅速扩散，为害逐年加重。该病可为害加工番茄的叶片、幼嫩茎及果实，一般大水漫灌地发生较重，果实感病率可达10%～20%，而滴灌地发生较轻。当其为害果实时，在番茄果实上产生大量细菌性病斑，导致大量病果被淘汰，对番茄产量和品质影响较大。

2. 为害症状

该病菌侵染番茄的幼苗、叶、茎、果实均能发病，但新疆以为害番茄的果实为主。多在坐果期开始发生，在未成熟的果实上病斑轻微凹陷，外围有水渍状晕圈，不久即消失。病斑扩展至2～5 mm时，呈褐色，圆形，干枯质脆，出现疮痂。有的病斑连接成片，形成不规则形大斑块，果上的病斑初期为水渍状褪绿斑点，后呈现黄褐色或黑褐色，病斑往往木栓化，病斑开裂造成疮痂。若果柄与果实连接处受害时，易引起落果。叶片发病初期在叶背出现水渍状小斑，逐渐扩展成圆形或连片的不规则形黄褐色病斑。病斑粗糙，周围有黄色晕圈，后期干枯质脆，茎叶的茎沟处先出现褪绿水渍状小斑点，然后沿茎沟上下扩展，呈长椭圆形中央稍微凹陷的黑褐色病斑。

3. 病原

此病属细菌性病害，致病菌为油菜黄单胞菌辣椒斑点病致病型，或称疤病黄单胞杆菌。

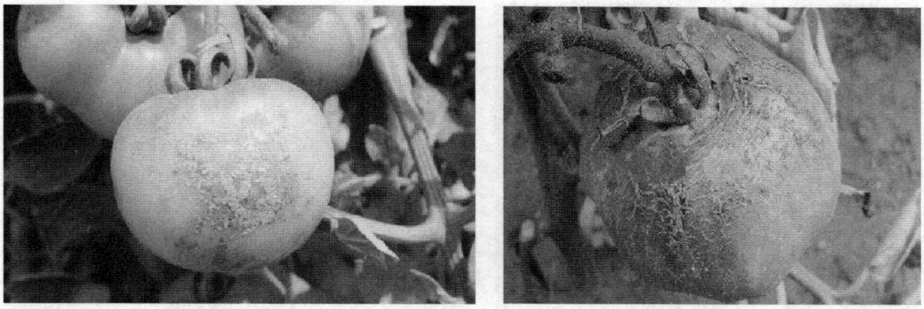

图 9-4 番茄疮痂病

4. 发病规律

带菌种子是主要的初侵染源，病菌也可在土壤中病残体上越冬。翌春条件适宜时，病菌通过风雨或昆虫传播到番茄叶、茎或果实上，从伤口或气孔侵入。高温、高湿、阴雨天气是发病的重要条件，在大雾、结露的情况下可造成大发生。钻蛀性害虫及暴风雨造成伤口，管理粗放，植株衰弱发病重。

病害主要发生在高温多雨的季节，暴风雨会给植株造成伤口，有利于病菌的侵入。

五、细菌性斑点病

1. 分布与为害

番茄细菌性斑点病又称番茄细菌性叶斑病、斑疹病，是一种细菌性病害，主要为害番茄。其寄主为番茄和辣椒。番茄细菌性斑点病是一种世界性病害。番茄染病后，植株发育迟缓，果实膨大受阻或幼果开裂，一般减产 10%～30%，严重的减产 50%以上。该病已成为新疆加工番茄的一个主要病害。

2. 为害症状

番茄细菌性斑点病主要为害番茄叶、茎、花、叶柄和果实。叶片感病，产生深褐色至黑色斑点，斑点周围有黄色晕圈；茎和叶柄感病，产生黑色斑点，周围无黄色晕圈。幼嫩果实上发病初期有小斑点稍隆起，果实近成熟时病斑周围仍保持较长时间的绿色。细菌性斑点病与细菌性疮痂病的症状相似，生产上有时难以区分，但发病所需环境有所差异。

3. 病原

番茄细菌性斑点病病原为丁香假单胞菌番茄致病变种。

图 9-5　番茄细菌性斑点病

4. 发病规律

病菌在种子、病残体、土壤和杂草上越冬，病菌在干燥的种子上可存活 20 多年，随种子远距离传播。播种带菌种子，幼苗即发病。幼苗发病后传入大田。并通过雨水、农事操作传播。在田间只要最初有 10％的植株发病，就可传染到整个地块。气温 25 ℃以下和相对湿度 80％以上有利于发病。

六、叶霉病

1. 分布与为害

番茄叶霉病俗称黑毛，仅为害番茄，主要为害叶片，严重时也能为害花、茎和果实。近年来，加工番茄上此病发展很快，危害增大。该病先是在个别地区发生，主要在种植密度大、湿度大的地块。近几年该病发生较为普遍，几乎遍及各加工番茄种植区，严重的地块发病率达 21.7％。在发生严重的地块，产量可减少 20％～30％。叶霉病传染力强，一旦发生，铲除比较困难。因此，叶霉病对加工番茄的危害应引起足够的重视。

2. 为害症状

番茄叶霉病叶片染病，叶面出现不规则形或椭圆形淡黄色褪绿斑（图 9-6），叶背病部初生白色霉层，后霉层变为灰褐色或黑褐色绒状，条件适宜时，病斑正面也可长出黑霉，随病情扩展，叶片由下向上逐渐卷曲，植株呈黄褐色干枯。嫩茎及果柄病斑与叶片相似，并延至花部，引起花器凋萎和幼果脱落。果实上病斑常环绕蒂部，呈黑色圆形或不规则形斑块，硬化凹陷，不能食用。

图 9-6 番茄叶霉病

3. 病原

病原是半知菌亚门枝孢属的黄枝孢菌。病斑上的霉状物是病菌的分生孢子梗和分生孢子。分生孢子梗成束从气孔中伸出，稍有分枝，初期无色，后变褐色。

4. 发病规律

病菌以菌丝体和菌丝块在病残体内或以分生孢子附着在种子上或以菌丝潜伏在种皮内越冬，翌年如遇适宜条件，产生分生孢子，借气流传播，病菌从幼苗或成株叶片、萼片、花梗等部位侵入，进入子房潜伏在种皮内，如播种带病种子，幼苗即染病。病部产生分生孢子，借气流传播，叶面有水湿条件即萌发长出芽管经气孔侵入。相对湿度高于 90%、气温 22 ℃左右利于病菌繁殖，发病重。在适宜的条件下，该病从发病到流行成灾，一般只需半个月左右。阴雨连绵、光照不足、通风不良、排水不良、湿度过大等容易引发叶霉病；土质通透性差、多年连作、密度过大等容易发生叶霉病；番茄不同品种间对叶霉病的抗性有明显差异。

七、白粉病

1. 分布与为害

2002 年之前新疆加工番茄白粉病未见报道。2002 年白粉病只在博湖加工番茄地发现，2003 年昌吉、玛纳斯、沙湾、博湖、焉耆、和静等地都有发生，个别地区发病严重，白粉病发病率达到 63.5%。晚播番茄发病重于早播番茄。

2. 为害症状

白粉病为害番茄叶片、叶柄、茎及果实。初在叶面现褪绿小点，扩大后呈不规则粉斑，上生白色絮状物，即菌丝和分生孢子梗及分生孢子。初期霉层较稀疏，渐稠密后呈毡状，病斑扩大连片覆满整个叶面。有的病斑发生于叶背，则病部正面出现黄绿色边缘不明显斑块，后整叶变褐枯死。

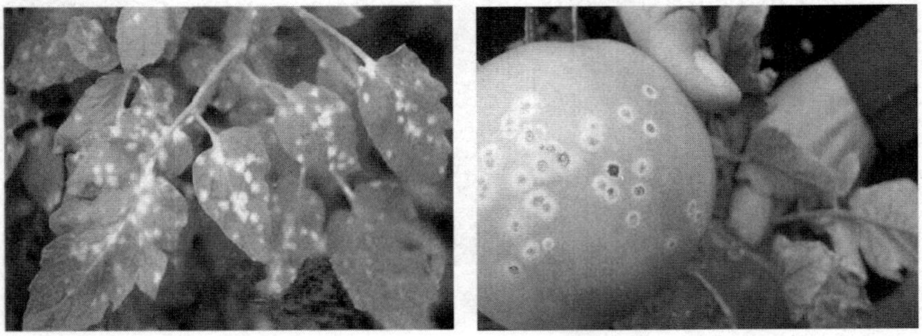

图 9-7　番茄白粉病

3. 病原

病原为子囊菌亚门真菌鞑靼内丝白粉菌。

4. 发病规律

病菌主要在冬季温室越冬，也可以随病残体于地面上越冬。翌春条件适宜时，闭囊壳内散出的子囊孢子随气流传播蔓延，后又在病部产生分生孢子，成熟的分生孢子脱落后通过气流再侵染。

八、病毒病

1. 分布与为害

由于加工番茄枝叶茂盛，种植密度较大，品种抗病能力不一，栽培时间的延续和栽培面积的加大，连作和重茬地增多，使病毒病害日趋严重。病毒病害的发生和发展，尤其是条斑病，对加工番茄的品质和产量有严重影响，从而造成较大的经济损失。2005—2006 年发病率达 63%～91%，田间发病症状以花叶和坏死条斑为主，蕨叶和卷叶也时有发生，其中花叶占 78%，条斑占 37%，蕨叶占 3%。并且加工番茄病毒病症状并非单一症状，条斑症状 90%伴有花叶症状，且 70%果实畸形；蕨叶症状 80%伴有矮化症状。

2. 为害症状

加工番茄病毒病主要症状有：

(1)花叶型　叶片表现花叶或斑驳，叶片不变形，植株不矮化(图 9-8)。

(2)条斑型　叶脉坏死或散布黑色油浸状坏死斑。顺叶柄蔓延至茎秆，初生暗绿色下陷的短条纹,后变为深褐色下陷的坏死条斑果实上产生不同形状的褐色病斑块(图 9-9)。

图 9-8 花叶型病毒病

图 9-9 蕨叶型病毒病

(3)蕨叶型 病叶黄绿色,并直立上卷,叶背的叶脉淡紫色,叶肉组织退化而形成扭曲的线状叶片,植株丛生矮化(图 9-10)。

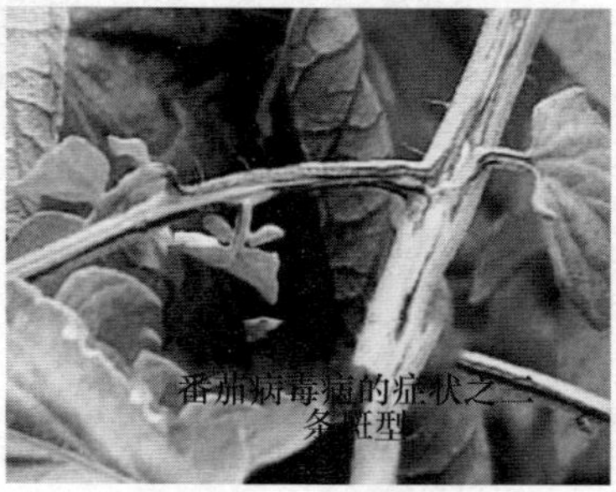

图 9-10 条斑型病毒病

3. 病原

新疆加工番茄病毒病由多种病原共同造成,以烟草花叶病毒为优势病毒种类,占 86.4%,黄瓜花叶病毒次之,占 28.1%(和烟草花叶病毒复合浸染占 17.7%);马铃薯 Y 病毒有零星发生,占 3.2%。

4. 发病规律

烟草花叶病毒在多种植物或土壤病残组织里越冬,也可附着在种子表面,成为初侵染源,主要通过接触传染,种子也可传毒。黄瓜花叶病毒在多年生宿根植物或杂草上越冬,主要通过蚜虫传毒。管理不及时,分苗、定植、翻秧等田间管理导致病、健枝相互摩擦,都是病毒病发生流行的重要因素。此外,蚜虫是病毒的传播媒体,高温干旱年份有利于蚜虫的迁飞和传播,病毒病发病重。

九、脐腐病

1. 分布与为害

此病在全疆各地每年都有不同程度发生。不同的管理水平和土壤条件,发病程度有所不同。高温干旱的时间越长发病越重;干旱缺水时发病最重。

2. 为害症状

该病是一种生理性病害。初在幼果脐部出现水渍状斑，后逐渐扩大，果实顶部凹陷、变褐。在果实顶部以落花的部分为中心，发生暗绿色水渍状病斑，通常直径 1～2 cm，严重时扩展到小半个果实；果实底部呈扁平状或凹陷，受害果实提早变色，后期遇湿度大时腐生霉菌寄生其上，呈现黑色或绿色等霉状物，污染果实，导致品质下降。

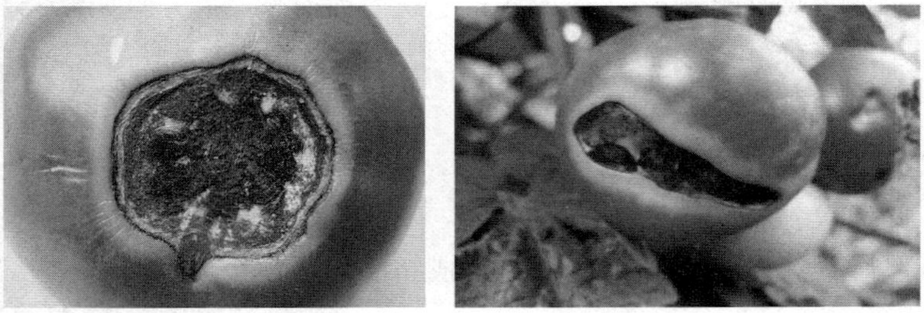

图 9-11 脐腐病

3. 病原

生理因素造成发病。

(1)水分供应失调　干旱时果实脐部最易失去水分引起组织坏死。在大量供水时，由于脐部细胞膨压过大而使细胞破裂、细胞内充水，最后变色坏死。即水分过多、过少或忽多忽少造成该病。

(2)缺钙　有人认为该病是番茄不能从土壤中吸收足够的钙或硼元素，致使脐部细胞生理紊乱，失去水分控制能力；或土壤中氮肥过多营养生长过旺致土壤缺钙引致发病。多年连作，过量使用氮、磷肥，都会抑制对钙的吸收。果实中钙含量低于 0.2%时易导致脐腐病发生。

4. 发病规律

生育期间水分供应不均或不稳定，尤其干旱时，水分供应失常，导致生长发育受阻，形成脐腐。土壤过湿过干或蒸发急剧以及空气干燥也易引起发病；土壤层浅、沙性大、盐碱土，发病重；果皮较薄、果顶平及花痕较大的品种易发病。

十、马铃薯甲虫

1. 分布与为害

马铃薯甲虫属鞘翅目叶甲科，是世界性、毁灭性检疫害虫。1993 年马铃薯甲虫传入新疆后仅在边境地区霍城、察布查尔、伊宁、塔城为害。1995年已扩大到伊犁州、塔城地区两地的13个县(市)。1996年6月虫情形势出现重大变化,马铃薯甲虫越过伊犁、塔城盆地天然屏障,首次出现在乌苏市郊。至此,该虫进入天山北坡无屏障地带,沿着马铃薯种植带迅速东进。1999年到达乌鲁木齐,2003年马铃薯甲虫扩散前沿到达木垒哈萨克自治县。目前,马铃薯甲虫已在新疆伊犁、塔城、阿勒泰、博州、奎屯、石河子、昌吉、巴州和乌鲁木齐等地发生与为害,局部地区的马铃薯、茄子和番茄受害严重。

马铃薯甲虫的成、幼虫均取食马铃薯和番茄等茄科植物的叶片或顶尖,通常将叶片取食成缺刻状。为害严重时,茎秆被取食成光秃状。大龄幼虫还可以取食幼嫩的马铃薯薯块。失控的种群可在薯块开始生长之前将叶片吃光,造成绝产。一般可造成马铃薯减产30%~50%;严重时减产90%。而且能传播马铃薯其他病害,如褐斑病、环腐病等。

2. 形态特征

(1)成虫　体长10~12 mm,呈长球形,黄褐色有黑斑。头部黄褐色,正中有"V"形黑斑,两侧各有一黑斑。前胸背板黄褐色,前端中部有倒"八"字黑纹,两侧也饰以对称黑斑4对。小盾片黑色或泥土色。鞘翅上各有5条纵行黑纹(图9-12)。

(2)卵　长1.2~1.4 mm,宽0.7~0.8 mm。橙黄色。

(3)幼虫　初孵时橙红,后渐变橙黄色。体长13~14 mm,头部常缩入前胸。前胸背板后缘有褐色宽带,中、后胸各有4个斑点。腹部各节背面各有一黑斑,侧面前7节有2排黑斑。

(4)蛹　离蛹,橘黄色到淡红色,长9 mm、宽6 mm。

3. 发生规律

马铃薯甲虫在新疆一年发生3代,部分地区4代。以成虫在土壤内或田边树林带枯枝落叶下越冬,翌年春天田间杂草或马铃薯出苗时,越冬成虫出土并大量取食。成虫产卵马铃薯叶片背面,以上部较嫩叶片为多,往往一处产10余粒,多则40粒以上。越冬成虫出土后4~5周内产卵500余粒,最高可达2 500余粒。幼虫与越冬成虫同时大量取食,造成严重危害。幼虫为4龄,老熟幼虫潜入土中化蛹。蛹期1~2周,成虫羽化出土后取食若干产第2代卵,幼虫继续为害,羽化为成虫转入越冬。

图 9-12　马铃薯甲虫

马铃薯甲虫主要通过贸易途径及风、气流和水流进行传播。来自疫区的薯块、水果、蔬菜、原木及包装材料和运载工具，均有可能携带此虫。

气流和水流也有助于该虫传播。尤其是风对该虫的传播起很大作用。该虫的扩展方向与发生季节优势风的方向一致，成虫可被大风吹到 150～350 km 之外。

十一、加工番茄其他害虫

为害加工番茄的其他主要害虫，如苗期的地老虎等地下害虫和黑蟋蟀、花期的棉铃虫及后期的红蜘蛛等。其相关基础知识在其他项目中已做过介绍，在此不再赘述。

十二、加工番茄病虫害绿色防控技术

(一)播前准备

根据加工番茄生产管理技术要求和加工番茄病虫害发生发展规律,选择适宜种植加工番茄的地块,制订病虫草害防治计划,了解种子的抗性,检查种子质量,选择正确的药剂开展种子处理和化学除草并检查工作质量,保质保量做好病虫草害的预防工作(表 9-1)。

表 9-1 加工番茄播前准备工作程序与方法

工作环节	工作程序与方法
信息收集	(1)主动请教当地县、乡农技部门和番茄酱厂的技术专家了解当地往年加工番茄病虫草害的发生种类、为害情况以及综合防控技术经验。 (2)通过网络、查阅图书等了解、学习加工番茄病虫草害综合防控的相关内容,做好笔记或技术卡片。 (3)信息汇总整理。结合所学知识与收集到的信息,制订病虫草害综合防控的初步计划。 (4)实践中检验、修订综合防治计划(田间实践、学习请教、网络教学平台师生互动)
土地准备	(1)轮作倒茬　选择前茬为小麦、玉米、油菜等地块,不要与马铃薯,辣椒、番茄等茄科作物及豆类作物连作,也不要与烟草等作物邻作。与非茄科蔬菜实行 3 年以上的轮作。 (2)高垄栽培。 (3)选富含有机质,保水强的壤土、砂壤土种番茄。 (4)科学合理施用氮、磷、钾肥,增施菌肥、腐熟的优质有机肥,以活化土壤,增强植株的抗病能力
化学除草	在播种前或移栽前,每 666.7 m^2 施 72%异丙甲草胺(都尔)乳油 120～140 mL 或 96%精异丙甲草胺(金都尔)乳油 60～90 mL,进行土壤封闭处理,然后播种
种子处理	(1)选用抗性强、纯度高的优良品种。 (2)加强检疫,防止携带溃疡病菌的种子传入非疫区。 (3)温汤浸种　用 55 ℃左右的温水浸种,不断搅拌,使水温在 10 min 内降到 30 ℃,再浸种 5～6 h 后捞出沥干水分,放入润湿的纱布或湿沙中催芽。 (4)药剂拌种　用氟咯菌腈(适乐时)胶悬剂 10 mL 处理 1.2～1.5 kg 种子,或每 1 m^2 苗床施用 53%金雷多米尔(精甲霜灵＋代森锰锌)水分散粒剂 5～10 g 或 50%多菌灵可湿性粉剂 5～8 g,均匀混土

温汤浸种需要注意的技术问题

(1)种子要饱满、新鲜。

(2)“三开兑一凉”,配水温度为 52～55 ℃,恒温浸泡 20～25 min。每隔 5 min 搅拌 1 次。

(3)摊开晾干后播种或冷却后催芽。

(二)加工番茄苗期病虫害综合防控

根据加工番茄苗期病虫害发生发展规律,按照病虫害的调查方法,在病虫为害加工番茄之前,认真做好田间调查和分析预测,制定有效的综合防治措施,检查、指导防治工作,记录操作过程,分析总结防治效果(表 9-2)。

表 9-2　苗期病虫害防控工作程序与操作技术

工作环节	工作程序与操作技术		
	病虫草害田间识别	病虫草害田间调查	防治技术
立枯病、猝倒病防控	幼苗初期白天萎蔫,夜间恢复正常。后发生猝倒、立枯,茎基部水浸状或根部腐烂等	调查时间:显行后至 2 对真叶期。 调查方法:晴天中午田间踏查。发现猝倒苗或萎蔫苗后,5 点取样调查,每点查苗 50 株	(1)在田间或苗床发现病株后立即将病株拔除,并带出田外。 (2)发现猝倒病后,在全田使用甲霜灵锰锌进行喷雾;对发病株穴用甲霜灵锰锌 500～600 倍液灌根。 (3)发现立枯病后,可选用多菌灵或甲基硫菌灵喷雾防治。
根腐疫病防控	茎基部或淹水的果枝发病较多,病斑环绕茎基或果枝,呈黄褐色或灰褐色,腐烂后干枯,病部以上枝叶萎蔫枯死	调查时间:5 月下旬开始。 调查方法:晴天中午田间踏查。发现枝叶萎蔫株后,5 点取样,每点双行 100 株。统计发病率。每隔 5 d 调查 1 次	(1)科学灌水。 (2)在发病前或发病初期喷施百菌清(达科宁)可湿性粉剂。 (3)发病初期用甲霜灵锰锌喷雾或将甲霜灵锰锌稀释 500～600 倍液灌根。 每隔 7～10 d 喷(灌)1 次,一般连续喷(灌)2～3 次

续表 9-2

工作环节	工作程序与操作技术		
	病虫草害田间识别	病虫草害田间调查	防治技术
马铃薯甲虫防控	成、幼虫取食番茄叶片或顶尖，形成缺刻状。为害严重时，茎秆被取食成光秃状	调查时间：4 月下旬开始。 调查方法：在加工番茄田和周围的茄科作物上调查。定点调查和普查相结合。低头踏查上部叶片，发现成虫、卵或幼虫后，5 点取样，每点 20 株，共查 100 株	(1)人工捕杀　利用马铃薯甲虫的假死性和早春成虫出土零星不齐、迁移活动性较弱的特点，从 4 月下旬开始进行人工捕杀越冬成虫和捏杀叶片背面的卵块，降低虫源基数。 (2)集中诱杀　在马铃薯甲虫发生严重的区域，早春集中种植有显著诱集作用的茄科寄主植物，形成相对集中的诱集带，便于统防、统治。 (3)药剂防治　在第 1 代卵孵化高峰期选用氟虫腈(锐劲特)和啶虫脒、吡虫啉以及其他类型的杀虫剂交替使用
苗期害虫防控	主要有黑蟋蟀、地老虎类等	见其他项目相关内容	见其他项目相关内容

(三)加工番茄中后期病虫害综合防控

根据加工番茄中后期病虫害发生发展规律，按照病虫害的调查方法，在病虫为害加工番茄之前，认真做好田间调查和分析预测，制定有效的综合防治措施，检查、指导防治工作，记录操作过程，分析总结防治效果(表 9-3)。

表 9-3　中后期病虫害综合防控工作程序与操作技术

工作环节	工作程序与操作技术		
	病虫草害田间识别	病虫草害田间调查	防治技术
早疫病防控	发病初期，呈暗褐色、圆形或近圆形斑点，后逐渐扩大为 1～2 cm 的具有同心轮纹的稍凹陷的褐色大斑，病斑外常有黄色晕圈	调查时间：6 月中旬至 8 月上旬。 调查方法：5 点取样，每点调查 20～30 株	(1)及时进行分苗。分苗后和定植前各喷 1 次(0.5∶0.5∶150)波尔多液或代森锰锌可湿性粉剂，预防苗期患病。 (2)发病前或发病初期，喷施百菌清(达科宁)可湿性粉剂。 (3)发病后喷施嘧醚唑(世高)或甲基硫菌灵(甲基托布津)等杀菌剂。每隔 7～10 d 喷 1 次，连续喷施 2～3 次

续表 9-3

工作环节	工作程序与操作技术		
	病虫草害田间识别	病虫草害田间调查	防治技术
果腐疫病防控	在刚开始着色或接近成熟的果实上有同心轮纹的褐色斑，后果实变软腐烂。在潮湿条件下，果面有灰白色粉状霉层，后干缩变黑，形成僵果	调查时间：7月下旬至8月下旬（果实成熟期）。 调查方法：5点取样，重点观察已着色果实，查病株率、病果率。每隔7 d查1次。雨后1～2 d，补查1次	(1)合理密植，科学施肥，细流沟灌，严禁大水漫灌。 (2)雨天禁止浇水，雨后地表干燥后再浇水。 (3)在发病前或发病初期，喷施甲霜灵或百菌清。 (4)发病后不要随意在田间摘除病果，以免操作时造成人为传播。应使用噁霜灵锰锌（杀毒矾）喷雾，7～10 d喷1次，雨后立即喷药。药液最好能够喷到病果上
细菌性疮痂病防控	老叶初呈水渍状斑点，后形成近圆形的褐色病斑，四周具有黄色环形窄晕圈，内部较薄，具油脂状光泽；未成熟的果实病斑轻微凹陷，外围有水渍状晕圈。病斑褐色，后出现疮痂	调查时间：7月初挂果期开始。 调查方法：低头踏查老叶和青果，发现病株后，5点取样，每点取10株，查病株率、病果率。每隔7 d查1次，共查3次	(1)加强管理　及时清除老叶、病叶并带出田园，保持田园清洁。 (2)起垄覆盖地膜栽培，膜下灌水，尽量降低保护地内空气湿度。 (3)化学防治　以防为主，在果实坐住后，用农用链霉素、氢氧化铜（可杀得）等药剂交替喷雾，一般每10 d喷1次，连防2～3次。发病初期每3 d施1次，连续防治2～3次
病毒病防控	主要表现为蕨叶（病株矮小，顶部叶片丛生）、花叶（叶片皱缩，有不规则黄色褪绿斑块）和条斑（病株叶片有坏死斑、茎部为坏死条斑、病果变色凸凹不平）	调查时间：6月中旬至7月中旬。 调查方法：田间低头踏查，发现花叶、皱缩叶和条斑茎叶等病毒病症状后，5点取样，每点20株，查病株率及传毒媒介蚜虫	(1)苗期喷施高锰酸钾1 000倍液或1%过磷酸钙浸出液，提高抗性。 (2)彻底消灭蚜虫　蚜虫是病毒病传播的主要途径，消灭蚜虫等传毒媒介是防治病毒病的关键措施。对有机磷、菊酯类产生抗性的蚜虫可选用噻虫嗪、吡虫啉等药剂防治。 (3)防治病害　发病前可喷施0.1%～0.3%硫酸锌溶液预防。在发病初期可选用盐酸吗啉胍·铜（病毒A）、菌毒清等，每隔10 d喷施1次，连续喷3～4次

续表 9-3

工作环节	工作程序与操作技术		
	病虫草害田间识别	病虫草害田间调查	防治技术
细菌性斑点病防控	在茎及叶柄上产生椭圆形黑色的斑点,感染果实在果面产生突起的黑色小斑,周围呈水渍状	调查时间:6 月上旬开始。 调查方法:5 点取样。每点查 20 株,7 d 查 1 次,共查 3 次	(1)尽量采用滴灌或沟灌。 (2)药剂防治　在发病初期开始喷药,每隔 7～10 d 喷药 1 次,连续防治 2～3 次。药剂可选用 1∶1∶200 的等量式波尔多液、代森锌、苯醚甲环唑(世高)、氢氧化铜、农用链霉素等药剂防治
白粉病防控	叶面现褪绿小点,后上生白色絮状物。初期霉层较稀疏,渐稠密后呈毡状。病斑扩大连片覆满整个叶面。有的病斑发生于叶片背面	调查时间:6 月下旬开始。 调查方法:5 点取样。仔细观察中、下部叶片,5 d 查 1 次。统计发病株率和病情指数	(1)加强肥水管理,保持通风透光。 (2)药剂防治　发病初期可用甲基托布津、粉锈宁或 0.1 波美度石硫合剂防治。每隔 7～10 d 喷 1 次,连喷 3～4 次
番茄叶霉病防控	叶面出现不规则形淡黄色褪绿斑,叶背病部初生白色霉层,后霉层变为灰褐色或黑褐色绒状。嫩茎及果柄病斑与叶片相似,可引起花器凋萎和幼果脱落	调查时间:6 月上中旬的大量发生期。 调查方法:5 点取样。5 d 查 1 次。先仔细观察中下部叶片正面,发现褪绿的淡黄色病斑后,在翻开叶片背面细查是否有霉层。确诊后,统计发病株率和病情指数	(1)合理密植,加强田间管理。 (2)按配方施肥、避免氮肥过多,以提高植株抗性。 (3)勤检查,及时摘除病叶。 (4)药剂防治　发病初期喷药防治。可选用 1∶1∶200 的等量式波尔多液、甲基硫菌灵(甲基托布津)、多硫悬浮剂等防治,每隔 7～10 d 喷 1 次,交替用药,共喷 2～3 次
番茄脐腐病防控	初在幼果脐部出现水渍状斑,后形成果实顶部凹陷、变褐。病果提早变红。后期湿度大时腐生霉菌寄生其上呈现黑色或绿色等霉状物	调查时间:6 月下旬高温时调查。 调查方法:先重点在出现旱情、地势高、盐碱性较大的地方调查,查看青果脐部。统计发病株率和病果率	(1)在番茄第 1 穗果坐果后,要均匀浇水,不可间隔过长造成土壤缺水。夏季灌水宜在清晨或傍晚进行,宜勤浇、浅浇。 (2)避免施氮过多,特别是速效氮,不要一次施用过量,注意氮、磷、钾适当配合,要多施腐熟有机肥。 (3)发病时,用 1% 过磷酸钙、0.1% 氯化钙进行根外施肥,每 7 d 施 1 次,具有良好防效

项目十　辣椒病虫害

辣椒是我国主要蔬菜之一。果实中富含辣椒素、维生素 A、维生素 C、蛋白质和多种矿物质，不仅可以鲜食，还可以制干、制酱和提取食用色素等，一直是人们喜食的日常饮食中不可或缺的蔬菜作物。随着我区种植业产业结构调整，是继番茄之后又一"红色产业"，现已成为农业增效、农民增收的新亮点。

辣椒病虫害

彩色图谱

但是在辣椒栽培生产过程中，一直受到辣椒疫霉病、炭疽病、病毒病、日灼病、白粉病、蚜虫、棉铃虫、红蜘蛛等多种病虫为害，其中在新疆发生为害最严重的主要是辣椒的"两病一虫"，即辣椒疫霉病、病毒病和二代棉铃虫，使辣椒的产量和品质受到严重的影响，甚至绝收。生产者为了获得经济利益，不断地使用各种农药进行防治，虽然挽回了一定的经济损失，但也不同程度地带来了污染。随着人们生活水平和食品安全意识的日益提高，对产品的质量要求也越来越高。因此，根据田间病虫发生动态和危害程度，及时开展药剂防治，推广使用生态农药和高效、低毒、低残留农药，并严格掌握好施药时间、用量、次数和安全间隔期。既能经济有效地把病虫害损失控制在最低水平，又能使生产的辣椒不含或少含危害人体健康的有害物质，保证其食用的安全性。

一、辣椒苗期病害

1. 分布与为害

辣椒苗期病害同其他蔬菜苗期病害一样，是冬、春季育苗期间经常发生的一大类病害，由多种病原共同造成。除为害辣椒幼苗外，还可为害番茄、茄子、黄瓜等幼苗，严重时造成幼苗成片死亡。主要有猝倒病、立枯病、沤根等。此外，在棚室中，还可发生根腐病、灰霉病、枯萎病和疫病等病害。该病在新疆广泛发生。

2. 为害症状

(1)猝倒病　病菌主要表现为茎基部呈水浸状,淡褐色,逐渐缢缩成线状,在子叶依然青绿时折倒死亡(图 10-1)。在种子发芽到幼苗出土前染病,造成烂种、烂芽,出现缺苗断垄现象。育苗田中往往先在一点发生,逐步向外扩张出现成片死亡现象。

图 10-1　辣椒猝倒病为害症状

(2)立枯病　多发生在育苗中后期,病苗基部产生椭圆形暗褐色病斑。初期病苗白天叶片萎蔫,夜间恢复正常,后期病斑扩大,绕茎一周后,茎基部干缩,地上茎叶枯死,但病苗直立不倒伏,故称立枯病。

(3)沤根　幼苗出土后,长时间不发新根,根外皮呈锈褐色,逐渐腐烂。菜苗白天萎蔫,叶缘枯焦,逐渐整株死亡,病苗极容易从土中拔起。

(4)根腐病　幼苗根和地表以下的茎基部,初期为水渍状,后呈浅褐色至深褐色腐烂。根茎不缢缩,维管束变褐色,但不向上发展,后期病部呈糟朽状,仅留丝状维管束。

3. 病原

除沤根是由苗床低温、高湿和光照不足引起的一种生理病害外,其他几种病害都是由病原菌侵染所致。猝倒病由瓜果腐霉侵染所致,病菌来源于土壤或土中病残体,在低温高湿、光照不足时侵染幼苗;立枯病由立枯丝核菌侵染引起，病菌以菌丝体或菌核在土壤中腐生，可存活 2～3 年；根腐病由镰孢霉菌引起，病菌以厚垣孢子和菌丝体长期存活在土壤中，常从根部伤口侵入，伤根时易发生病害。

4. 发病规律

上述 4 种苗期病害多在幼苗的易感病阶段遇上不良气候，而苗床管理不善时发生。

(1)在幼苗子叶期至真叶未展开之前，此时子叶中养分消耗完，新根尚未扎实，幼茎没有木栓化，独立生活能力弱，抗病力最差，处于幼苗易感病阶段。遇到低温阴雨天，极易被病菌侵入造成病害。

(2)新根生长与土壤性状、土温关系极大　在地势低洼、土质黏重的苗床上或者播种前灌水量过大，造成苗床地温过低，在低温高湿的苗床上极易导致病害发生。

(3)苗期管理不善　用旧苗床土育苗，又未进行土壤消毒；施用了未腐熟的粪肥；播种过密又未及时间苗；温室保温不好；通风换气不及时；光照太弱等造成幼苗瘦弱，都极易引起苗期病害的发生。

二、辣椒疫霉病

1. 分布与危害

辣椒疫霉病是世界性的土传病害，在各辣椒产区均有发生。其病原菌除为害辣椒外，也可侵染番茄、茄子、黄瓜、西瓜、南瓜等作物。辣椒疫病也是新疆辣椒生产中猖獗流行的一种病害，该病死亡率往往高达 80%～90%，有的地块甚至绝收。

2. 为害症状

辣椒疫病在辣椒整个生育期都可以发病，但以 7～8 月坐果期和炎热、高湿的环境条件下流行为害最重。

苗期发病，多在苗床出现。初期从幼苗根茎部产生水浸状褐色斑点，很快扩展，使茎基部全部呈水浸状，最后病部变为深褐色，整株死亡。湿度大时，变黑部分可达幼苗茎部一半以上，因茎基部干缩枯死，容易造成倒伏。

成株期发病，植株根茎部呈水浸状，以后变为黑褐色，并常常扩展到茎部地

图 10-2　辣椒疫霉病

上 3～9 cm 处。高湿条件下，甚至达到茎部一半以上，病部皮层全部变褐坏死。根部被害则变褐腐烂，引起地上部萎蔫，后青枯死亡。湿度大时，病部表面产生灰白色粉质状霉点。有时在枝、杈部也有发生，与茎部症状相同。偶尔也可为害下部果实，引起全果腐烂。适宜条件下，辣椒疫病可在几天之内引起辣椒大面积死亡。

3. 病原

病原为鞭毛菌亚门卵菌纲辣椒疫霉属真菌。

孢子囊长椭圆形、圆形。藏卵器球形，表面光滑，淡黄色或无色，内含一个球形卵孢子。厚垣孢子球形，单胞、黄色，壁厚、平滑。

4. 发病规律

病菌主要随病残体在土壤中越冬，第二年侵入寄主，种子也可带菌。越冬后的病原菌只要气候条件适宜便可发生，在田间发病植株上的病菌借风雨及灌溉水传播而引起重复侵染。高温高湿有利于病害流行，当温度在 20～30 ℃、相对湿度在 80%以上时，田间发病严重。特别在雨季或大雨过后天气突然转晴，气温急剧上升时，辣椒疫病极易暴发流行。新疆 6 月底至 8 月中旬是此病的大发生流行期。一般连作地发病早，蔓延快，病情严重；平畦比高畦栽培发病重，特别是土壤低洼积水，地面湿润，大水漫灌，氮肥施用过量，种植密度过大，通风透光不良等原因都会加重此病。

辣椒品种间抗病性有较大的差异。

三、辣椒病毒病

1. 分布与危害

辣椒病毒病由黄瓜花叶病毒和烟草花叶病毒引起，是近年来辣椒上最普遍的病害之一。发病植株轻者结果少，果实纤细而小，发育慢，多畸形；发病重者，常常造成绝收。由于其侵染的方式特殊，早期不为人们所注意，蔓延迅速，防治困难，常造成大面积损失。

2. 为害症状

(1)花叶　叶片出现不规则浓绿与淡绿相间的花斑，田间检查时，先看心叶是否出现花叶，如果心叶出现花叶，说明植株已感染病毒。轻症花叶开始表现为明脉和轻微褪色，继而发生浓绿与淡绿相间的花叶，严重时顶叶变小，叶脉变色，扭曲畸形，植株矮小。

(2)蕨叶　病株表现不同程度的全株性皱缩矮化症状且分枝增多，呈现丛枝状，心叶叶肉组织退化，叶片变小或出现蕨叶，病株后期扭曲畸形。

(3)明脉　叶脉颜色变淡，半透明。

(4)矮化　植株变矮，常伴随蕨叶丛生。

(5)黄化　叶片变橘黄色，田间分布不均匀。

(6)条斑　叶片主脉呈褐色或黑色坏死，沿叶柄扩展到枝、主茎及顶端生长点，产生褐色油渍状坏死的条斑。

(7)顶枯　顶部枯死后变褐色，叶片、花蕾脱落。

3. 病原

为害辣椒的病毒已知有多种，根据我国近年鉴定的结果，主要是黄瓜花叶病毒与烟草花叶病毒。

4. 发病规律

辣椒病毒病病原可在其他寄主作物或病残体及种子上越冬。传播途径随病原种类不同而异，但主要可分为虫传和接触传染两大类。可借虫传的病毒主要有黄瓜花叶病毒、马铃薯花叶病毒。其发生与蚜虫的发生情况关系密切，特别遇高温干旱天气，不仅蚜虫发生量大，还能降低寄主的抗病性。烟草花叶病毒和其他多种植物病毒可以经接触及伤口传播，通过整枝打杈等农事操作传染。此外，连作地、管理不良、低洼及缺肥地易引起该病流行。辣椒感染病毒后，可以出现多种症状，一般有花叶、蕨叶、明脉、矮化、黄化、坏死、顶枯等。

四、辣椒病虫害绿色防控技术

（一）播前准备

按照辣椒无公害高产栽培技术要求和病虫草害的侵染来源和发病规律，制订播前病虫害综合防治计划，检查、督促播前土地准备和种子处理的各项技术措施落实情况（表 10-1）。

表 10-1　辣椒播前准备工作程序与操作技术

工作环节	工作程序与操作技术
信息收集	（1）主动请教当地县、乡农技部门的技术专家了解当地往年辣椒田病虫草害的发生种类、为害情况以及综合防控技术经验。 （2）通过网络搜索、查阅图书等方式了解、学习辣椒田病虫草害综合防控的相关内容，做好防治工作的前期准备。 （3）信息汇总整理，制订辣椒田病虫草害综合防控计划
土地准备	（1）土地选择　土层深厚、保水肥，较肥沃的秋翻冬灌的砂壤土为宜。 （2）轮作倒茬　前茬以小麦、玉米、油料、豆类作物为好。 （3）苗期病害防治应采用栽培防病为主，结合施用药剂的综合防治措施。 ①搞好苗床栽培管理　培育壮苗，增强抗病力。苗床用土每年换用大田新的肥沃土壤，施足优质腐熟有机肥；做好育苗温室保温工作；采用地热线育苗；增加光照，加强通风。 ②苗床土壤消毒　选用福美双、敌克松或多菌灵粉剂，按 8～10 g/m^2，先将药剂与适量细土混合，取 1/3 撒于苗床上作垫土，播种后再将剩余 2/3 作盖土，撒于苗床，再覆土至所需厚度，覆盖地膜。 ③床土也可以用福尔马林熏蒸处理　在播种前两周用 100～150 倍的福尔马林液浇湿床土，用塑料薄膜覆盖闷 3～5 d 后，揭去薄膜，耙松床土，7～10 d 后播种

续表 10-1

工作环节	工作程序与操作技术
种子处理	(1)选择抗病品种　如新椒 3 号、6 号、8 号，津椒 3 号，洛椒 3 号，伊犁大辣椒，淮椒 3 号，京椒 1 号等。 (2)温汤浸种　种子用 55 ℃左右的温水浸种，不断搅拌，使水温在 10 min 内降到 30 ℃，再浸种 5～6 h 后捞出沥干水分，催芽播种。 (3)药剂浸(拌)种 ①防病毒病　用 10%磷酸三钠溶液浸种 20 min，或福尔马林 300 倍液浸种 30 min，或 1%高锰酸钾溶液浸种 20 min，捞出冲洗干净后催芽。 ②防治疫病　将种子在冷水中预浸 10～12 h，再用 1%硫酸铜溶液浸种 5 min；或用 50%多菌灵可湿性粉剂 500 倍液浸种 1 h，洗净后催芽

辣椒连作或以同科作物为前茬有什么影响

辣椒的疫病可通过土壤传播，如果辣椒连作或前茬为茄子、番茄等茄科类作物，一是病害加重，如病毒病(花叶病)、疫病等，引起大量死苗；二是使土壤中无机养分组成发生变化，常发生钙、镁、硼、铝、锰、铁等缺乏，导致黄叶、花叶、卷叶、落花、落果、产量低；三是连作会使土壤有机质含量减少，土壤孔隙度下降，缓冲能力降低，根系发育受阻，影响产量和品质。

(二)辣椒田间病虫害综合防控

根据辣椒苗期病虫害发生发展规律，按照病虫害的调查方法，认真做好病虫害田间调查，分析预测病虫害的薄弱环节，制定有效的综合防治措施，指导农民开展防治工作，检查记载作业质量，分析总结防治效果，将辣椒病虫害控制在经济允许水平以下，保证辣椒丰产丰收(表 10-2)。

1. 为什么 7～8 月灌水或大雨后辣椒会大量死亡

高温高湿有利于辣椒疫霉病的发生发展，7～8 月是高温季节，气温和地温都比较高。此时大水漫灌或大雨过后，田间土壤湿度大增，疫霉病菌快速繁殖，造成辣椒疫霉病大发生，使辣椒成片死亡。灌水量大、漫灌次数多或降雨多、雨量大，则发病重。要防止此种现象发生，一是严格平整土地，避免田块低洼积水；高垄栽培；施用微生物肥料(如生物固氮肥、生物钾肥等)，抑制病原微生物，刺激根系生长，改善土壤通透性。二是合理浇水、控水、浅水小畦灌溉，切忌大水漫灌、串水浸灌或渠水渗漏跑水。三是在发病前或发病初期，可使用甲霜灵、甲霜灵锰锌、甲基硫菌灵等农药喷雾或灌根。

表 10-2 辣椒田间病虫害综合防控工作程序与操作技术

工作环节	工作程序与操作技术		
	病虫草害田间识别	病虫草害田间调查	防治技术
苗期病害防控	主要是猝倒病和立枯病。 幼苗初期白天萎蔫,夜间恢复正常,后发生猝倒或立枯,茎基部水浸状或根部腐烂等	调查时间:幼苗出土后开始。 调查方法:每天中午进行田间观察,发现萎蔫幼苗后,将苗拔出,用清水冲洗病检查根茎部	(1)加强田间管理,避免田间湿度过大。 (2)出现病株后,应立即拔除病株。 (3)发病初期可选用百菌清、硫酸铜等药剂田间喷雾,防止病害扩展
辣椒疫病防控	根茎部的内皮层、韧皮部变黑腐烂并围绕茎一周,最后病部变褐缢缩,地上部初表现为萎蔫,后青枯死亡,在湿度大时,病部产生灰白色粉质状霉点物	调查时间:幼苗出土后即要开始田间调查。 调查方法:随机取样,每 3～5 d 调查 1 次。于中午高温时进行田间调查,发现萎蔫植株,拨土或拔出植株观察茎基部表皮颜色变化。重点做好 6 月下旬病害发生高峰期前的田间调查	(1)加强田间管理。实行高垄栽培,使辣椒根颈部处于灌水线以上。灌水时以细流浸润灌溉为好,或者隔沟灌溉。严禁串灌、大水漫灌和中量雨后灌水。有条件的,可以在夜间或早晨灌水,尽量避免中午灌水。 (2)在发病前或发病初期,可使用下列农药喷雾或灌根:甲霜灵 500 倍液、甲霜灵锰锌 500 倍液、甲基硫菌灵等。 (3)发病数量较少时,拔除病株。并用石灰水消毒穴位。 (4)在苗期和盛果期叶面喷 0.1%硫酸锌和 100 g/667 m^2 的磷酸二氢钾 2～3 次
桃蚜防控	蚜虫在叶片背面群居为害,叶片变黄、卷缩、嫩茎弯曲。中下部叶片正面有蜜露	调查时间:5 月上旬开始。春季气温高,适当提前。 调查方法:随机取样,每 5 d 调查 1 次。每点查 10～20 株,观察叶背蚜虫数量	蚜虫是病毒病发生蔓延的重要传播媒介。发现蚜虫后要立即开展早期治蚜工作,以防蚜虫传播病毒。 (1)铺银灰色塑料薄膜避蚜。 (2)黄板诱蚜 田间每隔 15～20 m 竖放一块黄板,较植株高出 20～30 cm。 (3)喷施农药防治 防治蚜虫药剂有抗蚜威(辟蚜雾)、吡虫啉等

续表 10-2

工作环节	工作程序与操作技术		
	病虫草害田间识别	病虫草害田间调查	防治技术
辣椒病毒病防控	叶片形成黄色斑驳或浅绿色相嵌的花叶、黄化、凸凹不平、变小或植株矮缩、小叶丛生,果实小而硬,病株容易落花落果	调查时间:5月中下旬或田间出现蚜虫后开始。 调查方法:随机取样,每5 d调查1次。每点查10～20株,与蚜虫调查同时进行	(1)苗期喷施高锰酸钾1 000倍液或1%过磷酸钙浸出液,提高抗性。 (2)防治蚜虫。 (3)防治病害　分苗定植前喷0.1%～0.3%硫酸锌溶液预防。在发病初期可选用病毒A(盐酸吗啉胍·铜)或菌毒清等,每隔10 d喷施1次,连续喷3～4次
棉铃虫防控	辣椒花蕾和幼果脱落,上有虫孔	参见棉田棉铃虫防治相关内容	参见棉田棉铃虫防治技术

2. 辣椒病毒病能防治吗

辣椒病毒病主要通过蚜虫等传毒昆虫传播而大面积为害。根据目前栽培品种,应采取系统控制措施:一是深翻和平衡施肥;二是适期早定植;三是采取综合防治措施控制蚜虫等刺吸式口器的传毒昆虫;四是喷施微肥复合液,即从定植到果实成熟前喷0.6%磷酸二氢钾、0.1%硫酸锌、硫酸镁、硫酸亚铁和亚硫酸钠等配成的复合液,增强抗病性,但最根本的措施还是控制蚜虫等传毒昆虫。

项目十一　大白菜病虫害

大白菜属十字花科植物,是我国的特产蔬菜之一。大白菜以其营养丰富,柔嫩适口,品质佳,耐贮存等特性,被誉为“菜中之王”,种植遍布全国各地。随着育种事业的发展,大白菜不仅可以在秋季栽培,在春季和夏季也可以栽培,这就使大白菜成了周年生产、周年供应的蔬菜。据调查,新疆秋、冬大白菜的种植面积占秋菜种植面积的50%左右,是新疆重要的蔬菜之一。

在生产中，威胁大白菜产量和质量的重要因素是病虫害，只要病虫害猖獗，就会造成大白菜的严重减产。从病虫二者为害程度来比较，病害更严重于虫害。大白菜病害种类，因各地区的气候条件而异，常见的病害有软腐病、霜霉病、病毒病、菌核病、白斑病、黑斑病、黑腐病、根肿病、白锈病、炭疽病等。其中，病毒病、霜霉病、软腐病是大白菜三大重要病害。病毒病发生于大白菜的苗期，霜霉病是莲座期病害，软腐病则是包心期的病害。三大病害虽然发生在大白菜不同生长阶段，但往往交错发生，前者发病严重时往往也加重后者发病，如病毒病发生严重的年份，必然导致霜霉病的严重发生。大白菜常见的害虫有蚜虫（桃蚜、甘蓝蚜）、菜粉蝶（菜青虫）、甘蓝夜蛾等，其中蚜虫因传播大白菜病毒病而成为重要的害虫。

大白菜病虫害彩色图谱

选用抗病品种、适期播种、加强田间管理等一系列农业栽培技术措施和坚持“预防为主、综合防治”的病虫害防治原则，是有效防控大白菜病虫草害，减少化学农药污染，保证大白菜优质、高产、高效和无害化生产的重要的综合技术措施。

一、白菜霜霉病

1. 分布与为害

大白菜霜霉病遍布新疆各大白菜种植区，是新疆大白菜生产中重要的三大病害之一。在秋季气候凉爽，昼夜温差大的地区发生危害重，严重地块可减产70％～80％。

除大白菜外，十字花科其他蔬菜也可受害。

2. 为害症状

病害主要发生在叶片上（图 11-1），其次茎、花梗、种荚上都有为害症状。幼苗期发病，叶背出现白色霉状物，在高温条件下，病部常出现近圆形枯斑，严重时茎及叶柄上也产生白霉，苗、叶枯死。成株期发病，叶正面出现淡绿色至淡黄色水浸状小斑点，扩大后呈黄褐色，病斑受叶脉限制，呈多角形。潮湿时叶背面病斑上生出白色霉层；白菜进入包心期，条件适宜时，叶片上病斑增多并连接成片，叶片变黄，病情由外叶向内叶发展，严重时植株不能包心。种株受害时，叶、花梗、花器、种荚上都可长出白霉，花梗、花器肥大畸形，花瓣绿色，种荚淡黄色，瘦瘪。

图 11-1　白菜霜霉病

3. 病原

本病由十字花科霜霉属霜霉菌寄生所致。病菌为专性寄生菌，只能在活体上存活。病菌产生孢子囊的最适温度为 8～12 ℃，孢子囊萌发的适宜温度为 7～13 ℃，最高 25 ℃，最低 3 ℃，菌丝生长发育的最适温度为 20～24 ℃，产生卵孢子的适宜温度为 10～15 ℃，相对湿度 70%～75%。

4. 发病规律

霜霉病主要发生在春、秋两季，保护地大白菜生产在早春常出现发病高峰。病菌随病残体在土壤中或十字花科蔬菜上或冬贮种株的根头上越冬，有时还可混在种子中越夏或越冬，次年春季条件适宜时萌发侵染幼苗，由春播十字花科蔬菜传到白菜等秋播十字科蔬菜上，混在秋播种子上的病菌，播后直接为害幼苗。全年种植十字花科蔬菜的地区，病菌可在寄主上全年传播为害。病害发生和流行的平均气温为 16 ℃左右，病斑在 16～20 ℃扩展最快，高湿是孢子囊形成、萌发和侵染的重要条件，多雨时病害常严重发生，田间高湿，即使无雨，病情也加重。大白菜莲座期至包心期，若气温偏高，或阴天多雨，日照不足，叶片结露时间长，病害易流行。过度密植、偏施氮肥、灌水失度、田间湿度高等也是霜霉病发生的重要诱因。

二、大白菜病毒病

1. 分布与为害

大白菜病毒病在全国各地普遍发生，也是新疆大白菜发生最早的三大病害之一。南北疆各地大白菜，每年都有不同程度的流行，特别是蚜虫大发生的年份，大白菜病毒病会更加严重。感染病毒病的植株也容易感染霜霉病和软腐病，对大白菜生产威胁很大。

2. 为害症状

大白菜各生育期均可受害。幼苗期发病，心叶产生明脉褪绿，继而叶片出现深浅不一的花叶、皱缩、叶脆，心叶扭曲畸形，有时叶脉上出现褐色坏死斑，或不整齐的波形坏死环纹（图 11-2）。成株期病株矮缩，叶片上往往出现黄绿相间的花叶、环形坏死斑及黑色星状小点，有时这些斑点深入到叶球内部，叶球不耐贮藏，植株根系不发达，须根减少，根内部组织浅褐色，严重时病株不能结球。染病种株抽薹晚，抽出的薹短，扭曲畸形，叶片小而硬、明脉、花叶，老叶叶脉坏死，花梗上有纵横裂口，花瓣色浅，荚果小，籽不饱满，发芽率低，严重病株抽薹前即枯死。白菜病毒病病株抗逆性下降，软腐病、霜霉病加重。

(1) 染病植株心叶卷曲　　(2) 幼苗发病，叶片失绿

图 11-2　大白菜病毒病

3. 病原

大白菜病毒病的病原为多种病毒，常见的有芜菁花叶病毒、黄瓜花叶病毒、烟草花叶病毒 3 种。其中以芜菁花叶病毒为主，线粒体状，55～60 ℃经 10 min 即失活，体外保毒期 48～72 h。除侵染十字花科蔬菜外，还侵染菠菜、茼蒿等。

4. 发病规律

芜菁花叶病毒在越冬的种株或冬季田间十字花科蔬菜或窖藏的十字花科蔬菜上越冬，第二年春天在各种十字花科蔬菜上蔓延。芜菁花叶病毒在田间靠蚜虫传播，蚜虫在病株上取食后再飞到健株上取食时，把病毒传给健株。此外，这种病毒还可以通过病株的汁液接触健株传播，即在人们田间作业时，经人的手脚、衣服、农具将病株汁液传到健株而致病。病毒从春季发病的十字花科蔬菜上传到秋季大白菜及其他秋菜。大白菜播种后遇高温干旱，地温高或持续时间长，根系发育受阻碍，地上部生长受抑制，寄主抗病力下降，病害重。白菜类6叶期前易染病。7叶后发病轻。如蚜虫发生高峰期与寄主感病期相吻合，并遇气温15～20 ℃、相对湿度75％以下，发病重。秋季大白菜播种早，病原、蚜虫多，菜田管理差，不通风，地势低，或土壤干燥、缺水、缺肥，植株长势差，发病重。

三、大白菜软腐病

1. 分布与危害

大白菜软腐病是新疆大白菜受害最重的三大病害之一。其发生为害期长，在田间、运输及贮藏期间均能引起大白菜大量腐烂，造成重大损失。除为害十字花科蔬菜外，还为害胡萝卜、番茄、甜椒、马铃薯、洋葱、大蒜、芹菜等多种蔬菜。

2. 为害症状

大白菜软腐病多在包心期开始发病，呈典型的细菌性湿腐症状。常见有下列3种类型：

(1)脱帮型　初病期，外叶中午萎蔫，早晚恢复正常，后期严重时，基部腐烂，外叶不再恢复，病株一触即倒。根茎的心髓部变为灰褐色黏稠状物，有腥臭味。

(2)烧心型　外部大叶基本完好，叶球发病腐烂，延至根髓部黑腐。

(3)烧边型　外叶边缘焦枯或心叶顶端腐烂，有时外叶全部腐烂，在天气晴朗干燥时，病叶逐渐干枯呈薄纸状。

3. 病原

本病是由细菌中欧氏杆菌属十字花科软腐细菌的一个变种寄生所致。

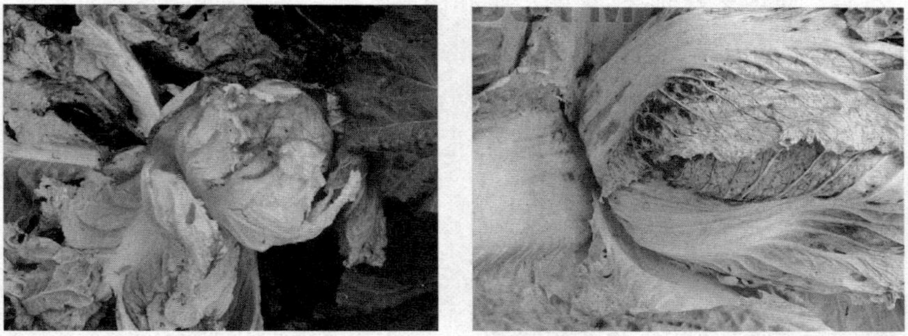

图 11-3 大白菜软腐病

菌体短杆状,单生或双生,少数串生,周生 2～8 根鞭毛,不产生芽孢,革兰氏染色阴性。病菌生长发育温度为 2～40 ℃,最适温度为 25～30 ℃,致死温度为 50 ℃、10 min。病菌不耐光照和干燥,日光下暴晒 2 h,大部分死亡。在脱离寄主的土壤中,只能存活 15 d。病菌能分泌分解寄主细胞果胶质的酶,使细胞离解而软腐,并使蛋白质分解,放出有臭味的硫化氢气体。

4. 发病规律

病原菌主要在留种株、病残物以及黄条跳甲、菜青虫体内越冬。次年随种株带到田间,通过灌水、雨水、昆虫等传播,施用带有未腐熟病残体的肥料也可以传播。病菌从寄主的伤口、自然孔口侵入,在薄壁组织中繁殖。病菌在大白菜幼苗期从根部根毛区侵入寄主,潜伏在维管束组织中,田间幼苗根部带菌率达到 95%,在遇到灌水引起的厌氧条件时发病。高畦种植较平畦种植发病轻,与禾本科作物轮作发病轻。早播、地势低洼、排水不良、土质黏重、大水漫灌的地块发病重。包心期多雨、气温 15～20 ℃情况下发病也重。

四、菜蚜

1. 分布与为害

菜蚜(图 11-4)属同翅亚目蚜科。新疆常见分布的是桃蚜、萝卜蚜和甘蓝蚜,都是世界性害虫。

桃蚜可为害十字花科、茄科等多种蔬菜及蔷薇科果树,萝卜蚜和甘蓝蚜则以十字花科蔬菜为主要寄主。蚜虫以若虫和成虫聚集在寄主幼苗嫩茎和近地面叶片背面,以刺吸式口器吸取寄主汁液,造成寄主严重失水和营养不良,叶面卷曲皱缩，严重时整株枯萎，影响产量和品质。

蚜虫还能够传播大白菜病毒病。

图 11-4 菜蚜

2. 形态特征

如表 11-1 所示。

表 11-1 两种菜蚜主要形态特征

特征		桃蚜	萝卜蚜	甘蓝蚜
有翅孤雌蚜	体长	约 2 mm	约 1.8 mm	约 2.2 mm
	体色	头胸黑色，腹部淡绿色，背中有黑褐色斑	头胸黑色，腹部黄绿色至绿色	头胸黑色，腹部黄淡绿色，体被较厚蜡粉
	触角	第 3 节有感觉圈 6～17 个，排列成行	第 3 节有感觉圈 21～29 个	第 3 节有感觉圈 37～50 个，排列不整齐
	腹管	超过或接近尾片末端	黑色、短，端部略细	短于尾片，圆锥形
无翅孤雌蚜	体长	约 2.2 mm	约 1.8 mm	约 2.5 mm
	体色	绿色、淡黄色或赭红色	黄绿色或稍覆白色蜡粉	暗绿色，有白色蜡粉
	额瘤	明显，向内倾斜	不明显	不明显
	腹管	长达尾片端部	较短，暗绿色	较短，达尾片基部
越冬卵		椭圆形，长约 0.4 mm，初产绿色，越冬前变为黑色		

3. 发生规律

桃蚜为乔迁式蚜虫，其生活史在亲缘关系很远的两类植物间完成。1 年发生 10 多代，以卵在桃、杏等蔷薇科果树上越冬。在南疆，越冬卵在 3 月底孵化，先在桃芽和杏芽基部活动，在嫩叶长出后，就到叶片背面取食为害。4～5 月桃和杏受害最重。繁殖几代后，于春末夏初产生大量的有翅蚜，向春菜上迁飞为害,7月间形成高峰。此后又转移至大白菜等秋菜上为害。到10月份,天气转凉,日照缩短,又迁回桃树、杏树上,随后产生性蚜并交尾产卵越冬。越冬卵多产在腋芽、小枝分杈和树皮皱褶与伤疤处。

萝卜蚜和甘蓝蚜为留守式蚜虫,在一种或几种近缘寄主上转移扩散。1年发生8~20代,以卵在甘蓝、萝卜、白菜等留种株及残根茬上越冬。4月中旬,越冬卵随留种株栽植而开始孵化,春菜出苗后,向春菜上转移。6月以后,油菜及萝卜、甘蓝、白菜留种株结荚时,萝卜蚜和甘蓝蚜大量集中在种荚上为害。至7月间,留种株和早甘蓝等收获后,萝卜蚜和甘蓝蚜又迁飞至晚甘蓝等十字花科蔬菜上,8月份,温湿度适宜,虫口密度达到高峰。此后,除一部分萝卜蚜和甘蓝蚜向冬白菜、冬萝卜上迁移外,大部分仍然留在晚甘蓝等十字花科蔬菜上继续取食。到10月,即产生性蚜,并交尾产卵越冬。

在温室条件下,3种蚜虫都可周年以孤雌胎生方式连续繁殖。

五、菜粉蝶

1. 分布与为害

菜粉蝶(图11-5)属鳞翅目粉蝶科。新疆主要有大菜粉蝶(甘蓝粉蝶)和小菜粉蝶两种。菜粉蝶遍布全疆,在北疆以大菜粉蝶为主,在南疆以小菜粉蝶为主。

菜粉蝶以幼虫(图11-6)为害十字花科蔬菜叶片。一年中以春、秋两季为害最重。苗期初龄幼虫在叶背啃食叶肉,残留表皮。3龄后将叶片吃成孔洞和缺刻,严重时只残留叶柄和叶脉,同时排泄大量虫粪,污染叶面。幼虫在包心期钻入叶球内,不仅暴食菜心,而且其粪便污染菜心,造成的伤口又有利于软腐病菌的侵入,严重影响大白菜的产量和品质。

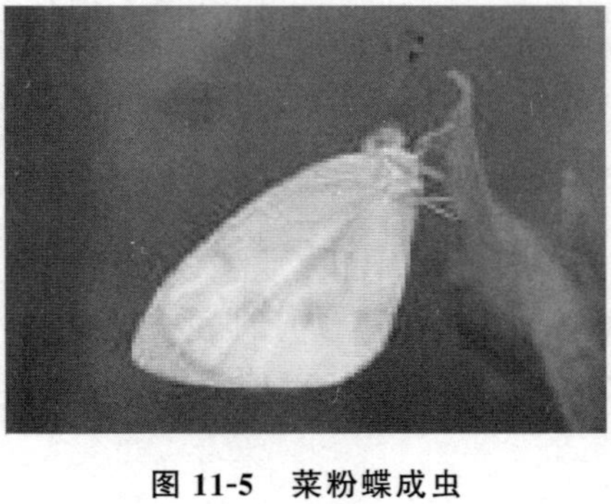

图11-5 菜粉蝶成虫

图11-6 菜粉蝶幼虫

2. 形态特征

如表 11-2 所示。

表 11-2 两种菜粉蝶主要形态特征

特征		大菜粉蝶	小菜粉蝶
成虫	大小	体长 18～20 mm,翅展 57～67 mm	体长 15～20 mm,翅展 45～55 mm
	前翅斑纹	前翅正面顶角的三角形黑斑内缘弧形,外缘向下延伸超过 M_3	前翅正面顶角的三角形黑斑内缘近似直线,外缘向下延伸不超过 M_3
卵	着卵情况	聚产成卵块	散产
幼虫	体长	35～40 mm	28～35 mm
	体色	灰绿色	青绿色
	外长物	每体节上有许多大小瘤突,其上生有发白的刚毛	体上有稀疏细毛
蛹	大小	20～24 mm	18～21 mm
	形态	头部前端有一管状突起	蛹黄绿或褐色,体背有 3 条纵隆线和 3 个角状突起

3. 发生规律

大菜粉蝶 1 年发生 3 代,以蛹在树干及建筑物的屋檐下越冬。在北疆地区 4 月下旬开始羽化,成虫于 5 月上中旬开始产卵,5 月下旬出现第 1 代幼虫,以十字花科蔬菜采种株及野油菜为食,为害盛期在 6 月初。7 月上旬以后陆续发生的第 2 代和第 3 代幼虫分别为害早甘蓝和晚甘蓝、大白菜等。第 3 代幼虫老熟后化蛹越冬。

大菜粉蝶成虫白天活动,每个卵块有卵 80～90 粒。初孵幼虫有群集取食习性,3～4 龄后分散取食。

小菜粉蝶在新疆一般少则为 1 年 3 代,多则可达 8～9 代。以蛹越冬,其越冬场所同于大菜粉蝶,但其春季羽化期早于大菜粉蝶。卵散产,雌虫每在菜叶上停留 1 次,即产卵 1 粒。1 头雌虫产卵 100～200 粒,秋季产卵量多。1～2 龄幼虫受惊后有吐丝坠落习性。小菜粉蝶可传播十字花科软腐病。

六、跳甲类

1. 分布与为害

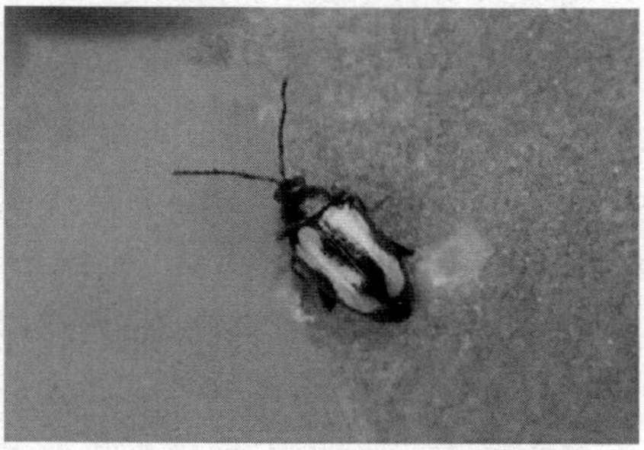

图 11-7 黄曲条跳甲

跳甲属鞘翅目叶甲科，俗名菜蚤、土跳蚤，是一种善跳的小型甲虫。新疆普遍发生的有黄曲条跳甲（图 11-7）、十字花科蓝跳甲和甜菜跳甲。

跳甲主要以成虫群集在寄主的幼苗嫩叶上啃食叶肉，仅留一层表皮。被害叶片布满稠密的小圆孔洞。幼虫生活在土中，为害寄主根部皮层，使表面形成不规则的弯曲疤痕。跳甲主要为害白菜、油菜等十字花科作物和甜菜。

2. 形态特征

如表 11-3 所示。

表 11-3 两种跳甲形态比较

特征		黄条跳甲	十字花科蓝跳甲
成虫	虫体	长椭圆形，长 1.5～2.8 mm，黑色，有光泽，善跳	长椭圆形，长 2.5～2.4 mm，蓝黑色，有光泽，善跳
	鞘翅	有黄色纵条	刻点排列成行
卵		长椭圆形，淡黄色	卵圆形，黄色
幼虫		长 4 mm，黄白色	长 4.5～6.5 mm，黄白色
蛹		2 mm，淡黄色	2.5 mm，灰黄色

3. 发生规律

黄曲条跳甲 1 年 2 代，十字花科蓝跳甲 1 年 3 代，均以成虫在树木、田间、沟边的枯枝落叶下、杂草、土缝中，特别是十字花科杂草中越冬。早春当旬平均气温 11 ℃时，越冬成虫出蛰活动，先取食杂草，然后于 4 月上中旬转移至油菜、白菜、萝卜地内为害。不久，即产卵于根基表土或在根茎上咬一小孔，将卵产于其中。孵化后幼虫在 3～5 cm 土层中活动，咬食主根及须根表皮。这些伤口又易引致杂菌滋生。

黄曲条跳甲6月上旬出现第1代成虫，7月下旬出现第2代成虫，于秋末越冬。十字花科蓝跳甲5月下旬出现第1代成虫，7月下旬出现第2代成虫，8月下旬出现第3代成虫，于秋末越冬。

跳甲活泼善跳，春、秋两季喜在温暖的中午前后活动。夏季高温季节，喜好在上午和下午较凉时活动。夜间或遇阴雨、低温天气，则躲藏在叶背、植株周围的土块下或土缝中静伏。成虫有趋光性，对黑光灯敏感。

七、大白菜病虫害绿色防控技术

根据大白菜病虫害发生发展规律，按照病虫害的调查方法，认真做好病虫害田间调查，分析预测病虫害的薄弱环节，制定有效的综合防治措施，指导防治措施实施，检查作业质量，分析总结防治效果。

表11-4　白菜田间病虫害综合防控工作程序与操作技术

工作环节	工作程序与操作技术		
	病虫草害田间识别	病虫草害田间调查	防治技术
跳甲防控	成虫群集在幼苗嫩叶上啃食叶肉，仅留一层表皮，叶片布满稠密的小圆洞。幼虫生活在土中，为害寄主根部皮层，引发软腐病	调查时间：5月下旬调查第1代成虫；7月下旬调查第2代成虫。 调查方法：随机取样，5点调查，每点查0.5 m^2。记录跳甲数量	(1)彻底铲除杂草。 (2)幼苗出土，跳甲初现时，及时喷洒辛硫磷、溴氰菊酯等杀虫剂。杀灭跳甲还可减少霜霉病、软腐病的发生。 (3)跳甲宜在早晨露水未干时防治，同时应从四周向中间喷雾
大白菜病毒病防控	苗期发病时叶脉失绿，叶片皱缩，花叶畸形。成株期发病，叶片严重皱缩，质硬而脆，植株矮化畸形，内层叶上出现灰褐色坏死斑，不结球或结球松散	调查时间：出苗后或田间出现蚜虫后开始调查。 调查方法：随机取样，每5 d调查1次。每点查20～30株。与蚜虫调查同时进行	(1)苗期喷施高锰酸钾1 000倍液或1%过磷酸钙浸出液，提高抗性。 (2)彻底消灭蚜虫。蚜虫是病毒病传播的主要途径，消灭蚜虫等传毒媒介是防治病毒病的关键措施。 (3)防治病害　发病前可喷施0.1%～0.3%硫酸锌溶液预防。在发病初期可选用病毒A(盐酸吗啉胍·铜)、菌毒清等，每隔10 d喷施1次，连续喷3～4次

续表 11-4

工作环节	工作程序与操作技术		
	病虫草害田间识别	病虫草害田间调查	防治技术
大白菜霜霉病防控	幼苗期叶片变黄,叶背有白色霉层;成株期叶片上初为水浸状斑点,后变黄褐色多角形病斑,高湿时叶背有白色霉状物	调查时间:从大白菜真叶出现开始。 调查方法: (1)苗期中心病株调查　选早播,感病品种田 3 块,每块地随机 5 点调查,每点选 100 株。 (2)定点系统调查　大白菜定棵后,每点定 20 株。 (3)大白菜莲座期进行普查　每块田取 10 个点,每点取 5～10 株,调查记载发病情况	(1)合理密植,加强田间管理。 (2)发现中心病株后,立即拔除并及时喷药。可选用甲霜灵锰锌、杀毒矾(噁霜・锰锌)、普力克(霜霉威盐酸盐)、克露(霜脲・锰锌)等,每 7～10 d 1 次,连喷 2～3 次。为了增加黏着性,每 10 kg 药液中可加入中性洗衣粉 5～10 g。 霜霉病的发生与病毒病关系密切,因此防治时应将这两个病害综合起来考虑,才能收到良好的防治效果
大白菜软腐病防控	初病期,外叶中午萎蔫,早晚恢复正常,严重时,基部腐烂,病株一触即倒。根茎的心髓部变为灰褐色黏稠状物,有腥臭味。或叶球发病腐烂或心叶顶端腐烂,在干燥时,病叶干枯呈薄纸状	调查时间:在包心期开始调查。 调查方法:于晴天中午在田间顺行慢步踏查,当发现萎蔫病株或心叶顶端有腐烂时,再 5 点取样,每点取 100 株,调查记载发病情况	(1)及时防治地下害虫。 (2)发现病株后及时挖除,然后在病穴处撒施石灰消毒。 (3)发病初期及时喷药防治,喷药要周到,特别要注意将药喷到近地表的叶柄和茎基部,使药液流入菜心时防治效果更好。 可选用的药剂有:敌克松、农用链霉素、新植霉素、喹菌酮、代森铵水剂等。 药剂交替使用,7～10 d 喷施 1 次,连喷 2～3 次。 一些白菜品种对酮制剂和链霉素等较敏感,要注意防止药害

续表 11-4

工作环节	工作程序与操作技术		
	病虫草害田间识别	病虫草害田间调查	防治技术
菜粉蝶防控	苗期幼虫在叶背啃食叶肉，形成孔洞和缺刻，严重时只残留叶柄和叶脉，同时排泄大量虫粪，污染叶面。幼虫在包心期钻入叶球内，表面有粪便，伤口腐烂	调查时间：田间看到成虫后，开始田间查卵和幼虫。 调查方法：5点取样，每 5 d 调查 1 次，苗小时每点查 20～30 株，苗大时固定查 10～20 株	(1)清除田边、地埂十字花科杂草。 (2)大菜粉蝶产卵期间，及时摘除卵块。 (3)药剂防治　可在卵盛期后 5～7 d，即卵孵化高峰期及 3 龄前幼虫盛发期用药。可选用敌敌畏、氰戊菊酯、阿维菌素、灭幼脲等喷雾防治。7～10 d 喷药 1 次，连喷 2～3 次。注意轮换用药

模块四

林果作物病虫害

项目十二　红枣病虫害

一、枣黑斑病

1. 分布与为害

在新疆，黑斑病主要为害枣果，枣叶感染黑斑病的情况很少见，这可能与新疆的气候有关。

2. 为害症状

红枣病虫害
彩色图谱

红枣新叶感病后叶尖边缘变褐色，叶尖向正面卷曲，叶片枯焦易碎，湿度大时叶片卷曲处产生绿色霉层。成熟叶感病后首先出现针尖大小褐色小点，随着病情发展扩展成圆形或近圆形病斑，病斑外缘黄色，内缘黑褐色，中心为灰白色，病健交界明显，叶背的病斑与正面病斑比较起来显小，边缘黄褐色，病健交界模糊。果实感病后症状病菌主要在枣果着色期开始发生侵染，发病初期，在枣果果腰和果肩出现淡黄色至红褐色小点，随着病情的发展，病点逐渐扩大成圆形或不规则形的黑褐色病斑，发病后期病斑微微凸起，皱缩，病斑下的果肉呈现土黄色夹杂其他颜色，海绵状，挖出果肉病组织呈现圆形凹坑（图 12-1）。

图 12-1　红枣黑斑病

3. 病原

枣黑斑病病原菌为链格孢属链格孢，主要为害枣叶和枣果，日灼、虫伤、机械伤、风蚀等伤口易发病。其大量存在于土壤、空气和作为培养料的各种有机质上，其孢子通过空气传播。菌落絮状，生长迅速，初期暗白色，老后变暗；背面褐色。菌丝及分生孢子梗褐绿色，具横隔。分生孢子倒棒状，表面具横隔和纵隔，呈壁砖状结构，横隔较粗，多数为 3 个，末端喙短，排成较长的直链或斜链；褐绿色，大小较一致，为(35～42) μm×(6～20) μm，空气中多见。

4. 发病规律

枣黑斑病发病初期在早霜期，发病高峰期在持续结冰期。

5. 防治措施

建议枣树展叶期至现蕾期，提前喷施具有保护性的杀菌剂。防治重点应在 9 月底 10 月初，即平均气温在 13 ℃以下开始结露水时防治。药剂初步推选戊唑醇、多抗霉素两种药剂。由于感染黑斑病的病果采摘后病斑会继续扩展，对发病较重的枣园建议采摘后要立即加工。

另外，结合冬季修剪清除病枯枝、老枣吊、僵果等。砍下的病树和剪下来的病枝、病叶、病果要集中起来烧毁，或挖坑深埋，注意深埋时坑内要加石灰水以消灭残留病菌。加强水肥管理，增施有机肥和磷、钾肥，增强树势，合理密植与修剪，保持果园通风透光，雨季做好排水避涝等措施均有利于控制枣黑斑病的发生。

二、枣锈病

1. 分布与为害

枣锈病在全疆均有分布，仅为害叶片。发病严重时，枣树上的叶片全部脱落，只留下未成熟的青枣。夏孢子堆初埋生于表皮下，以后表皮破裂，散发黄色粉状物，即夏孢子。冬孢子堆一般在秋季落叶以后发生，较夏孢子堆小，黑褐色，稍凸起，但不突破表皮。

2. 为害症状

发病初期，叶背散生淡绿色小点，渐变为淡灰褐色。病斑处有黄褐色夏孢子堆。发病初期，夏孢子堆生长在表皮下，成熟时突破表皮散出黄色粉状的夏孢子，发病后期在叶片正面对着夏孢子堆处出现不规则的绿色小点，形成褐色斑，后变为黄褐色角斑，逐渐干枯脱落(图 12-2)。

3. 病原

枣锈病由担子菌亚门的枣多层锈菌引起，该菌为严格的寄生菌，具有高度的变异性，对作用点单一的杀菌剂极易产生抗药性。其生活史中，只发现夏孢子堆和冬孢子堆 2 个阶段。夏孢子淡黄色至黄褐色，近球形或椭圆形；冬孢子长椭圆形或多角形，栗褐色，平滑，顶端壁厚、下端稍薄，色淡。

夏孢子球形或椭圆形，淡黄色至黄褐色，单胞，表面密生短刺，大小(14～26) μm×(12～20) μm。冬孢子长椭圆形或多角形，单胞，平滑，顶端壁厚，上部栗褐色，基部淡色，大小(8～20) μm×(6～20) μm。

4. 发病规律

病菌多在病叶上越冬。6 月下旬降雨后，越冬的孢子开始萌芽侵入叶片，7 月中旬开始发病，8～9 月病菌不断进行再侵染，受害严重叶片开始大量落叶。多雨、高湿是枣锈病发生流行的主要条件。

图 12-2　红枣枣锈病

5. 防治措施

加强栽培管理,增施有机肥,使树体生长健壮,提高树体抗病力。在冬季休眠期,通过合理整形修剪,使园内保持良好的通风透光条件,彻底扫除病落叶,集中烧掉,减少越冬病菌。6 月下旬,病菌开始侵入前,喷药保护,每隔 15～20 d 喷 1 次,连喷 4～6 次。常用药剂有戊唑·多菌灵、戊唑醇、甲基硫菌灵等。

三、枣疯病

1. 分布与为害

枣疯病在全疆均有分布,主要为害枣树和野生酸枣树,是枣树的毁灭性病害。病树健枝虽然可以结果,但是果面凹凸不平,着色不均,果肉多渣,汁少味淡,不能食用。枣疯病通过嫁接传染或田间叶蝉类害虫刺吸传播。

2. 为害症状

地上部分表现为枝叶丛生,花器变成营养枝,花柄长成枝条。病枝纤细,节间变短,叶小而黄,一般不结果。地下部分则主要表现为根蘖丛生。

图 12-3　枣疯病

3. 病原

病原为枣植原体，无细胞壁，仅被厚度约 10 nm 的单位膜所包围，易受外界环境条件的影响，形状多样，大多类菌原体的繁殖方式为二均分裂、出芽生殖、在细胞内部生成许多小体再释放出来等形式。植原体侵染枣树后，分布在韧皮部筛管细胞中，其次为伴胞。

4. 发病规律

一般先从一个或几个枝条开始，再传染到其他枝条，最终扩展到全株。枣树染病后，地上部分和地下部分都表现不正常的生育状态。幼树发病 1～2 次就会枯死，大树染病，3～6 年逐渐干枯死亡。

5. 防治措施

选用无病苗木及接穗是防治枣疯病的根本措施，及时治疗轻病树是避免死树的重要保证。对于轻病树要及时去除病枝，并于早春和秋季在树干木质部埋施四环素类药剂，重病树建议尽早清除。为防治害虫等传病媒介，还可喷施杀虫菊酯或吡虫啉。

四、枣炭疽病

1. 分布与为害

枣炭疽病俗称焦叶病，是由枣炭疽病侵染所引起的、发生在枣树上的一种病害。主要侵害染枣吊、枣叶、枣头及枣股。果实、枝、干、叶均可受害，以果实受害较重，病果易早期脱落。本病在全疆均有分布。

2. 为害症状

在果实上形成褐色至黑褐色凹陷病斑(图 12-4),圆形或近圆形,后期病斑表面长出小黑点,潮湿时其上产生淡粉红色黏液。

图 12-4 枣炭疽病

3. 病原

病原为盘长孢状刺盘孢,属半知菌亚门真菌。菌丝体在果肉内生长旺盛,有分枝和隔膜,无色或淡褐色。直径 3～4 μm,分生孢子盘位于表皮下,大小(213～142) μm×350 μm,由疏丝状菌丝细胞组成。分生孢子盘上着生黑褐色的束状刚毛,刚毛长 29.2～116.6 μm,宽 2.7～5.3 μm,无分隔或有 1 个分隔。分生孢子梗着生于分生孢子盘的顶部,无色,短棒状,单胞,长 15～30 μm、宽 3.5～4.8 μm。分生孢子长圆形或圆筒形,无色,单胞,长 13.5～17.7 μm、宽 4.3～6.7 μm,中央有 1 个油球或两端各有 1 个油球。该种病原可侵染枣、苹果、核桃、葡萄、桃、杏、刺槐等。病菌生长适宜温度为 22～28 ℃。

4. 发病规律

果实从落花后半个月左右至成熟采收期均可受病菌侵染,多从果实膨大后期开始发病。雨季早，雨量多或连续降雨，田间空气的相对湿度在 90%以上，发病就早而重。树势弱，管理粗放，发病重。

5. 防治措施

加强肥水管理，改良土壤，做到旱能浇、涝能排，增施有机肥，促进树体健壮生长，提高树体抗病能力。清洁果园，落叶后将园内所有的落叶及落果集中烧掉或深埋。枣树萌芽前，喷 1 次 5 波美度石硫合剂。6 月上旬喷 1 次 200 倍石灰倍量式波尔多液。7 月中下旬和 8 月上旬各喷 1 次杀菌剂，常用药剂有多菌灵、百菌清可湿性粉剂、苯菌灵、甲基硫菌灵等。

五、枣轮纹病

1. 分布与为害

枣轮纹病又称浆果病、黑腐病，是由贝伦格葡萄座腔菌侵染引起的发生在枣树上的一种病害。主要为害果实。果实受害后，前期没有症状表现，在果实进入白背期后才逐渐发病。本病在全疆均有分布。

2. 为害症状

初期病斑以皮孔为中心，先出现水渍状褐色小斑，而后迅速扩大为黄红色圆形大斑，稍凹陷。病部果肉变褐发软，略有酒糟味，严重时全果浆烂。有时病斑上可产生具有颜色深浅相间的同心轮纹。

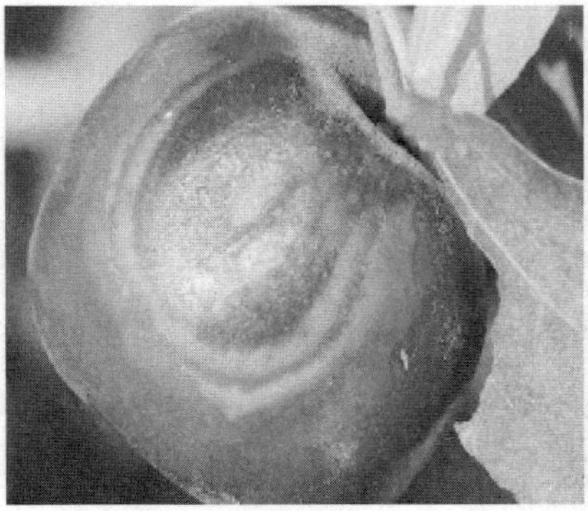

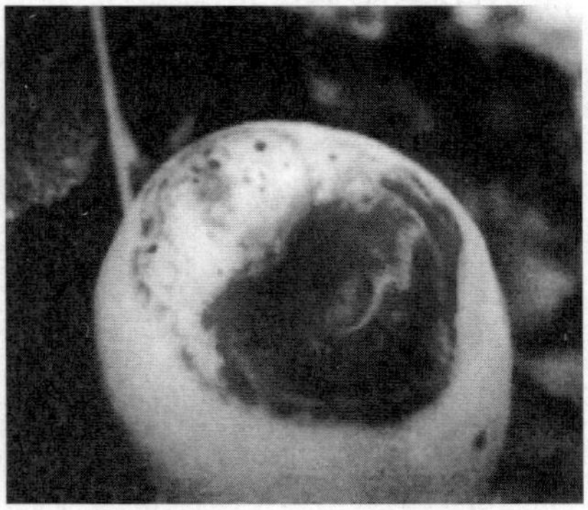

图 12-5 枣轮纹病

3. 病原

病原为贝伦格葡萄座腔菌，属子囊菌亚门真菌，无性世代属半知菌亚门真菌，菌丝无色、有隔，子囊壳有孔口，深褐色，扁圆形或球形，子囊棒状，上端稍大，下端稍窄，内有 8 个子囊孢子，子囊孢子单胞，无色，椭圆形。分生孢子器扁圆形，具乳头状突起，内壁密生分生孢子梗上着生分生孢子。分生孢子单胞，无色，长椭圆形。病原在 15～35 ℃均可生长，最适温度为 25～30 ℃，黑斑病在冬枣整个生长季节均可发病，但在 7～8 月室外温度最高的时期，与病原生长的最适温度基本吻合，发病率最高。黑暗条件有利于孢子产生。在全光条件下，孢子产生较慢，产孢量小。该种病原可侵染枣、苹果、梨、桃等。

4. 发病规律

枝干上感病后多于 8 月底至 9 月初出现症状。降雨多且早，发病重。7～8 月连阴雨天多，病害易流行。树势弱，发病早且重，较健康树提前 7～10 d 发病。枣树行间间作高秆作物，如玉米、高粱等，发病重。

5. 防治措施

加强栽培管理，增施有机肥，增强树势，提高抗病性；合理修剪，改善树体通风条件；及时灌排水，避免果园渍害；枣树行间不要间作高秆作物。及时防治其他病虫害，减少害虫造成的伤口，增强树体抗病性。一般落花后 10 d 左右开始喷药，间隔 10～15 d 喷 1 次，药剂可选用甲基托布津、戊唑·多菌灵等。科学采摘和晾晒，减少伤口产生，避免病菌再侵染；提倡用炕烘法制干。严格控制贮藏场所温、湿度，贮藏期要保持通风，防止高温、高湿引起病害的发生。

六、枣缩果病

1. 分布与为害

枣缩果病又称黑腐病、铁皮病，俗称干腰病、黑腰病、束腰病等，是由噬枣欧文氏菌、聚生小球壳菌、细链隔孢菌或砖格梨孢霉等侵染所引起的发生在枣树上的一种病害。主要为害果实，枣缩果病病原菌侵入正常果实以后，被侵害果实的发病症状一般有晕环、水渍、变色、萎缩和脱落几个阶段，但也不完全如此，枣果生长前期发生缩果病，病果在水渍期就脱落；生长中期发生缩果病，病果有的在半红时就脱落；而枣果生长后期发生缩果病，病果多在萎缩期未脱落就进入了采收期。本病在全疆均有分布。

2. 为害症状

病果从中部皱缩、萎蔫，或从基部先出现黄色，后逐渐变成褐色病斑，病果容易脱落(图 12-6)。

图 12-6　枣缩果病

3. 病原

病原较复杂,包括:①细菌,草生群,肠杆菌科噬枣欧文氏杆菌;②半知菌亚门腔孢纲球壳孢目聚生小球壳菌;③半知菌亚门丝孢纲丝孢目细链隔孢菌和瘤座孢目砖格梨孢霉等。有调研指出,该病病原菌在不同地域和不同时期往往不同,在这一地区以真菌为主,在另一地区可能以细菌为主;未成熟果期以真菌为主,果近成熟期以细菌为主。

4. 发病规律

从果梗洼变红到果 1/3 变红时,枣肉含糖量在 18%以上,是该病的发生盛期。一般在 8 月中下旬开始发病,8 月下旬至 9 月初进入发病盛期。若感病期阴雨连绵,或间断性晴雨交替,高温、高湿天气,连续大雾,病果率和病情指数常急剧上升,呈现暴发现象。该病的发生与刺吸式口器昆虫的虫口数量密切相关,介壳虫、椿象、壁虱、叶蝉以及桃小食心虫均可传播本病。

5. 防治措施

在秋冬季节清理落叶、落果、落吊，早春刮树皮，集中烧毁；合理冬剪，改善通风透光条件，防止冠内郁闭。

花期和幼果期喷洒 0.3%硼砂或硼酸。萌芽前喷 3～5 波美度石硫合剂。7 月下旬至 8 月上旬喷农用链霉素 100～140 U/mL，或 50%琥胶肥酸铜可湿性粉剂 600 倍液，或 47%加瑞农可湿性粉剂 800 倍液，或 10%世高水分散粒剂 2 000～3 000 倍液。隔 7～10 d 喷 1 次，连续 1～2 次。

加强对枣树害虫，特别是刺吸口器和蛀果害虫，如桃小食心虫、介壳虫、椿象等害虫的防治，可减少伤口，有效减轻病害发生。前期喷施杀虫剂，如 4.5%比杀力(高效氯氰菊酯)乳油 1 000～1 500 倍液，或 1.8%虫螨杀星(阿维菌素)乳油 2 000～2 500 倍液，或 80%敌百虫 800～1 000 倍液，或 50%杀螟松乳油 1 000～1 500 倍液，或 50%辛硫磷乳油 1 000～1 500 倍液，或 50%马拉硫磷乳油 1 000～1 500 倍液，或 2.5%氯氟氰菊酯乳油 4 000～4 500 倍液，或 20%甲氰菊酯乳油 1 500～2 000 倍液，或 50%辛敌乳油 1 500～2 000 倍液，或 10%联苯菊酯乳油 6 000～8 000 倍液，或 20%氰戊菊酯乳油 3 000～4 000 倍液，以防叶蝉、枣尺蠖为害；后期 8～9 月结合杀虫，采用氰氰菊酯等杀虫剂与烯唑醇混合喷雾，对枣缩果病的防效可达 95%以上。

根据气温和降雨情况，7 月下旬至 8 月上旬喷第一次药，间隔 10 d 左右再喷 2～3 次药，枣果采收前 10～15 d 是防治关键期。目前比较有效的药剂有农用链霉素 200 万单位 5 000～6 000 倍液，或 80%好意(代森锰锌)可湿性粉剂 800～1 000 倍液。喷药时要均匀周到，雾点要细，使果面全部着药，遇雨及时补喷。

七、枣瘿蚊

1. 分布与为害

枣瘿蚊，属双翅目瘿蚊科的一种昆虫。分布于全国各地枣产区，主要以幼虫为害嫩叶、花蕾和幼果。

2. 为害症状

嫩叶受害后扭曲变形成为筒状，呈紫红色，质硬而脆，后变黑枯萎，花蕾受害后花萼膨大不能开放。幼果受蛀后变黄脱落(图 12-7)。

图 12-7 枣瘿蚊为害症状

3. 形态特征

(1)成虫 雌虫体长 1.4～2.0 mm;复眼黑色肾形;触角念珠状 14 节,黑色细长,各节近两端轮生刚毛;头部较小,头、胸灰黑色;腹背隆起黑褐色;胸背与腹部有 3 块黑褐色斑;全身密被灰黄色细毛;翅椭圆形,前缘毛细密而色暗;足细长 3 对,黄白色,腿节外侧的毛呈灰黑色,前足与中足等长,后足较长;腹面黄白、橙黄或橙红色,共 8 节,第 15 节背面有红褐色带,第 9 节延伸成一细长的产卵管,第 8 与 9 节间可以套缩。雄虫小于雌虫,体长 1.0～1.3 mm,腹节狭长 9 节(图 12-8)。

(2)卵 白色微带黄,长椭圆开幕有,长径约 0.3 mm,短径约 0.1 mm,一端削尖,外被一层胶质,有光泽。

(3)老熟幼虫 体长 1.5～2.9 mm,明状,乳白色至淡黄色,体节明显,头小,褐色,胸部具琥珀色胸叉 1 个。

(4)蛹 长 1.0～1.9 mm,略呈纺锤形。初化蛹乳白色,后渐变黄褐色。头顶具一对明显的刺。触角、足、翅芽均清晰。腹部8节。雌蛹足短，伸达第6节；雄蛹足长，达腹末。茧长1.5～2.0 mm，椭圆形，灰白色或灰黄色丝质，外附土粒。

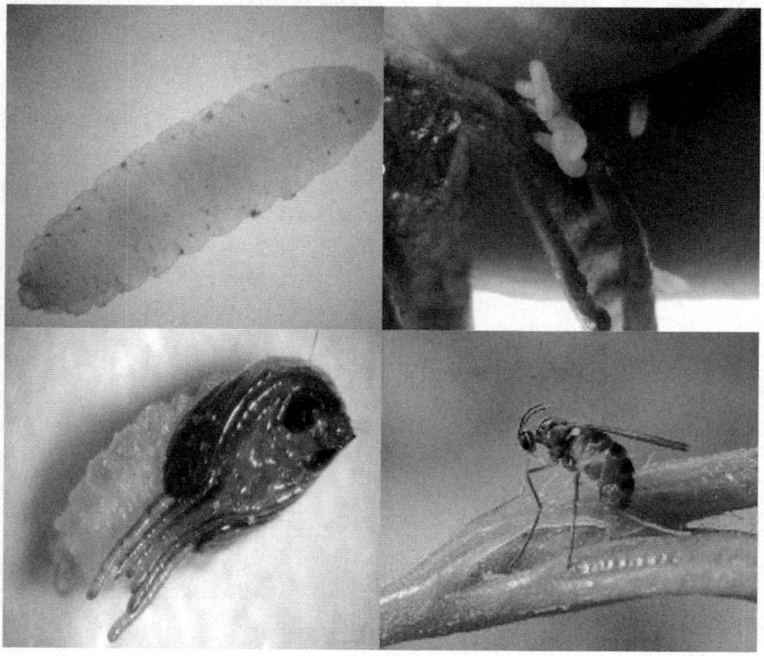

图 12-8 枣瘿蚊

4. 发生规律

一年发生5～6代，以幼虫于树冠下土壤内做茧越冬，次年5月中下旬羽化为成虫，第1～4代幼虫盛发期分别在6月上旬、6月下旬、7月中下旬、8月上中旬，8月中旬出现第5代幼虫，9月上旬枣树新梢停止生长时，幼虫开始入土做茧越冬。

5. 防治措施

清理树上、树下带虫枝、叶、果，并集中烧毁，减少越冬虫源。4月中下旬枣树萌芽展叶时，喷施氯氰菊酯、氰戊菊酯、溴氰菊酯、噻嗪酮等药剂。

八、枣桃小食心虫

1. 分布与为害

枣桃小食心虫，属鳞翅目果蛀蛾科小食心虫属的一种昆虫，广泛分布于新疆产果区，寄主植物有苹果、梨、花红、海棠、山楂、桃、李、杏、枣等，以幼虫蛀害果实。全国产枣区均有发生，新疆枣区发生较严重，枣桃小食心虫是枣、苹果、桃、杏、山楂等多种果树主要蛀果害虫，为害严重时虫果率高达90%以上，蛀果没有利用价值，造成严重经济损失。

2. 为害症状

幼虫蛀入果后，先在果皮下潜食，后蛀至枣核（图12-9），幼虫在果内17 d后老熟，脱果入土结茧。若不防治，虫果率可高达40%～60%，幼虫绕核串食，虫粪留在果内，严重影响果品质。

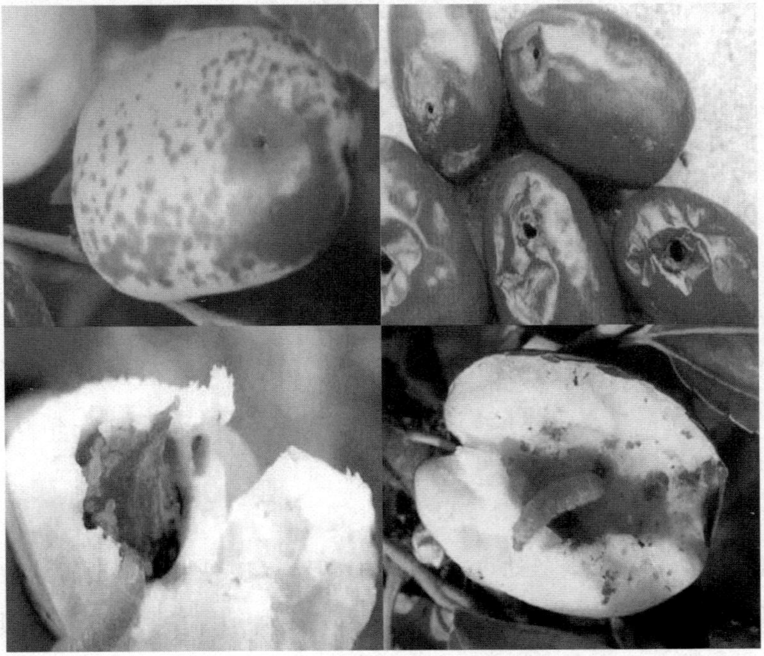

图12-9　枣桃小食心虫为害症状

3. 形态特征

(1)成虫　灰色，体长5～8 mm，翅展13～18 mm，雌蛾比雄蛾稍大（图12-10）。

(2)卵　椭圆形，初产淡红色，后变为深红色。

(3)幼虫　初龄幼虫黄白色，老龄桃红色，体长13～16 mm。

(4)蛹　长纺锤形，体长6～8 mm，羽化时灰褐色。

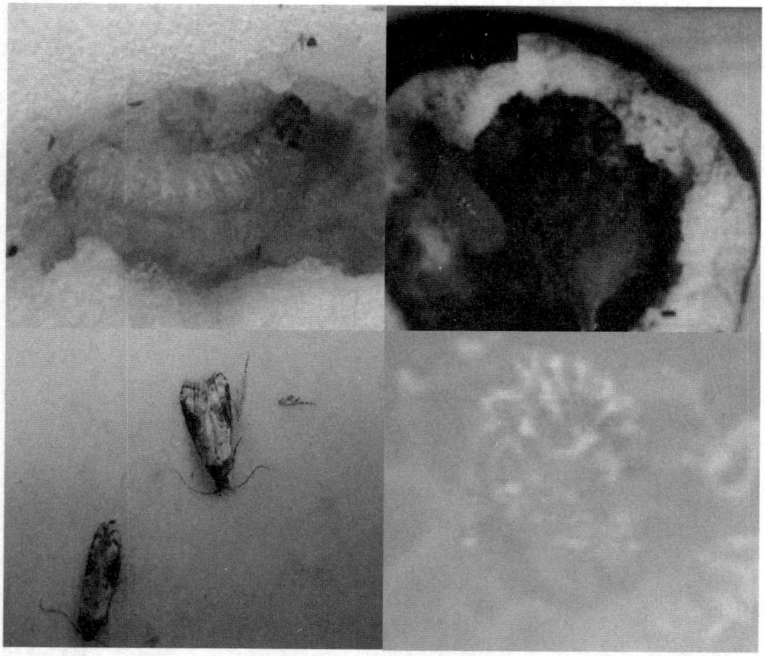

图 12-10　枣桃小食心虫

(5)茧　分冬茧和夏茧两种，冬茧扁圆形，直径 5 mm 左右，质地较致密，老熟幼虫在茧内越冬。夏茧体长 13 mm 左右，丝质较薄，质地较软，粘有土粒，幼虫在茧内化蛹。

4. 发生规律

每年发生 2 代，以老龄幼虫在土壤中做茧越冬，翌年 5 月中旬开始出土，6 月上中旬连续出土，6 月中下旬为出土盛期，7 月成虫羽化产卵，7 月中旬幼虫开始孵化蛀果，幼虫在果实内生活 25 d 左右，脱果结茧化蛹，继续发生第 2 代，7 月中旬以后蛀果的幼虫，脱果后则多数入土结茧越冬，只发生 1 代。

5. 防治措施

7 月下旬开始，每 3～4 d 拾 1 次地上落果和摘除树上虫果，以消灭果内幼虫。5 月幼虫出土前树干周围覆盖地膜，抑制幼虫出土，兼有保墒效应。秋末冬初翻树盘，利用寒冬冻死部分越冬幼虫。利用桃小性诱剂诱杀成虫，从 6 月份开始，每 666.7 m^2 挂 1 个诱捕器。根据性诱剂测报，适时喷药。诱到第 1 只雄蛾时为越冬幼虫出土盛期，可进行地面防治，树冠下喷 50%辛硫磷乳油 200 倍液，喷后轻轻耙糖。诱蛾高峰 17 d 左右，为树上喷药最佳时期，一般在 7 月中旬至 8 月上旬，可喷 2.5％溴氰菊酯 3 000 倍液，或桃小灵 1 000～1 500 倍液。应用 25％灭幼脲 3 号悬浮剂 1 000 倍液，在枣食心虫发生为害期每隔半个月喷药 1 次，防治效果好。

项目十三　核桃病虫害

一、核桃腐烂病

1. 分布与为害

核桃腐烂病在中国核桃产区均有发生。在集中引进新疆核桃的地区和管理粗放、树势衰弱的地方，该病严重发生，病株率可达 80％以上，导致大枝甚至全株死亡，严重威胁核桃生产。核桃腐烂病又称烂皮病、黑水病，是由胡桃壳囊孢侵染所引起的发生在核桃树上的病害。

2. 为害症状

核桃腐烂病主要为害枝干树皮，因树龄和感病部位不同，病害症状也不同。大树主干感病后，病斑初期隐藏在皮层内（即在韧皮部腐烂），俗称“湿囊皮”。有时许多病斑呈小岛状互相串联，周围聚集大量白色菌丝体，从皮层内溢出黑色液。发病后期，病斑扩展到长达 20～30 cm，树皮纵裂，沿树皮裂缝流出黑水（故称黑水病），干后发亮，好似刷了一层黑漆（图 13-1）。

核桃病虫害彩色图谱

幼树主干和侧枝受害后，病斑初期近梭形，呈暗灰色、水浸状，微肿起，用手指按压病部，流出带泡沫的液体，有酒糟味。病斑上散生许多黑色小点，即病菌的分生孢子器。当空气湿度大时，从小黑点内涌出橘红色胶质丝状物，为病菌的孢子角。病斑沿树干纵横方向发展，后期病斑皮层纵向开裂，流出大量黑水。当病斑环绕树干一周时，常会导致幼树侧枝或全株枯死。营养枝或 2～3 年生侧枝感病后，枝条逐渐失绿，皮层与木质部剥离、失水，皮下密生黑色小点（分生

图 13-1　核桃树腐烂病

孢子器），呈枯枝状。修剪伤口感染发病后，出现明显的褐色病斑，并向下蔓延引起枝条枯死。

核桃腐烂病在同一株树上的发病部位以枝干的阳面、树干分杈处、剪锯口和其他伤口处较多。在同一果园中，挂果树比不挂果树发病多，弱树比旺树发病多，早实品种比晚实品种发病严重。

3. 病原

核桃腐烂病是真菌病害，病原菌为胡桃壳囊孢，属于半知菌亚门腔孢纲球壳孢目。病部产生的小黑点为该菌的子座，初期埋生在表皮下，后期突破表皮外露。子座内为分成多室的分生孢子器，形状不规则，黑褐色，(144～324) μm×(96～108) μm，有明显的长颈，长度为48～54 μm。分生孢子器内壁上着生分生孢子梗，大小为(155～23.3) μm×(9.0～10.0) μm；梗上单生分生孢子，单胞，无色，香蕉状，大小为(1.9～2.9) μm×(0.4～0.6) μm。分生孢子常与胶体物质混生，潮湿条件下，胶体物质吸水膨胀，连同分生孢子一起从孢子器的孔口中挤出，呈橘红色、丝状；高湿环境中，胶体物质吸水较多，溢出后成团堆积在小黑点顶端，呈黑褐色、角状。丝状物或角状物统称孢子角。

4. 发病规律

一年中春、秋两季为腐烂病高发期，春季3～5月，秋季7～9月。通常核桃进入结果期后，腐烂病开始发生，随着树龄的增加和产量的不断提高，腐烂病会逐年增多，在正常管理的情况下，树体的负载量是影响发病的一个关键因素。连年结果要消耗大量养分，如果养分供给不足，必然导致腐烂病的发生。另外，对于新移植的核桃树和前茬作物是杨树的核桃树，腐烂病的发生都比较普遍和严重。

(1)气候因素 降雪影响，部分核桃新品种如维纳、清香等的叶子还未落完，未进入休眠期，导致枝干受冻。如4月上中旬核桃正值萌芽展叶期，又遇持续低温及大风降雪天气影响(大风降温并降雪，最低温度－7.1 ℃)，核桃幼芽、嫩梢遭受冻害，枝干冻伤加重，若4月以来降雨较多，就为核桃树腐烂病菌的侵染提供了便捷条件。

(2)重视不够 核桃根深皮厚，抗逆性强，不易受病虫侵害。加之果农粗放管理，大多数从未对核桃进行过腐烂病的防治，修剪后也未涂抹封剪油，很少彻底清理园地，树干涂白时也未加杀菌剂。

(3)辨别失误 核桃腐烂病初期在韧皮部发病，很隐蔽，不易发现，果农可能没有见过核桃腐烂病的症状，病斑初为黄褐色，常被误认为蜜蜂粪便，从而延误了有利时机，造成病害蔓延。

5. 防治措施

(1)农业防治"三水三肥"是保证 根据土壤墒情，及时浇灌芽前水、花后水和冻水。花后水适量，芽前水和冻水要浇透。结合浇水施肥。前期施等量氮肥、磷肥，后期施腐熟有机肥作基肥。每株幼树追施氮肥和磷肥0.2～0.5 kg，大树追肥1～2 kg；幼树追施有机肥1～2 kg，大树5～10 kg。合理修剪并清园，做好四季修剪，减轻冬季修剪量。及时去除枯死枝、病虫枝、徒长枝，去除枯死树，并集中烧毁。

(2)芽前喷药很关键　初春树液流动前，可全园喷洒 3～5 波美度石硫合剂，降低园内病菌数量，减少传染源。

(3)冬天涂白夏治斑　落叶后可全园树干涂白，预防冻害。涂白剂配方：桐油(或酚醛)、硅酸钠溶液、白土、水比例为 1∶(2～3)∶(2～3)∶(5～7)。配制方法：先把前两种药剂混合成Ⅰ液，再把后两种混合成Ⅱ液，然后把Ⅱ液倒入Ⅰ液，边倒边搅拌直至均匀混合，加入少量石硫合剂效果更好。

(4)生长期病斑流黑水不宜刮治　如园内少量植株发现病斑，可涂药治理，也可包泥。涂药可用果腐宁油膏或腐必清 50 倍液，甲基托布津乳油 10 倍液，甲基托布津粉剂与植物油按 1∶(4～5)配成溶液。包泥法："泥要黏，包要严"，包泥 3～5 cm 厚，超过病斑边缘 5～6 cm，泥涂好后，用塑料膜包严缠紧。采用包泥法一般 3～4 个月后去除泥块，病斑自愈。生长期可交替用药治理，一般 7～8 月份，视雨情每半月至 20 d 喷 1 次药。药剂选用菌立灭 800 倍液、欧瑞 1 000 倍液、炭轮菌克 1 000 倍液、禾康 400 倍液，为增加渗透效果，可在药液内混合害立平 1 000 倍液或助杀 1 000 倍液。

二、核桃枝枯病

1. 分布与为害

核桃枝枯病在陕西、河南、山东、河北、山西、江苏、浙江、云南、黑龙江、吉林、辽宁等省均有发生和为害，多发生在 1～2 年生枝条上，严重地块病枝率可达 20%～30%，造成大量枝条枯死，影响树体发育和核桃产量。

2. 为害症状

该病为害核桃、野核桃、核桃楸和枫杨的枝条及树干，尤其是 1～2 年生枝条，病菌先侵害幼嫩的短枝，从顶端开始渐向下蔓延直至主干。被害枝条皮层初呈暗灰褐色，后变为浅红褐色或深灰色，大枝病部下陷，病死枝干的木栓层上散生很多黑色小粒点，直径 0.2～0.3 mm，即病原的分生孢子盘。受害枝上叶片逐渐变黄脱落，枝皮失绿变成灰褐色，逐渐干燥开裂，病斑围绕枝条一周，枝干枯死，甚至全树死亡。湿度大时，从分生孢子盘上涌出大量黑色短柱状分生孢子,湿度再增高则形成长圆形,直径 1～3 mm 的黑色孢子团块(图 13-2)。

图 13-2　核桃枝枯病

3. 病原

病原为矩圆黑盘孢,属半知菌亚门真菌。分生孢子盘埋生在寄主表皮下,后突破表皮露出;分生孢子梗密生在分生孢子盘上,不分枝,浅灰色或无色,50 μm×(3～4)μm;分生孢子着生在分生孢子梗顶端,卵圆形至椭圆形,多两端钝圆,有的一端略尖,暗褐色,单胞,大小为(16～27) μm×(8～13) μm。有性世代称胡桃黑盘壳,属子囊菌亚门真菌。子囊壳埋生在子座里,子囊孢子双胞,隔膜在细胞中部,浅色或无色。有性世代少见。

4. 发病规律

病原菌主要以分生孢子盘或菌丝体在枝条、树干病部越冬,翌年条件适宜时,产生的分生孢子借风雨或昆虫传播蔓延,从伤口侵入。该菌属弱寄生菌,生长衰弱的核桃树或枝条易染病,春旱或遭冻害年份发病重。

5. 防治措施

(1)加强核桃园管理,及时剪除病枝,深埋或烧毁,以减少菌源。增施有机肥，增强树势，提高抗病力。

(2)北方栽培注意防寒，预防树体受冻。及时防治核桃树害虫，避免造成虫伤或其他机械伤。

(3)主干发病，应及时刮除病部，并用1%硫酸铜消毒再涂抹煤焦油保护。

三、核桃炭疽病

1. 分布与为害

核桃炭疽病是核桃的主要病害之一。在核桃产区，如新疆、山西、河南、辽宁、山东、四川、云南等地都有不同程度发生。

主要为害果实，引起早期落果或果仁干瘪，一般病果率为20%～40%。严重时可高达90%以上。也会感染叶片、嫩梢，造成叶片、嫩梢大面积坏死。

2. 为害症状

果皮上出现褐色至黑褐色、圆形或近圆形的病斑，中央凹陷，病部有黑色小点产生，散生或呈轮状排列。沿叶脉形成长条形或圆形病斑，后期中间灰白穿孔(图 13-3)。

图 13-3　核桃炭疽病

3. 病原

有性世代为围小丛壳，属子囊菌门核菌纲球壳目小丛壳属。无性世代为胶孢炭疽菌，属半知菌亚门腔孢纲炭疽菌属。分生孢子盘埋生在果实的表皮下，无刚毛。成熟后突破表皮。

4. 发病规律

发病早晚和轻重程度与温湿度有密切关系，一般当年雨季早，雨水多，湿度大则发病重，反之发病晚、病害轻。在平地或地下水位高、株行距小、树冠郁闭、通风透光不良的条件下，发病较重。

5. 防治措施

(1)冬季清除病僵果和病枝叶，集中烧毁，减少病原数量。

(2)加强管理，合理施肥，改善园内通风透光条件，以利于控制病害发生。

(3)化学防治　发芽前喷 3～5 波美度石硫合剂。发病前的 6 月下旬至 7 月上旬，喷 1∶1∶200(硫酸铜∶石灰∶水)的波尔多液或 50％退菌特可湿性粉剂 600～800 倍液 2～3 次。发病期喷 50％多菌灵可湿性粉剂 100 倍液、75％百菌清 600 倍液，或 50％甲基托布津 800～1 000 倍液，每半月 1 次，喷 2～3 次。

四、核桃细菌性黑斑病

1. 分布与为害

核桃细菌性黑斑病又称“核桃黑”，是一种世界性病害，我国西北、华北、西南、华东均有发生。该病造成早期落叶落果、核桃仁干瘪，出仁率和含油量均降低，严重影响核桃的产量和品质。

2. 为害症状

初生褐色油浸状小斑点，后扩大成圆形或不规则形，无明显边缘，周围有水浸状晕圈，严重时病斑凹陷(图 13-4)。

叶上病斑黑褐色，近圆形或多角形，外缘有半透明水浸状晕圈，严重时叶片皱缩枯焦，叶柄变黑。病斑长圆形或不规则形，黑褐色，稍凹陷(图 13-5、图 13-6)。

3. 病原

该病病原为核桃黄单胞杆菌，菌体短杆状，极生单鞭毛，菌落呈蜜黄色或淡黄色，表面隆起，光滑，革兰氏染色阴性，专性寄生，只能侵染核桃属树种。

图 13-4　核桃细菌性黑斑病为害果实

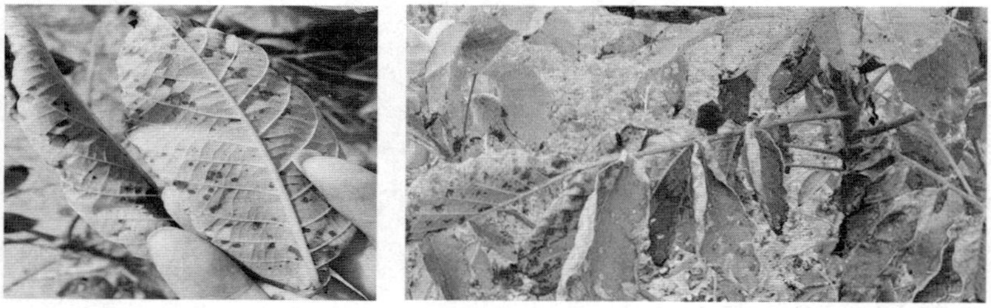

图 13-5　核桃细菌性黑斑病为害叶片

图 13-6　核桃细菌性黑斑病为害茎

4. 发病规律

越冬场所与初侵染源：病枝、病果、病芽的病斑，昆虫。传播和侵染：随雨水、昆虫传播，花粉也可带菌传播，从自然孔口和伤口侵入。发病与雨水关系密切，春夏雨水多发病重。早春幼果很小时，多雨潮湿对坚果的危害最大。核桃展叶期和开花期易于感病。核桃树冠稠密，通风透光不良，发病重。果实上伤口多，发病重。

5. 防治措施

(1)结合修剪，除去病枝和病果，减少初侵染源。

(2)发芽前喷 3～5 波美度石硫合剂；在核桃展叶期，喷洒 1∶0.5∶200 的波尔多液；在发病初期，用农用链霉素可溶性粉剂 3 000 倍液或 77%的可杀得可湿性粉剂 600～800 倍液喷雾。

(3)加强田间管理，砍去近地枝条，保持园内通风透光，避免潮湿和互相感病。

(4)选育和利用抗病品种。

五、核桃溃疡病

1. 分布与为害

核桃溃疡病在核桃生产中危害较大，是一种重要病害。在我国各核桃产区普遍发生，严重影响果树的生长发育及经济发展。

2. 为害症状

该病主要为害核桃的苗木、大树的枝干。初期病部呈黑褐色的圆形病斑，随着病情的发展，逐渐扩展，呈梭形或长条形病斑。在皮层上形成水泡状，破裂后流出淡黄色黏液，遇到空气变为铁锈色。后期病部干缩下陷，中央纵裂，病部产生分生孢子器，形成许多小黑点。受害果实，果面上形成褐色的近圆形病斑，发生较严重时会导致果实干缩、腐烂、早落，表面产生许多褐色到黑色粒状物称为子实体(图 13-7)。

3. 病原

该病病原为半知菌亚门腔孢纲球壳孢目聚生小穴壳菌，有性世代为子囊菌亚门茶藨子葡萄座腔菌。

图 13-7　核桃溃疡病

4. 发病规律

核桃溃疡病病菌以菌丝的形式在当年病残体内越冬。翌年 4 月外界环境适宜时产生分生孢子,借风雨传播。从枝干皮孔或伤口侵入。5 月达到发病高峰。在条件适宜时开始为害发病,形成新的溃疡病斑。一般 6 月下旬气温 30 ℃以上时,病害基本停止。入秋后温湿度适宜时,病害又会发展,该病害的潜育期为 15～60 d。果园土壤贫瘠、土质较重、管理粗放、树势较弱的果园发生较严重。核桃溃疡病是一种弱寄生菌,果树受到冻害、日灼等伤害时易被感染。发病程度与品种抗性有密切的关系。

5. 防治措施

(1)加强果园管理增施腐熟有机肥,合理灌溉,增强树势,提高树体抗病力。科学修剪,剪除病残枝及茂密枝,调节通风透光,注意果园排水,保持果园适当的温湿度。结合修剪,清理果园,减少病源。

(2)因地制宜地选择较抗病品种。

(3)进行树干涂白,用生石灰 5 kg、食盐 2 kg、油 0.1 kg、豆面 0.1 kg、水 20 kg 混合后涂抹,防止日灼和冻伤,减少病原的侵入途径。用刀刮除枝干病斑,深达木质部,然后涂以 3 波美度石硫合剂,或 1%的硫酸铜溶液。

六、核桃小吉丁虫

1. 分布与为害

核桃小吉丁虫又名核桃黑小吉丁虫,幼虫俗称串皮虫,属鞘翅目吉丁虫科。

其寄主目前已知的仅为核桃。

2. 为害症状

以幼虫在核桃1～3年生枝干的皮层中螺旋状取食。被害处膨大。在蛀道上每隔一段距离有一新月形通气孔,并有少许黑色液体流出,干后显白色(图13-8)。受害枝条养分水分通路受阻,多数枝梢枯死,树冠逐年缩小,产量随之下降。幼树主干受害,树势变弱,往往形成生长缓慢的“小老树”,重者则整株枯死。核桃园内的枯枝、焦梢多属此虫为害所致。此虫直接影响树体生长,降低产量,是核桃生产的重点害虫之一。

图13-8 核桃小吉丁虫为害症状

3. 形态特征

成虫黑色,长4～7 mm,有铜绿色金属光泽。触角锯齿状,复眼黑色。前胸背板中部稍隆起,头、前胸背板、鞘翅上密布小刻点,鞘翅中部两侧向内陷。卵扁椭圆形,长约1.1 mm,初产白色,1 d后变为黑色幼虫,体长7～20 mm,扁平,乳白色。头棕褐色,缩于第一胸节内。胸部第一节扁平宽大。背中央有一褐色纵线,腹末有一对褐色尾刺。蛹为裸蛹,乳白色,羽化前变黑色。

4. 发生规律

每年发生1代,以幼虫在2～3年生被害枝条木质部内越冬。

幼虫5月中旬开始化蛹,6月为盛期,化蛹期持续2个月余。蛹期平均30 d左右,6月上中旬开始羽化出成虫,7月为盛期。成虫羽化后在蛹室停留15 d左右,然后从羽化孔钻出,经10～15 d取食核桃叶片补充营养,再交尾产卵。

图 13-9　核桃小吉丁虫

成虫喜光,卵多散产于树冠外围和生长衰弱的2～3年生枝条向阳光滑面的叶痕上及其附近,卵期约10 d。

7月上中旬开始出现幼虫。初孵幼虫从卵的下边蛀入枝条表皮,随着虫体增大,逐渐深入到皮层和木质部中间蛀成螺旋状隧道,内有褐色虫粪,被害枝条表面有不明显的蛀孔道痕和许多月牙形通气孔。受害枝上叶片枯黄早落,入冬后枝条逐渐干枯。

8月下旬后,幼虫开始在被害枝条木质部筑虫室越冬。

5. 防治措施

(1)加强核桃园综合管理、增强树势是防治核桃小吉丁虫的有效措施。

(2)4～5月,核桃发芽后至成虫羽化前到落叶前,剪除虫害枝烧毁,消灭幼虫及蛹。

(3)7～8月,检查发现枝条上有月牙状通气孔,随即涂抹杀虫药,消灭幼虫。

(4)6～7月,成虫羽化期,喷25%西维因600倍液或50%磷胺乳油800～1 000倍液,兼有防治举肢蛾等害虫的作用。

七、核桃举肢蛾

1. 分布与为害

核桃举肢蛾,又名核桃黑,属鳞翅目举肢蛾科。每年发生1～2代,以老熟幼虫在核桃树冠下 1～2 cm 的表土层中以及草皮下、枯果内、树缝中结茧越冬。该虫发生普遍，为害严重，是专性食核桃果实的害虫。

2. 为害症状

以幼虫大量食核桃青果皮，乃至果仁。每年 6～8 月份，幼虫蛀入核桃青果内纵横穿食为害，致使大量青果变黑而早落，存留的黑果也失去经济价值。

图 13-10 核桃举肢蛾为害症状

3. 形态特征

(1)成虫 体长 5～8 mm，翅展 12～14 mm，黑褐色，有光泽(图 13-11)。复眼红色；触角丝状，淡褐色；下唇须发达，银白色，向上弯曲，超过头顶。翅狭长，缘毛很长；前翅端部 1/3 处有一半月形白斑，基部 1/3 处还有一椭圆形小白斑(有时不显)。腹部背面有黑白相间的鳞毛，腹面银白色。足白色，后足很长，胫节和跗节具有环状黑色毛刺，静止时胫、跗节向侧后方上举，并不时摆动，故名

图 13-11 核桃举肢蛾

“举肢蛾”。

(2)卵　椭圆形,长 0.3～0.4 mm,初产时乳白色,渐变黄白色、黄色或淡红色,近孵化时呈红褐色。

(3)幼虫　初孵时体长 1.5 mm,乳白色,头部黄褐色。成熟幼虫体长 7.5～9 mm,头部暗褐色,胴部淡黄白色,背面稍带粉红色,被有稀疏白刚毛。腹足趾沟间序环,臀足趾沟为单序横带。

(4)蛹体　长 4～7 mm,纺锤形,黄褐色。茧为椭圆形,长 8～10 mm,褐色,常黏附草屑及细土粒。

4. 发生规律

核桃举肢蛾的发生与土壤湿度有密切关系。

(1)凡是土壤湿度大、杂草丛生处发生必重。

(2)一般窝风阴湿处和深山区发生重,避风向阳干燥处和浅山区发生轻。

(3)阴坡地比阳坡地、沟里比沟外发生重。

(4)荒坡地比经常耕作地发生较重。

(5)成虫羽化期多雨潮湿的年份发生重,干旱年份较轻。

5. 防治措施

(1)深翻树盘　晚秋季或早春深翻树冠下的土壤,破坏冬虫茧,消灭部分越冬幼虫,或使成虫羽化后不能出土。

(2)6 月后成虫产卵盛期及幼虫初孵期,每隔 10～15 d 喷 1 次 50%杀螟硫磷或 50%辛硫磷乳油 1 000 倍液、2.5%溴氰菊酯乳油、20%杀灭菊酯乳油 3 000 倍液等,共喷 3 次,将害虫消灭在蛀果之前。

(3)地面喷药　成虫羽化前或个别成虫开始羽化时,在树干周围地面喷施 50%辛硫磷乳油 300～500 倍液,每亩用药 0.5 kg,毒杀幼虫也可收到良好效果。

(4)摘除被害果　受害轻的树,在幼虫脱果前及时摘除变黑的被害果,可减少下一代的虫口密度。

八、云斑天牛

1. 分布与为害

云斑天牛属鞘翅目天牛科,又名铁牛子,铁炮虫等。该虫在全国各核桃产区发生普遍，为害较重。除为害核桃外，还为害杨树、苹果、梨等多种林木和果树。该虫以两种虫态相继蛀害核桃主干、啃食嫩梢，树体受害后轻则树体衰弱，树冠生长受阻，产量随之下降。重则导致核桃树死亡，是一种毁灭性害虫。

2. 为害症状

成虫取食嫩枝皮层及叶片，幼虫蛀食树干，由皮层逐渐深入木质部，蛀成斜向或纵向隧道，蛀道内充满木屑与粪便(图 13-12)，轻者树势衰弱，重者整株干枯死亡，还会导致木蠹蛾、木腐菌寄生。

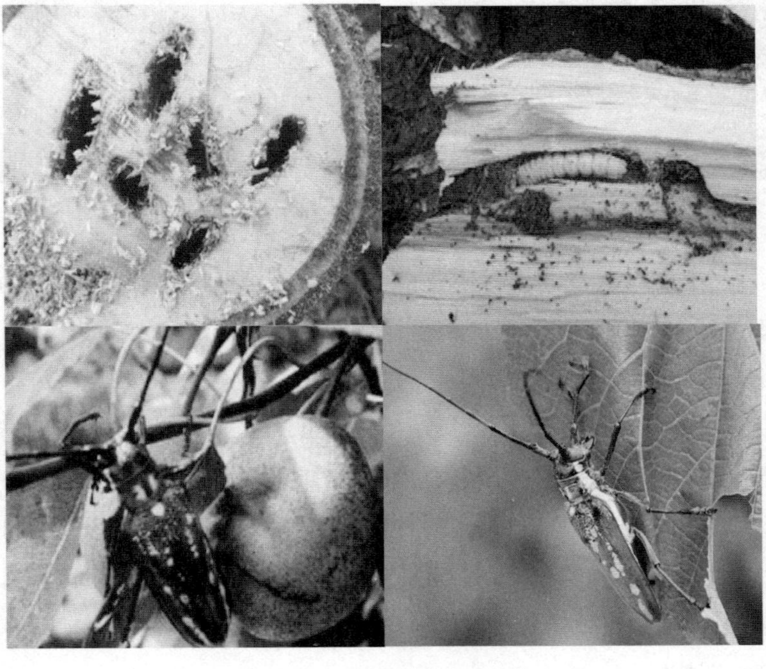

图 13-12　云斑天牛为害症状

3. 形态特征

(1)成虫　体长 34～61 mm，宽 9～15 mm，体黑褐色或灰褐色，密被灰褐色和灰白色绒毛。雄虫触角超过体长 1/3，雌虫触角略比体长，各节下方生有稀疏细刺，第 1～3 节黑色具光泽，有刻点和瘤突，前胸背有 1 对白色臀形斑，侧刺突大而尖锐，小盾片近半圆形。每个鞘翅上有白色或浅黄色绒毛组成的云状白色斑纹，2～3 纵行末端白斑长形。鞘翅基部有大小不等颗粒(图 13-13)。

(2)卵　长 6～10 mm，宽 3～4 mm，长椭圆形，稍弯，初产时乳白色，以后逐渐变黄白色。

(3)幼虫　老龄幼虫体长 70～80 mm，淡黄白色，体肥胖，多皱襞，前胸腹板主腹片近梯形，前中部生褐色短刚毛，其余密生黄褐色小刺突。头部除上颚、中缝及额中一部分黑色外，其余皆浅棕色，上唇和下唇着生许多棕色毛(图 13-14)。

图 13-13　云斑天牛成虫

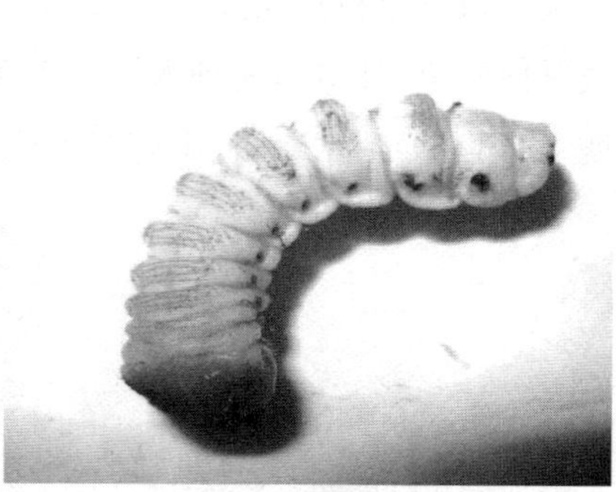

图 13-14　云斑天牛幼虫

(4)蛹　体长 40～70 mm，淡黄白色。头部及胸部背面生有稀疏的棕色刚毛，腹部第 1～6 节背面中央两侧密生棕色刚毛。末端锥状。

4. 发生规律

在大多数地区 2 年发生 1 代，第一年以幼虫、第二年以成虫在树干内越冬。5 月下旬至 8 月中旬为成虫发生期，成虫取食当年生枝条的嫩皮。6 月中下旬为产卵盛期。卵大都产于离地面 1 m 多的树干上，产卵时先在树皮上咬出月牙形刻槽，然后把卵产在槽中，孵化的幼虫先在此处为害，然后蛀入木质部越冬，第二年继续蛀食，秋季在虫道顶端做蛹室化蛹，成虫羽化后不立即飞起，在蛹室内越冬。

5. 防治措施

(1)药剂防治　在成虫出孔盛期，喷菊酯类农药，用 2.5%溴氰菊酯(敌杀死)、2.5%三氟氯氰菊酯(功夫)，隔 5～7 d 喷园林树或诱饵树树干 1 次，每次喷透，使药液沿树干流到根部，或将上述药液喷于包扎树干的编织袋、麻袋片上，或用这些药液浸泡或喷诱饵树枝叶，或用上述菊酯类农药 200～400 倍液、有机磷类农药 50～100 倍液涂干。

(2)毒杀天牛幼虫　初龄幼虫，刚入木质部时，可取敌敌畏、敌百虫等杀虫剂 20～30 倍液，用大号注射器将药液注入虫道，当幼虫已深入枝干并钻有排粪孔时，查找出最下部排粪孔，将药液由此注入虫道内，然后削一小木桩将孔口堵严，即可将幼虫杀死于其中。生产中也有用药泥或药棉球、樟脑丸等塞入虫洞毒杀幼虫的。

(3)树干涂白　用生石灰10份、硫黄粉1份、食盐0.2份、牛胶(预先热水融化)0.2份、水30～40份，或加敌百虫0.2份，调成涂白剂。涂于树干从根颈到离地面30 cm处，防治星天牛，对其他天牛视产卵部位高低，涂在树干下部离地2 m范围内，不漏涂。

九、刺蛾

1. 分布与为害

核桃刺蛾俗称“青叮子”“辣叮子”，常见的有黄刺蛾、青刺蛾、褐边绿刺蛾、褐刺蛾、扁刺蛾等，是一类杂食性害虫，幼虫取食叶片，影响树势和产量，幼虫体上有毒毛，接触人体时会刺激皮肤。

2. 为害症状

低龄幼虫群集叶背面啃食叶肉，把叶食成网状，随虫龄增大则分散取食，将叶片食成缺刻，仅留叶柄和叶脉，重者食光全树叶片(图13-15)。

图13-15　核桃刺蛾为害症状

3. 形态特征

(1)成虫　全体基本为黄色,体长 13～16 mm,翅展 30～34 mm,前翅的内半部为黄色,外半部是褐色。有两条呈暗褐色的斜线,在翅尖上汇合于一点,呈倒“V”形,内面一条翅脉伸到中室下角,为黄色和褐色的分界线(图 13-16)。

图 13-16　核桃刺蛾

(2)卵　黄白色,扁椭圆形,长 1.4 mm,宽约 0.9 mm。幼虫黄绿色,体长 25 mm 左右,体背有一前后宽、中间细的紫褐色大型斑,并有许多突起的有毒枝刺,人的皮肤接触后会引起剧烈疼痛和奇痒。蛹黄褐色,椭圆形,长约 12 mm。茧长 11.5～14.5 mm,灰白色,质地坚硬,表面光滑,茧壳上有几道褐色长短不一的纵纹,形似雀蛋。

4. 发生规律

该虫害 1 年发生 1～2 代,以老熟幼虫在茧内越冬。第 1 代 5 月中下旬开始化蛹,6 月中旬至 7 月中旬出现成虫羽化后交配产卵,6～8 月出现幼虫,8 月中旬后开始老熟结茧越冬。第 2 代 5 月上旬开始化蛹,5 月下旬至 6 月上旬羽化,第 1 代幼虫 6 月下旬至 7 月上旬出现,第 2 代幼虫为害期在 8 月上中旬,8 月下旬老熟结茧越冬。

5. 防治措施

(1)剪除虫茧　冬季结合修身果园,将虫茧剪除;也可以结合保护天敌,将虫茧堆集到纱网中,让寄生蜂寄生。

(2)喷药防治　应掌握在幼虫 2～3 龄阶段进行药杀为好。幼虫孵化盛期喷洒 50％敌敌畏 1 000 倍液、10％吡虫啉可湿性粉剂 2 000 倍液、90％敌百虫 1 500～2 000 倍液或 59％锐劲特浓悬乳剂 1 500 倍液。此外,选用 2.5％敌杀死乳油 1 500～2 500 倍液、2.5％功夫乳油 3 000～4 000 倍液与前两种药剂混用或单独使用,都会收到不错的防治效果。

(3)灯光诱杀　刺蛾成虫一般都会有较强的趋光性,可以在成虫羽化期间安置黑光灯诱杀成虫。

(4)保护天敌　其茧期天敌有黑小蜂、上海青蜂及姬蜂,螳螂是其成虫期的天敌,幼虫期有病菌感染。在除茧时注意保护寄生蜂类天敌。

项目十四　苹果、梨、桃病虫害

一、苹果腐烂病

1. 分布与为害

苹果腐烂病俗称串皮湿、臭皮病、烂皮病,是由苹果黑腐皮壳菌侵染所引起的、发生在苹果树上的病害。苹果腐烂病的发生可导致苹果树整体树势凋零、树主干和枝干枯萎死亡、最后整株死树,直至整个果园毁灭。

苹果、梨、桃病虫害
彩色图谱

2. 为害症状

主要为害结果树枝干、果实,也可为害幼树和苗木(图 14-1)。

图 14-1　苹果腐烂病症状

3．病原

病原为苹果黑腐皮壳菌，属子囊菌亚门真菌；无性世代为壳囊孢菌，属半知菌亚门真菌。

4．发病规律

苹果腐烂病病菌一般在病皮内越冬，春季产生孢子，随风雨传播，经伤口入侵。侵入树皮内的病菌并不立即发病，只有在被侵染部位的树长势衰弱或死亡时，才开始扩展、蔓延。春季和秋季是发病的高峰季节。病害的发生发展与树势的强弱有着密切的关系，管理粗放、衰弱树易得病。反之，少得病或不得病，冻害和日烧也是病害发生流行的重要因素。

病菌在病树皮和木质部表层蔓延越冬。早春产生分生孢子遇雨由分生孢子器挤出孢子角。分生孢子分散随风周年飞散在果园上空萌发后从皮孔、果柄痕、叶痕及各种伤口侵入树体在侵染点潜伏使树体普遍带菌。6 月、8 月树皮形成落皮层时孢子侵入并在死组织上生长，然后向健康组织发展。翌年春扩展迅速形成溃疡斑，病部环缢枝干即造成枯枝死树。此病 1 年有 2 个扩展高峰期。

即3月、4月和8月、9月，春季重于秋季。当树势健壮、营养条件好时发病轻微。当树势衰弱、缺肥干旱、结果过多、冻害及红蜘蛛大发生后腐烂病也大发生。

5. 防治措施

防治苹果树腐烂病需要从苗期和幼树期开始，保护树体不受病菌侵染；当树体受侵染或发病后，应及时铲除带菌组织，防止病菌生长、繁殖和积累；同时，保持健旺树势，防止潜伏病菌致病。苹果树腐烂病的防治工作应该从以下方面展开：加强园区栽培管理、提高树体抵抗力、适时适量喷药、刮除病部、保持卫生、适时适量施肥灌溉等。按照防治性质划分，苹果树腐烂病的防治方法可分为农业防治、生物防治和化学防治。

在冬季日照强的地区，晚秋应将树干涂上涂白剂，以防冻伤。加强肥水管理，减少虫伤、冻伤、日灼等伤害。生长季节随时剪除病枯枝；将病枝、病树及刮除的病皮清出果园及时烧掉；不用剪下的苹果枝条来支撑树枝和制作果园围墙。刮治会造成皮层大量破坏，影响树干和大枝的养分与水分的运输，还可以采用枝条桥接或脚接的办法进行补救，加速树势的恢复。

早春将病斑坏死组织彻底刮除、刮净，并刮掉病皮四周的一些好皮。刮除的范围应控制到比变色死组织大出0.5～1 cm，略刮去一点好皮即可。早春发病盛期要突击刮治，并坚持常年治疗的制度，才能收到较好的效果。树皮没有烂透的部位，只需要将上层病皮削除；病变深达木质部的部分，要刮到木质部并要连续刮治3～5年。5～9月份均可进行重刮皮法，以5～6月份最好。用锋利的刮子，对较粗的病干枝，刮去老翘皮、干死皮，将主干、主枝基部树皮表层刮去，一般要刮去1～2 mm表层活皮，露出白绿或黄白色皮层为止。

清园：及时剪除病枯枝，刮除粗老翘皮，彻底清除修剪的枝干、树梢，清扫枯枝落叶等，集中烧毁或深埋。适时修剪根据各地情况，在不误农时前提下，改冬剪为春剪，避开寒冬对修剪伤口造成的冻害；同时，对较大剪口和锯口一定要进行药剂保护，促进伤口愈合，防止病菌侵染。

通过生物手段防治苹果树腐烂病的应用有以下几处：①利用植物源活性物质，如骆驼蓬醇提取物。②利用微生物及其次生代谢物，如螺旋毛壳ND35 β-1，3-葡聚糖酶。③利用植物内生菌及其次生代谢物，如来自植物内生放线菌BAR1-5的无菌发酵滤液。

刮除病斑后表面要涂10波美度石硫合剂，或果康宝50～100倍液，或菌立灭 2 号 50～100 倍液，或 5%田安水剂 5 倍液。为防止复发，一要连续涂药，一般保护性药剂应每月涂 1 次，连续 4～5 次；二要尽量采用渗透性较强的药剂或内吸性药剂，如菌立灭、果康宝等。

二、苹果棉蚜

1. 分布与为害

苹果棉蚜，为瘿棉蚜科棉蚜属的一种昆虫，分布于世界各地，除苹果外，也为害海棠、花红、山荆子等苹果属果树。

2. 为害症状

成虫、若虫吸食为害，寄生于 2～3 年枝条伤口、新梢、叶腋、果洼和外露根系，受害皮层肿胀成瘤（图 14-2），易感染其他病害。

图 14-2　苹果棉蚜为害症状

3. 形态特征

体长 1.5～4.9 mm，多数约 2 mm，有时被蜡粉，但缺蜡片。触角 6 节，少数 5 节，罕见 4 节，感觉圈圆形，罕见椭圆形，末节端部常长于基部。眼大，多小眼面，常有突出的 3 小眼面眼瘤。喙末节短钝至长尖。腹部大于头部与胸部之和。前胸与腹部各节常有缘瘤。腹管通常管状，长常大于宽，基部粗，向端部渐细，中部或端部有时膨大，顶端常有缘突，表面光滑或有瓦纹或端部有网纹，罕见生有或少或多的毛，罕见腹管环状或缺。尾片圆锥形、指形、剑形、三角形、五角形、盔形至半月形。尾板末端圆。表皮光滑、有网纹或皱纹或由微刺或颗粒组成的斑纹。体毛尖锐或顶端膨大为头状或扇状。有翅蚜触角通常 6 节，第 3

或3及4或3～5节有次生感觉圈。前翅中脉通常分为3支,少数分为2支。后翅通常有肘脉2支,罕见后翅变小,翅脉退化。翅脉有时镶黑边(图14-3)。

图14-3 苹果棉蚜

4. 发生规律

一年发生12～18代,在树干伤疤裂缝和近地表根部上越冬。

5. 防治措施

(1)加强检疫 禁止从发生苹果棉蚜疫区调进苗木、接穗。

(2)根部施药 4～5月,扒土露根,撒入辛硫磷等药物颗粒剂或毒土,撒药后原土覆盖。

(3)枝干喷药 生长期可喷施药剂或进行枝干轻刮皮、药剂涂抹。

①休眠期果树 可结合叶螨、介壳虫的防治,在果树发芽以前喷布含油量5%的矿物油乳剂,可以杀死越冬的蚜卵。

②生长期果树 可用马拉松乳剂、灭蚜松可湿性粉剂等。

③药剂涂干 对水源较远、取水困难的未结果果树尤其适用。涂药后塑料布或废报纸包扎好。涂药后需经3～5 d产生药效,故应在虫害初期施药为宜。

三、中国梨木虱

1. 分布与为害

中国梨木虱属同翅亚目木虱科，是近年来在新疆梨区为害严重的一种害虫，在我国分布于辽宁、陕西、内蒙古、宁夏、山西、河北、山东等产梨区。

该种梨木虱主要为害库尔勒香梨、砀山酥梨、鸭梨、慈梨、早酥梨、苹果梨、巴梨、杜梨等。1998 年和静县良种场的库尔勒香梨叶片被害率达 100%，产量损失 75%以上。

2. 为害症状

中国梨木虱主要为害梨树叶片，也可为害芽、花、嫩梢和果实。若虫固定在叶片上，分泌大量蜜露，将其包围，其蜜露可将几个叶片粘在一起，并可污染果实，夏季诱发黑霉(图 14-4)。

图 14-4　中国梨木虱为害症状

在南疆风沙大的地区，由于尘土飞扬，粘满叶片，影响光合作用的进行，终使树势衰退，降低果品的产量和品质。

3. 形态特征

成虫分冬型和夏型，冬型体长 2.8～3.2 mm，体褐至暗褐色，具黑褐色斑纹。夏型成虫体略小，黄绿色，翅上无斑纹，复眼黑色，胸背有 4 条红黄色或黄色纵条纹。卵长圆形，一端尖细，具一细柄。若虫扁椭圆形，浅绿色，复眼红色，翅芽淡黄色，突出在身体两侧(图 14-5)。

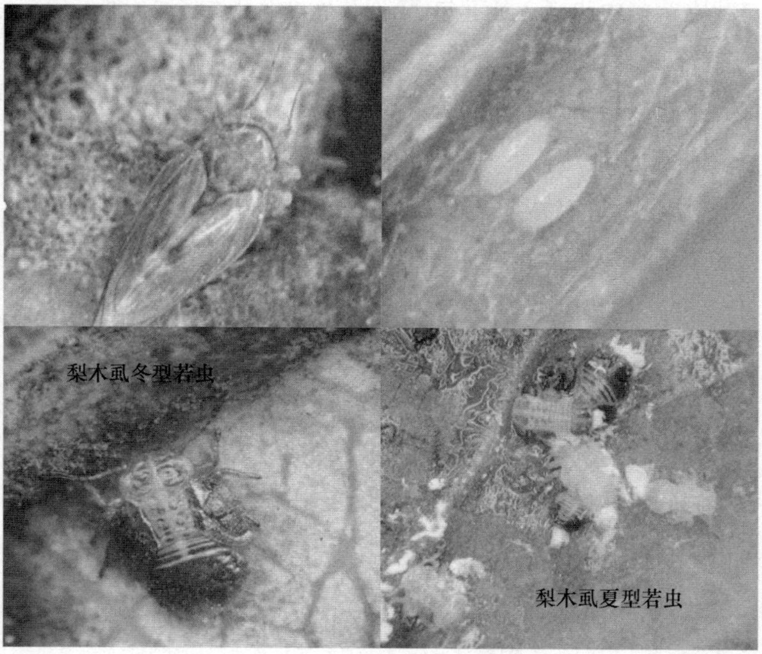

图 14-5　中国梨木虱

4. 发生规律

在新疆库尔勒梨区 1 年发生 5 代，以成虫在树干裂皮缝和翘皮下越冬，少数在落叶和杂草根际的土缝内越冬。

越冬型成虫在早春气温达到 0 ℃时，即可出蛰活动。3 月中下旬进入产卵盛期。成虫主要产卵于芽基部、短果枝的叶痕及皱褶处，少数产在花瓣、花梗、嫩叶背面等处。每头雌成虫产卵量为 200～300 粒。

香梨盛花期为第一代若虫孵化盛期。若虫孵化后取食为害，同时分泌白色棉絮状物和蜜露，若虫包埋于蜜露中取食，在蜕皮时从中爬出。若虫期 20～25 d。

成虫有很强的趋嫩性。第一代成虫约在5月中旬开始产卵。卵多产于叶片主脉两侧、叶柄沟、叶缘的锯齿内及新梢顶叶的茸毛上，每头雌虫产卵量为数十粒至上百粒。卵期10～15 d。

6月上旬为第二代若虫发生盛期，也是全年为害的高峰期，同时开始出现第二代成虫。

第三代在7月中旬至8月下旬，第四代在8月下旬至10月上旬，第五代(越冬代)在9月下旬至翌年5月上旬。

在9月下旬以后出现的卵和若虫，一般不能发育为成虫，故不能越冬。

5. 防治措施

(1)人工防治　深秋或早春清除枯枝落叶、杂草等，早春刮除树干上的翘皮、粗皮，能消灭在此越冬的成虫。在果树修剪时，使果园通风透光良好。结合果树夏剪，在第二代卵发生盛期(5～6月份)，及时摘除新梢顶端的5～6片叶，能消灭大部分若虫及卵。

(2)保护天敌　在草蛉发生盛期，尽量少用或不用广谱性杀虫剂，以保护这些天敌，发挥其对害虫的控制作用。

(3)药剂防治　掌握越冬成虫出蛰盛期，集中消灭越冬成虫所产第一代卵。此时梨树尚未长叶，成虫及卵均暴露在枝条上，药剂防治效果显著。防治蚜虫和介壳虫的药剂，均能兼治木虱。秋收后，若虫仍在枝条上取食为害，虫量大应及时喷药防治，可以兼治红蜘蛛。

有效药剂：1.8%阿维菌素3 000～4 000倍液或3%啶虫脒3 000倍液、10%吡虫啉4 000倍液、20%甲氰菊酯2 000倍液等。发生严重的梨园可在花后每隔7～10 d用1次药，连喷2～3次。

四、桃小食心虫

1. 分布与为害

桃蛀果蛾，生产中多称桃小食心虫，属鳞翅目蛀果蛾科，分布于我国北纬31°以北、东经102°以东地区，以东北、华北和西北发生较重。

2. 为害症状

幼虫蛀食苹果、枣、山楂、桃、李、杏、海棠等果树，对仁果类多直入果心为害种子,并串食果肉,排粪于其中,俗称“豆沙馅”。幼果受害多呈畸形“猴头”状(图 14-6)。

图 14-6 桃小食心虫为害症状

3. 形态特征

桃蛀果蛾卵近椭圆形或桶形,初产时橙色,后渐变深红色,以底部黏附于果实上,卵壳具有不规则略呈椭圆形刻纹,端部环生 2～3 圈“Y”形外长物。老龄幼虫体长 13～16 mm,桃红色,腹部色淡,幼龄幼虫体为淡黄白色,无臀节,前胸背板红褐色,体肥胖。蛹体长 6.5～8.6 mm,初黄白后变黄褐色,羽化前为灰黑色,翅、足和触角部游离。茧分两种,羽化茧又称夏茧,纺锤形,质地疏松,一端留有羽化孔;越冬茧扁圆形,直径约 6 mm,高 2～3 mm,由幼虫吐丝缀合土粒而成,质地紧密(图 14-7)。

4. 发生规律

北方 1 年发生 1 代,以老熟幼虫在土中结冬茧越冬,树干周围 1 m 范围内 3～6 cm 及以上土层中占绝大多数,在堆果场等处也有部分越冬。越冬幼虫因地区、年份、寄主的不同出土期有所不同,一般年份在 6 月中旬至 7 月上旬,有时延续 2 个月,雨后土壤含水量达 10%以上进入出土高峰,干旱时推迟出土。越冬幼虫出土后在土石块或草根旁,1 d 即可做成夏茧并在其中化蛹,于 7 月上旬陆续羽化,至 9 月上旬结束。羽化交尾后 2～3 d 产卵,成虫昼伏夜出,无明显趋光性。卵孵化后多自果实中下部蛀入果内,不食果皮,为害 20～30 d 后老熟脱果,入土结冬茧越冬。

5. 防治措施

(1)在越冬幼虫出土盛期,树冠下培土或覆盖地膜。防止幼虫出土及羽化

(1) 桃小食心虫成虫

(2) 桃小食心虫蛹

(3) 桃小食心虫幼虫

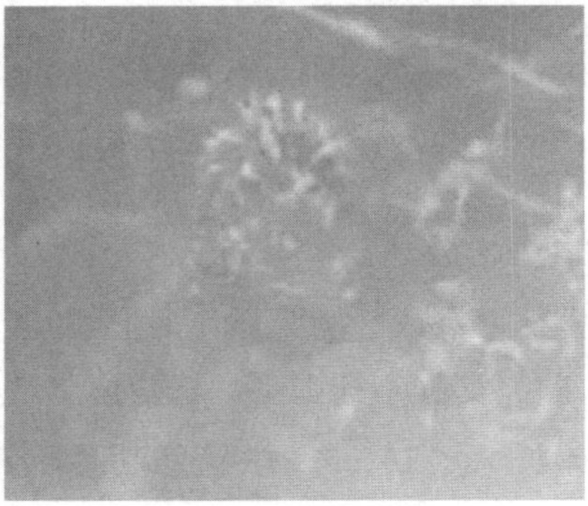

(4) 桃小食心虫卵

图 14-7　桃小食心虫

为成虫。

(2)药剂处理土壤，用 25%对硫磷微胶囊或辛硫磷微胶囊加水 50 倍均匀喷于树冠下，或上述药剂加水 5 倍拌 250 倍细土，将毒土均匀撒于树冠下，可取得一定防治效果。

(3)在幼虫出土前，于 5 月份进行果实套袋，减少其为害。

(4)当卵果率达 1%～2%时，树上进行药剂防治。常用药剂及浓度：10%天王星 2 500～3 000 倍液，30%桃小灵 1 500～2 000 倍液，20%灭扫利 2 000～2 500 倍液，1.8%阿维虫清 2 500～3 000 倍液，2.5%功夫菊酯 1 500～2 000 倍液，20%速灭杀丁 1 500～2 000 倍液，25%灭幼脲 3 号 1 500 倍液，20%除虫脲 4 000～6 000 倍液等药剂，同时加入农药助剂防治效果更明显。此外，注意梨园附近堆果场及其他树上(如枣树)的虫害防治。

模块五

地下害虫

项目十五　地下害虫

地下害虫，是指一生或一生中某个阶段生活在土壤中为害植物地下部分、种子、幼苗或近土表主茎的杂食性昆虫，随着种植业的不断发展，地下害虫对作物的危害也不断在增加，我国已知的地下害虫达320余种，分属于昆虫纲的8目32科，新疆主要有蝼蛄、蛴螬、金针虫、地老虎、根蚜、根蛆、根象甲、根叶甲、蟋蟀、白蚁等10多类，以蛴螬、金针虫、蝼蛄、地老虎四类为主，发生面积广，为害程度重，是地下害虫中常发性、灾害性类群。

地下害虫
彩色图谱

一、蝼蛄

蝼蛄类俗名拉拉蛄、土狗，属昆虫纲直翅目蟋蟀总科蝼蛄科。本科昆虫通称蝼蛄，全世界已知约有50种，中国已知有4种：华北蝼蛄、东方蝼蛄、欧洲蝼蛄和台湾蝼蛄。蝼蛄体大型，狭长，头小，圆锥形，触角短于体长，复眼小而突出，单眼2个；前胸背板椭圆形，背面隆起如盾，两侧向下伸展，几乎把前足基节包起；前足特化为开掘足，基节特别短宽，腿节略弯，片状，胫节很短，三角形，具强端刺，便于开洞穴，内侧有1裂缝为听器；前翅短，雄虫能鸣，发音镜不完善，雌虫产卵器退化；属土栖昆虫。

蝼蛄都营地下生活，吃新播的种子，咬食植物根部，对幼苗伤害极大，是重要的地下害虫之一。蝼蛄一般于夜间和清晨在地表活动，其活动形成隧道，使植物幼根与土壤分离，植株因失水而枯死；气温适宜时，白天也可活动。土壤相对湿度为22%～27%时，华北蝼蛄为害最重。土壤干旱时活动少，为害轻。成虫有趋光性，夏秋两季，当气温在18～22 ℃时，夜晚可用灯光诱到大量蝼蛄。其能倒退疾走，在穴内尤其如此。成虫和若虫均善游泳。雌虫有护卵哺幼习性，若虫至4龄方可独立活动。

蝼蛄的发生与环境有密切关系，其常栖息于平原、轻盐碱地以及沿河、临海、近湖等低湿地带，特别是砂壤土和多腐殖质的地区。

蝼蛄为多食性害虫，在我国的分布很广。蝼蛄成虫和若虫在土中咬食刚播下的种子和幼芽，或将幼苗根、茎部咬断，使幼苗枯死，受害的根部呈乱麻状。蝼蛄在地下活动，将表土穿成许多隧道，使幼苗根部透风和土壤分离，造成幼苗因失水干枯致死，缺苗断垄，严重的甚至毁种，使作物大幅度减产。

1. 为害特点

华北蝼蛄成虫体黑褐色（图15-1），腹部近圆筒形，背面黑褐色，腹面黄褐色，腹末具有尾须一对。雄虫体长39～45 mm，雌虫体长45～50 mm。前胸背板呈盾形，中央有心脏形斑，暗红色。前翅黄褐色，足黄褐色，密生细毛；前足扁阔特化，利于掘土；后足胫节背侧内缘有1～2个可动刺，有时消失。卵呈圆形，长约2 mm，初产时白色，后变灰色。初卵若虫乳白色，2龄以后变成黄褐色，后

图15-1　华北蝼蛄成虫

渐变暗褐色。长至5～6龄即与成虫相似。蝼蛄食性杂，包括各种粮食作物、经济作物、蔬菜及果树的种子和幼苗。在壤中咬食各种作物刚萌发的种子，也咬食幼根和嫩茎，造成缺苗断垄。其为害状是将咬食的幼根和嫩茎扒成乱麻状或丝状，使幼苗生长不良甚至死亡。由于蝼蛄的前足为开掘足，使它在土壤表层往来自由，隧道纵横，造成种子架空，幼苗吊根，导致种子不发芽，幼苗失水而死。

2. 发生规律

约3年一代，若虫13龄，以成虫和8龄以上的各龄若虫在1.5 m以上的土层中越冬。来年3～4月当10 cm深土温达8 ℃左右时，若虫开始上升为害，地面可见长约10 cm的虚土隧道，4～5月地面隧道数量增多，即达到为害盛期。成虫体较细瘦，体长30～35 mm，呈灰褐色，全身密生细毛，若虫头胸特别细，腹部很肥大，行动迟缓，浅灰褐色。在黑龙江两年完成一代，越冬成虫、若虫每年5月份出土，6～7月份达为害盛期，8月底开始入土越冬。有昼伏夜出习性，晚21～23时为活动取食高峰。初孵幼虫集中为害，后分散活动，至秋季达8～9龄时即入土越冬；第二年春季，越冬若虫上升为害，到秋季达12～13龄时，又入土越冬；第三年春再上升为害，8月上中旬开始羽化，入秋即以成虫越冬。华北蝼蛄成虫虽有趋光性，但体形大、飞翔力差，灯下的诱杀率不如东方蝼蛄高。华北蝼蛄在土质疏松的盐碱地、沙壤土地发生较多。大量施用未腐熟的厩肥、堆肥，易导致蝼蛄发生，受害较重。当深10～20 cm处土温在16～20 ℃时、含水量达22%～27%时，有利于蝼蛄活动，含水量小于15%时，其活动力减弱，故春、秋有两个为害高峰期，在雨后和灌溉后常使为害加重。

二、蛴螬

蛴螬是金龟甲的幼虫，是世界性的地下害虫。植食性蛴螬食性广泛，喜食刚播种的种子、根、块茎以及幼苗，对农作物的危害很大。俗称壮地虫、地漏子，属鞘翅目，是金龟甲总科幼虫的通称，为地下害虫中种类最多、分布最广、为害最重的一大类群，常见的有大黑鳃金龟、铜绿丽金龟、暗黑鳃金龟。蛴螬取食未萌发的种子、咬断幼苗的根茎，造成缺苗断垄甚至绝收。受害处断口整齐平截，易于识别。成虫取食作物叶片、嫩芽和花蕾等为害。

1. 为害特点

蛴螬(图 15-2)食性很杂，主要为害玉米、小米、大豆、高粱、麦类、豆类、花生、甜菜、棉花等大田作物和蔬菜、果树的种子、幼苗及根茎，咬食种子或咬断幼苗的根、茎，轻则引起缺苗、断垄，重则毁种绝收，不但造成减产，咬食后病菌容易侵入。大黑鳃金龟成虫体长 16～22 mm，宽 8～11 mm，黑色或黑褐色，具光泽。老熟幼虫体长 35～45 mm，头宽 4.9～5.3 mm，体多皱褶，头部黄褐色，胸腹部乳白色。

图 15-2　蛴螬

2. 发生规律

两年完成一代，越冬成虫 5 月下旬始见，越冬幼虫 6 月中下旬是为害盛期，9 月下旬入土越冬。成虫昼伏夜出，午夜后又入土潜伏，喜食大豆子叶、榆树叶等，大豆田是成虫取食、产卵和幼虫生长的好场所。前茬是大豆的地块蛴螬为害严重。幼虫主要取食土壤中的腐殖质及各种作物的地下部分，3 龄幼虫食量最大，1 头 3 龄幼虫 10 d 可咬死玉米幼苗 80 余株。成虫于傍晚出土活动，20～21 时活动最盛，22 时以后逐渐减少，具弱趋光性，一般灯下诱到的虫量仅占田间实际虫量的 0.2%左右，具有假死性，受震动或惊扰即坠地假死，飞翔力弱，活动范围以虫源地为主，主要集中在田边、沟边或地头等非耕地，喜食杨树、大豆、花生等作物的叶片，其将卵产在这些树木附近的田块或耕地内，单雌产卵可达 188 粒，平均 102 粒，散产于土壤 15 cm 深处，每次产卵 5 粒，多者 10 余粒，相互靠近。幼虫有 3 个龄期，全部在土壤中度过，随着一年四季土壤温度的变化而上下迁移，3 龄幼虫历期最长，是主要为害虫期。

三、金针虫

金针虫是叩头虫的幼虫，广布世界各地，为害小麦、玉米等多种农作物，多以植物的地下部分为食，是一类极为重要的地下害虫。金针虫俗称节节虫、铁丝虫，成虫俗称叩头虫，属鞘翅目叩甲总科，我国记载有600～700种，新疆农田常见种类主要有4种，即沟金针虫、细胸金针虫、褐纹金针虫、宽背金针虫，其中以沟金针虫发生为害最为严重。

1. 为害特点

金针虫(图15-3)的成虫在地面以上活动时间不长，只能吃一些禾谷类和豆类等作物的嫩叶，为害不那么严重；而其长期生活在土壤中，可以为害玉米、麦类、甜类、棉花、豆类及各种蔬菜和林木幼苗等。咬食播下的种子、食害胚乳，使之不能发芽；咬食幼苗须根，主根或茎地下部分，使生长不良甚至枯死，一般受害苗主根很少被咬断，被害部不整齐而呈丝状，这是金针虫为害后造成的典型为害状，此外，其还能蛀入块茎或块根，有利于病原菌的侵入而引起腐烂。

图15-3　金针虫

2. 发生规律

沟金针虫一般3年1代，少数2年、4～5年或更长时间完成1代。成虫和幼虫在土中越冬，一般越冬深度15～40 cm，最深可达100 cm左右，越冬成虫3月初10 cm土温10 ℃左右时开始出土活动，3月中旬至4月上旬，10 cm土温在12～15 ℃时达活动高峰，产卵期从3月下旬至6月上旬，卵期31～59 d，平均42 d，5月上中旬为卵孵化盛期，孵化幼虫为害至6月底下潜越夏。待9月中下旬秋播开始时，又上升至土表活动，为害至11月上中旬，开始在土壤深层越冬，第二年3月初，越冬幼虫开始上升活动，3月下旬至5月上旬为害重。随后越夏秋季为害，越冬，幼虫期长达 11～50 d，直至第三年 8～9 月份，幼虫老熟，钻入 15～20 cm，土中作土室化蛹，蛹期 12～20 d，9 月初开始羽化成虫，成虫当年不出土，仍在土室中栖息不动，第四年春才出土交配，产卵成虫寿命 220 d。成虫昼伏夜出，白天潜伏在麦田成田旁杂草中和土块下，晚上出来交配、产卵。雄虫不取食，雌虫偶尔咬嚼少量麦叶。雄虫善飞，有趋光性，雌虫无后翅，不能飞翔，行动迟缓，只能在地面成麦田爬行，卵散产于 3～7 cm 深土中，单雌平均产卵 200 余粒，最多可达 400 粒。

四、地老虎

地老虎（图 15-4）是我国各类农作物苗期的重要地下害虫，常见的地老虎有小地老虎、大地老虎和黄地老虎。地老虎俗称切根虫、夜盗虫，属鳞翅目夜蛾科，是农作物的主要害虫。

图 15-4 地老虎

1. 分布与为害

新疆地老虎种类很多，包括黄地老虎、警纹地老虎、显纹地老虎、八字地老虎和冬麦地老虎等。其中黄地老虎是新疆的优势种，冬麦地老虎则是新疆的特有种。

黄地老虎遍布全疆，并以南疆为重，对春播作物为害最大，夏播的玉米及秋播的大白菜受害也很重，常造成缺苗断垄现象。警纹地老虎常与黄地老虎混合发生，在焉耆盆地的个别县，发生数量大于黄地老虎，并有继续扩大的趋势，为害程度与黄地老虎相同。显纹地老虎和冬麦地老虎主要分布于北疆地区，前者主要为害春麦和蒿草，后者主要为害冬麦，二者都是间歇性大发生的害虫。地老虎对玉米的为害时期主要在幼苗期，幼虫从幼苗根茎处蛀入，常把幼茎基部内部吃空，造成“枯心苗”。低龄幼虫也可直接在心叶内为害。

2. 发生规律

(1)黄地老虎　在南疆 1 年发生 3～4 代，在北疆 1 年发生 2～3 代。以老熟幼虫在土壤中越冬，越冬深度视土壤紧密度而异，一般以 7～8 cm 深处最多。越冬密度大的场所是早播冬麦地、冬菜地、苜蓿地、马铃薯地，其次是玉米地、棉花地。田埂上的密度大于田块中间。

越冬幼虫早春开始活动，上升到土壤表层 3～5 cm 处，筑土室化蛹。从物候上看，菜粉蝶初现为地老虎化蛹初期，榆钱盛开为化蛹盛期，榆钱败落为羽化初期，洋槐盛花为羽化盛期。掌握物候与虫态的关系，有利于准确预报和防治。

越冬代成虫羽化后，其生殖器官尚未成熟，需取食花蜜补充营养。蜜源植物主要有大葱、马兰、洋槐、沙枣等。成虫对糖醋液及黑光灯有强烈的趋性，可利用其进行诱杀。

1 头雌虫产卵约千粒。卵多散产于湿润的土缝、土表，作物残茬、须根及多种杂草上。幼虫 6 龄。1～2 龄幼虫常在作物幼苗心叶为害，3 龄以后隐居于土中昼伏夜出，咬伤或咬断作物近地面的茎部，造成缺苗断垄。第 1 代幼虫为害春播作物，北疆第 2 代幼虫和南疆第 3 代幼虫则为害大白菜、冬麦、冬油菜和马铃薯等。以春播作物受害最重。

(2)警纹地老虎　1 年发生 2～3 代。以老熟幼虫在土中 5～7 cm 处越冬。其越冬代幼虫化蛹、羽化和第 1 代发生时间较黄地老虎为早。第一代幼虫一般生活在苜蓿和灰藜科杂草丛中，第二代幼虫则集中在苜蓿、甜菜和马铃薯地中取食为害。

(3)显纹地老虎　1 年发生 1 代。以卵在杂草下的土表越冬。4 月下旬即有初孵幼虫活动取食，5 月中旬是为害盛期，6 月下旬为羽化盛期，成虫滞育越夏，秋季产卵越冬。

(4)冬麦地老虎　1 年发生 1 代。多以 2 龄幼虫在冬麦田中越冬。3 月下旬至 4 月上旬是为害盛期,5 月上旬化蛹,5 月下旬羽化并越夏,9 月下旬为产卵盛期,幼虫孵化后经短期活动取食,随即越冬。

(5)八字地老虎　1 年发生 2 代。以初龄幼虫在苜蓿及杂草根际附近越冬。3 月中旬活动取食,第 1 代幼虫主要为害啤酒花及各种蔬菜、苗木等。第 2 代幼虫则为害啤酒花、冬菜以及苜蓿等。

五、根蛆

根蛆是种蝇、葱蝇等的幼虫的统称,种蝇幼虫蛀食萌动的种子或幼苗的地下组织,引起其腐烂死亡,主要为害大葱、小葱、洋葱、大蒜、青蒜、韭菜等百合科蔬菜。

1. 为害特点

以幼虫蛀入葱、蒜等鳞茎(图 15-5),引起腐烂、叶片枯黄、萎蔫,甚至成片死亡。

图 15-5　根蛆

2. 发生规律

1 年发生 3～4 代,以蛹在地下或粪堆中越冬。5 月上旬成虫盛发,在叶部或植株周围约 1 cm 深的表土中产卵,孵化的幼虫很快即入土为害。老熟幼虫在土中化蛹。

六、麦根蝽象

麦根蝽象(图 15-6)分布在我国华北、东北、西北及台湾。麦根蝽象,属半翅目土蝽科,寄生于小麦、玉米、谷子、高粱及禾本科杂草。

图 15-6　麦根蝽象

1. 为害特点

麦根蝽象成、若虫以口针刺吸寄主根部的营养。为害小麦时,4 月中下旬开始显症,5 月上中旬叶黄、秆枯、炸芒。提早半个月枯死,致穗小粒少,千粒重明显下降。为害高粱、玉米时,苗期出现苗青、株矮及青枯不结穗,减产 20%～30%或点片绝收。

2. 发生规律

新疆麦根蝽象 2 年发生 1 代,个别 3 年 1 代,以成虫或若虫在土中 30～60 cm 深处越冬。翌年越冬代成虫 4 月逐渐上升到耕作层为害和交尾,5 月中下旬产卵,卵期平均 26.6 d,6 月上旬至 7 月上中旬出现大量若虫,若虫共 5 龄,每个龄期 30～45 d,为害小麦、高粱、玉米等作物根部,若虫越冬后至下年 6～7 月,老熟若虫羽化,若虫期和成虫期约需 1 年,条件不利时若虫期可长达 2 年。世代不够整齐,有世代重叠现象。在陕西也是 2 年 1 代,翌年越冬成虫于 6～7

月交配产卵，卵期 30 d。若虫于 8 月中旬至 9 月上旬孵化，10 月下旬越冬，次年 4 月中旬开始活动，4 月下旬至 7 月中旬进入若虫为害期，7 月下旬至 8 月中旬成虫羽化后越冬。于第三年成虫经补充营养，交配产卵，产卵前期 15 d。在辽宁绵州 2 年或 2.5 年完成 1 代，越冬成虫于 7 月产卵，发育快的次年 8 月羽化为成虫，当年以成虫越冬。发育慢的群体则需进行 2 次越冬，第 3 年 6～7 月羽化为成虫。2.5 年完成 1 代。该虫有假死性，能分泌臭液，在土中交配，把卵散产在 20～30 cm 潮湿土层里，产卵量数粒至百余粒。成虫于 6～8 月土温高于 25 ℃或天气闷热的雨后或灌溉后，部分成虫出土晒太阳，身体稍干即可爬行或低飞。干旱年份发生为害重。

七、根蚜

根蚜(图 15-7)的种类很多，包括棉根蚜、甜菜根蚜、菜豆根蚜等。

图 15-7　根蚜

1. 为害特点

棉根蚜以刺吸口器插入棉叶背面或嫩头部分组织吸食汁液，受害叶片向背面卷缩。甜菜根蚜、菜豆根蚜集中于作物根部为害，吸食汁液。

2. 发生规律

多集中在主根处为害，刺吸根部汁液，致使主根下部及须根变细、萎缩、变黑甚至腐烂。嫩顶枯萎，叶片变黄下垂，整株停止生长。成虫在土壤中呈水平分布，距植株周围垂直分布在 5～10 cm 土层内。怕光，见光即向土缝中爬行，在土中常与小黄蚁共生，靠小黄蚁搬迁或转移为害。砂壤土、壤土、土质松软、通透性好的地块发生危害重，连作田易发生，气温高发生早，多雨的年份也有发生为害重的。

八、拟地甲

拟地甲(图 15-8)又名拟步行虫、伪步甲，幼虫又称砂潜，属昆虫纲鞘翅目拟步甲科。

图 15-8 拟地甲

1. 为害特点

在中国发生的主要种类有网目拟地甲、蒙古拟地甲和二纹土潜。网目拟地甲成虫体长约 10 mm，黑色，鞘翅上有几条纵隆线并间有明显的颗粒状突起，呈网格状，老熟幼虫体长 17～20 mm，背面黄褐色，前足粗大，中、后足大小相等，腹部末端有刚毛 12 根。蒙古拟地甲成虫体长 6～8 mm，暗黑褐色，鞘翅上无明显颗粒状突起，无网纹；老熟幼虫体长 12～15 mm，背面灰黄色，腹部末端有褐色刚毛 8 根。网目拟地甲和蒙古拟地甲在中国主要分布于华北、东北、内蒙古等地，二纹土潜主要分布于福建、广东、四川、云南等地。幼虫为害刚播下的种子和将出土的作物幼苗，能咬断幼苗的根茎部，造成缺苗断垄。成虫主要为害小麦、棉麻类、豆类、高粱、粟、花生、苜蓿及果树幼苗等。

2. 发生规律

网目拟地甲在华北1年发生1代，以成虫在土中或枯草、落叶下越冬，次年早春开始活动、交尾，卵产在土里，5月出现幼虫，老熟后在土中化蛹。成虫有假死习性，后翅退化，只能爬行。蒙古拟地甲的生活习性和网目拟地甲大致相同，有时两种害虫混合发生。

九、蟋蟀

蟋蟀是中国东北地区、华北地区、长江下游和华南地区的重要农业害虫，它们破坏各种作物的根、茎、叶、果实和种子，对幼苗的损害特别严重。蟋蟀属昆虫纲直翅目蟋蟀总科，也称促织，俗名蛐蛐、夜鸣虫、将军虫、秋虫、斗鸡、促织、趋织、地喇叭、灶鸡子、孙旺、土蜇，“和尚”则是对蟋蟀生出双翅前的虫态的称呼。据研究，蟋蟀是一种古老的昆虫，至少已有1.4亿年的历史。

1. 为害特点

蟋蟀的分布极广，几乎全国各地都有。蟋蟀多数体中小型，少数大型。蟋蟀科种类体长大于3 cm；体色变化较大，多为黄褐色至黑褐色，或为绿色、黄色等；体色均一者较少，多数为杂色（图15-9）。蟋蟀穴居，常栖息于地表、砖石下、

图15-9　蟋蟀

土穴中、草丛间。夜出活动。杂食性,吃各种作物、树苗、菜果等。不论成虫还是幼虫,都能咬食农作物的叶、茎和根。

2. 发生规律

蟋蟀种类很多,最普通的为中华蟋蟀,体长约 20 mm,每年发生 1 代。蟋蟀属不完全变态昆虫。雌蟋蟀腹部末端有一根产卵管,产卵时插入土中,以卵在土中越冬,卵单产,产在杂草多而向阳的田埂、坟地、草堆边缘的土中。越冬卵于 10 月产下,第二年 4～5 月孵化为若虫。花生大蟋在广西每年发生 1 代,若虫在土穴中越冬,翌年 3～4 月出土,为害花生幼苗。初孵若虫群居,数天后外出觅食,各自分别掘穴。6 月上旬羽化为成虫,继续为害。若虫蜕皮 6 次(即 6 个龄期),每次 3～4 d,共需 20～25 d 羽化为成虫。成虫寿命 141～151 d。成虫、若虫穴居深达 0.6 m 甚至更深。新建的洞穴很简单,只有一个逃避孔。在产卵前增建 3～5 个供产卵用的支穴,并出外搜索作物嫩茎、叶和种子,运回穴内储存,以供初孵的若虫取食。

十、地下害虫绿色防控技术

根据虫情,因地制宜,做到地下害虫地上治,成虫、幼虫结合治,田内田外选择治。

(一)农业防治

(1)搞好农田基建　消灭虫源滋生地,平整土地,深翻改土,消灭沟坎荒坡,植树种芽,消灭地下害虫滋生地,创造不利于地下害虫发生的环境。

(2)合理轮作倒茬　地下害虫最喜食禾谷类和块茎、块根类大田作物,对芝麻、油菜、麻类等直根系作物不喜取食,因此合理轮作可以明显地减轻地下害虫为害。

(3)深耕翻犁　通过这种方式,可以将生活在土壤表层的害虫翻到深层,将生活在深层的害虫翻到地面,暴晒、鸟雀吻食等一般可消灭蛴螬、金针虫 50%～70%。

(4)合理施肥　一定要施用腐熟的猪粪厩肥等有机农家肥,否则易招引金龟甲、蝼蛄等产卵。

(5)合理、适时灌水　春季和夏季作物生长期间适时灌溉,迫使生活在土表的地下害虫下潜，可以减轻为害。

（二）化学防治

（1）50%辛硫磷乳油 100～165 mL 加水 5～7.5 kg 稀释后，拌麦种 50 kg，可有效防治蛴螬、蝼蛄等地下害，保苗效果好，可维持 20 d 以上。

（2）25%亚胺硫磷乳油 250 倍液灌根防治地老虎 3 龄幼虫。

此外，利用种衣剂防治地下害虫也是一个简便有效的方法，目前在生产上大面积推广使用。

（三）生物防治

生物防治法就是利用有益生物或生物的代谢产物来防治农林虫害。

例如，地老虎的天敌种类很多，应加以保护利用，地老虎颗粒体病毒对地老虎防治效果非常明显。

（四）物理防治

蝼蛄、多种金龟甲、叩头虫雄虫等具有较强的趋光性，利用黑光灯进行诱杀效果显著，试验表明黑绿单管双光灯诱杀效果更理想。

（五）其他防治措施

人工捕捉：金龟甲晚上取食树叶时，振动树干，将假死坠地的成虫拣拾杀死，对蛴螬、金针虫也可采取犁后拾虫的方法消灭。

挖窝毁卵、消灭蝼蛄：在蝼蛄产卵盛期，结合夏锄，发现蝼蛄卵窝，深挖毁掉。

参考文献

[1]张炳坤．植物保护技术．2版．北京:中国农业大学出版社,2021.

[2]周楠,晁腾飞,胡黄卓．新疆棉花产业存在的问题与对策研究．山西农经,2021(14):116-117.

[3]张学哲．作物病虫害防治．北京:高等教育出版社,2005.

[4]中国农业技术推广服务中心．无公害果品生产技术手册．北京:中国农业出版社,2003.

[5]魏鸿钧,张治良,王荫长．中国地下害虫．上海:上海科学技术出版社,1989.

[6]王丽娜．苹果树腐烂病的发生与防治．新农业,2017(19):17-18.

[7]叶钟音．现代农药应用技术全书．北京:中国农业出版社,2002.

[8]司志国．园林植物保护．北京:中国轻工业出版社,2014.

[9]肖启明,欧阳河．植物保护技术．2版．北京:高等教育出版社,2010.

[10]新疆维吾尔自治区统计局．新疆统计年鉴．北京:中国统计出版社,2020.

[11]李涛,张圣喜．植物保护技术．苏州:苏州大学出版社,2009.

[12]唐睿,孙宪银,卓富彦,等．近5年中国棉花主要病虫害发生演替及防控分析．新疆农业科学,2021,58(12):2208-2219.

[13]徐桂平,张红燕．设施植物病虫害防治．北京:中国农业大学出版社,2014.

[14]党永华,曹小平,花蕾,等．植物保护．西安:陕西科学技术出版社,2015.

[15]姜玉英,陆宴辉,李晶,等．新疆棉花病虫害演变动态及其影响因子分析．中国植保导刊,2015,35(11):43-48.

[16]辛明华,王占彪,韩迎春,等．新疆机采棉发展回顾、现状分析及措施建议．中国农业科技导报,2021,23(7):11-20.

[17]祁凤香．额敏县膜下滴灌甜菜主要病虫害综合防控技术．植物医生,2017(5):57-58.

[18]汤建国，刘定忠．农业有害生物防控技术．南昌：江西科学技术出版社，2009.
[19]王俊铎，梁亚军，龚照龙，等．新疆植棉区 2019 年棉花种业报告．棉花科学，2021，43(1)：3-10.
[20]陆宴辉，梁革梅，张永军，等．二十一世纪以来棉花害虫治理成就与展望．应用昆虫学报，2020，57(3)：477-490.
[21]热沙来提·热克甫．棉花苗期病虫害的防治策略．南方农业，2015，9(33)：37-39.
[22]. 邹锋康，丁广洲，贾海伦，等．甜菜褐斑病及种质资源抗性研究进展．中国糖料，2019(4)：63-69.
[23]蔡睿．甜菜褐斑病的发生与防治技术．现代农业研究，2017(7)：77.
[24]陈贺勋．甜菜褐斑病的发生和防治．现代农业，2013(11)：26-27.
[25]张古勤．新疆甜菜糖业的现状和发展．中国甜菜糖业，2007(3)：45-46.
[26]王燕飞，董心久，张立明，等．再谈新疆甜菜生产和含糖率．中国糖料，2009(3)：69-71.
[27]孟树标．枣锈病的发生及防治．现代农业科技，2018(17)：120-126.
[28]李晓军，曲健禄，张勇．果树病虫害防控．济南：山东科学技术出版社，2016.
[29]郭书普，新版果树病虫害防治彩色图鉴．北京：中国农业大学出版社，2010.
[30]杜陈勇，杜连莉，刘锦山，等．枣疯病的发生与防治．现代农村科技，2017(4)：30.
[31]庞正轰．经济林病虫害防治技术．南宁：广西科学技术出版社，2009.
[32]《庄稼医生手册》编委会．庄稼医生手册．成都：四川科学技术出版社，2010.
[33]冯玉增，宋梅亭．枣病虫害诊治原色图谱．北京：科学技术文献出版社，2010.
[34]王江柱．简明落叶果树病虫害防治手册．北京：金盾出版社，2004.
[35]董慧．涞水县核桃树腐烂病的发生与防治．现代农村科技，2016(3)：28.

[36]卿厚明,张延平. 核桃树腐烂病重发原因与防治措施. 西北园艺,2010(4):30-31.

[37]武子鑫,刘亚飞. 核桃树腐烂病的发生与防治. 现代农村科技,2016(17):21.

[38]孙益知. 核桃病虫害防治新技术. 北京:金盾出版社,2019.

[39]师光禄,王有年,刘永杰,等. 果树害虫及综合防治. 北京:中国林业出版社,2013.